水俣病と医学の責任

隠されてきたメチル水銀中毒症の真実

高岡 滋

大月書店

目次

はじめに

「水俣病」という名前は、日本人なら誰でも知っています。小学校の社会科や中学校の現代社会「公害」の授業で、多数の深刻な被害があったことが教えられ、多くの文学作品や映画が作られています。しかし、今現在も、多くの患者が放置され、病気の救済を求めて各地で数々の裁判が進行していることは、あまり知られていません。そして、それ以上に、水俣病がどういう病気かということを、医師も含めて多くの人は知らないのです。

1986年に水俣で医師の仕事を始めたとき、病院を訪れる患者さんと接するなかで、メチル水銀の影響が地域住民全体に広がっていることは、大学卒業後2年目の医師であった私でさえすぐに理解できました。しかし、国が公害病として認定した患者は、ごくごく少数で、明らかに水俣病としか考えられない数多くの患者が放置されていました。そして、これほどの患者が存在しながら、病院を一歩外に出ると、この病気が存在しないかのように振る舞う市民の姿がありました。

水俣病は、「お上」が認めない限りこの世に存在しないものとされてしまった病気です。重症の患者さえも、熊本県、鹿児島県などによる認定審査ではほとんど水俣病とは認められません。そんな理不尽を私は長年見続けてきました。しかも、それは過去の話でなく、私が還暦を過ぎた今もなお変わらない現実です。いったい、この地域で、どれだけ多くの人々が、メチル水銀の健康被害を受けながら、水俣病と認められることなく亡くなったことでしょうか。

もちろん、水俣病が放置され、地域全体に広がったことについて、不十分ながらも企業と行政の責任が問われ、環境、社会の問題として取り上げられてもきました。１９７３年の水俣病第一次訴訟判決、１９８５年の水俣病第二次訴訟控訴審判決、１９９６年の「政治解決」、２００４年のチッソ水俣病関西訴訟最高裁判決、２００９～12年の水俣病特措法などの経過を通じて、行政も部分的には、水俣病への対応の変更を余儀なくされました。数多くの患者、弁護士、私たち医師の、真実を示し問い続ける粘り強い努力があったからこそ、そこにたどり着くことができたのです。

この困難な歴史を作り出したものは何なのでしょうか。この本は、その「伏兵」を表舞台に出すためのものです。

水俣病は病気ですから、それがどのようなものかを解明するのは医師と医学の役割です。水俣病の原因物質であるメチル水銀の影響は地域全体にどのように広がってきたのか、メチル水銀が神経系にどのように作用するのか、それを解明するために医学・公衆衛生学は何をなすべきであったのか――。しかしこれまで、その基本的なことが十分に解明され、伝えられることはありませんでした。

水俣病がどういう病気であるかは、メチル水銀の曝露を受けた（ある毒性物質を体内に取り込むことを「曝露を受ける」といいます）患者や住民自身が教えてくれます。しかし、他の病気では当たり前のこのことを、水俣病にかかわるべき専門家の多くが忘れたかのような発言をし、行動をとり続けているのです。つまり、水俣病の不作為と放置に、多数の医学専門家が、長期にわたり深くかかわってきたのです。

そのようななかにあって、水俣病にかかわり続けた原田正純先生は、「見てしまった責任」といわれました。私も、数多くの患者・住民を前に、この問題から退くという選択肢はありませんでした。私が水俣市に赴任して以来、真実を共有できる専門家は多くはなかったのですが、無念も嘆きも諦めも感じる暇はありませんでした。問題にぶつかるたびに、常に医学の基本に立ち返って、「水俣病訴訟支援・公害をなくする熊本県民会議医師団」（医師団）の一員として、患者の診療と研究を重ねるなかで、水俣病がどういう病気であるのかを、かなり明らかにすることができました。

医学のことは最終的に医師が決着をつけなければなりません。本書では、医学の責任という視点から、水俣病の歴史と現在をひもとき、専門家の誤りを具体的な証拠とともに残し、この歴史が投げかける問題にメスを入れていこうと思います。

この本は専門家だけでなく、一般の方々に読んでいただきたいのですが、それにはいくつかの壁があることに気づきました。それは、複雑な脳や神経系についての専門的な知識が多少は必要であること、そして、他の一般的な病気とは異なり、水俣病にかかわる各医師らの主張や言動がその時々の社会的事象と密接につながっているため、それらの事象とともに述べていく必要があるということです。

そのため、病気を解説するための本であるにもかかわらず、全体として第1章から第5章までは年代別に述べていく形をとりました。第1章は、初めて水俣病に向き合った医師たちについて、第2章は、行政との接点を持つなかで変節していく医師たち、第3章は医師団の誕生から真実を明らかにしていくプロセス、第4章は昭和52年判断条件という最初のボタンの掛け違いについて、第5章は私のたどってきた水俣病医学の道について書いています。

第6章は、メチル水銀はどのような影響を人体に及ぼすのかについて述べました。水俣病というと、往々にして急性劇症の悲惨な姿を思い浮かべる人が多いことでしょう。しかしながら、メチル水銀の健康影響は、本論で述べるように非常に多様なあり方を示すのです。ある意味メチル水銀は、多くの専門家の常識と予想を裏切る興味深い物質であると私は感じています。いまだに未解明の課題が多く残されているものの、現時点での到達点についてこの章で述べました。

第7章は、今なお続く医学者の誤りについて書いています。科学も医学も無謬ではありえません。その誤りには、時代や状況を考慮してやむをえないものと、医学や科学のあり方そのものにかかわる過ちがあります。ここでの「誤り」は主として後者の「過ち」に起因するものです。医学を語る形式をとりつつ、現在進行形で不作為がどのように継続されているのかを紹介します。

第8章のテーマは、水俣病に携わる行政に関連したものです。水俣病医学が混迷してきた原因は、医学者のみにあるわけではなく、必ずといってよいほど行政が関与した結果によるものだといえます。その際に、医師資格を持つ官僚である医系技官がいかにかかわったのか、という点が大きな問題だと私は考えています。本章は、水俣病における医系技官のあり方が水俣病にとどまらず日本の公衆衛生行政全般に影響を及ぼしうる、という問題意識から考察したものです。

受難の歴史を通じて、水俣病は、医学とは何なのか、医学はどうあるべきかを教えてくれています。最後に、私たちが人間として何を大切にすべきなのか、そして、私たちにとって環境とは何なのかについて、水俣病が与えてくれている重要な示唆を紹介して、結びとしたいと思います。

この本では、水俣病を、「魚介類に含まれているメチル水銀を摂取することにより引き起こされる中毒性の病気」と定義し、メチル水銀中毒症の一部としています。また、自覚症状を「症状」、医師の診察した結果としての所見を「徴候」または「所見」、両者を合わせたものを「症候」と記載します。また、「病態」という言葉は、病気の仕組み、症状や所見に現れる特徴、経過、予後などを意味するものとして使っています。なお、文章の末尾などに付した［1］［2］……などの番号は巻末の文献に対応しています。

水俣病の歴史

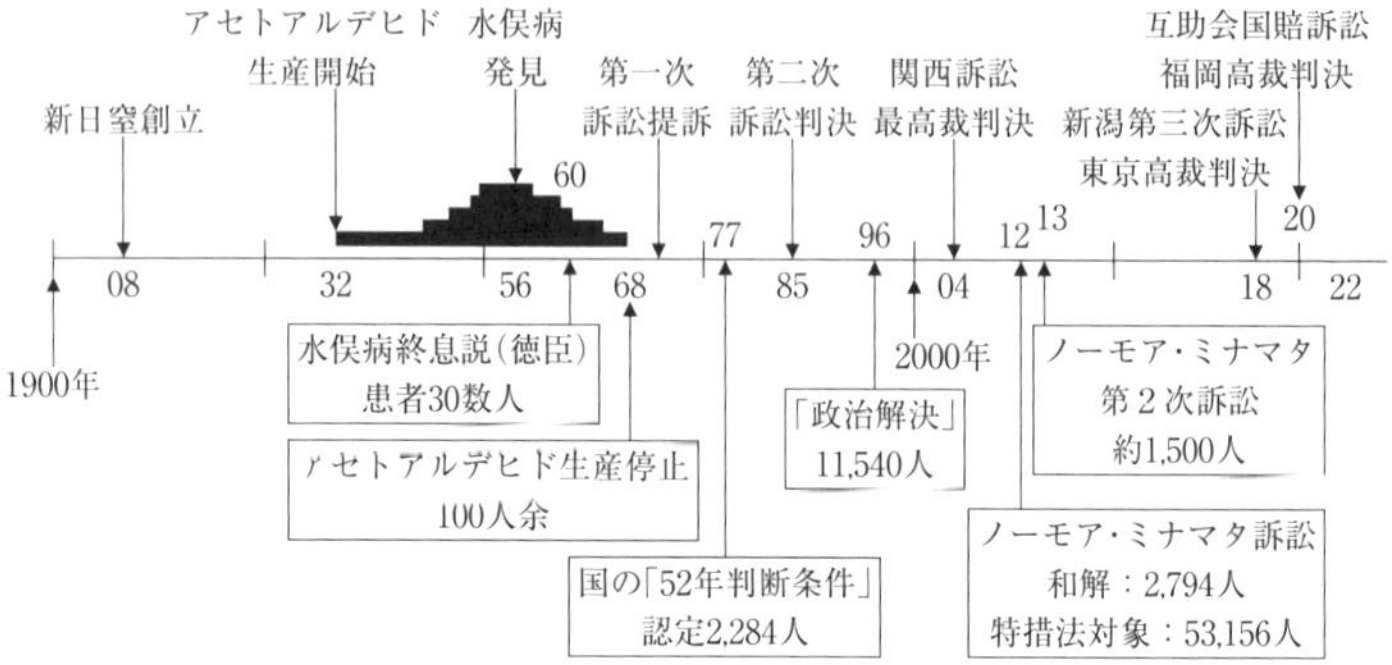

※出所を示していない図表は筆者が作成したものである

第1章　水俣病発生時の医学者たち
——水俣病の発見～原因物質の究明

熊本大学の医師たちの取り組み

水俣病の「発見」は、1956年とされています。4月21日と23日に、5歳と2歳の姉妹が、歩行障害、言語障害など原因不明の神経症状を発症してチッソ附属病院に入院し、同病院の細川一《はじめ》院長が、5月1日に水俣保健所（伊藤蓮《はす》雄《お》所長）に届け出ました。著しい神経症状がみられた水俣病は、当初「奇病」と呼ばれ、感染症を疑った隔離や、患者に対する差別も起きていました。こうした状況下、1956年8月以降、熊本大学の内科、病理学、小児科学、細菌学、公衆衛生学などの教室は、現地での調査に乗り出しました。同年10月の熊本医学会では、感染症の可能性は否定され、同年12月、熊本大学公衆衛生学教室の喜田村正《しょう》次《じ》氏が水俣湾内の魚介類の危険性を証明しました[1]。

「奇病」および水俣病の症例については、1957年から1960年までに、熊本大学第一内科から、以下に示した五つの報告がなされています。多くの症例が、手足や口周囲のしびれ・感覚障害、運動がスムーズにいかない運動失調と協調運動障害、筋肉の異常な動き（不随意運動）、聴力障害、視野狭窄《きょうさく》などを示し、気分の障害や狂躁《きょうそう》状態などの精神障害もみられました。

- 1957年「水俣地方に発生した原因不明の中枢神経疾患：特に臨床的観察について」（8例[2]）
- 1957年「水俣地方に発生した原因不明の中枢神経疾患（続報）」（前報と同じ8例[3]）
- 1959年「水俣病に関する研究（第3報）：特に内科学的観察並びに実験的研究」（24例[4]）
- 1960年「水俣病に関する研究（第4報）：昭和34年度に発生した水俣病患者の臨床的観察」（10例[5]）
- 1960年「水俣病に関する研究（第5報）：臨床及び実験的研究よりみた本病の原因について」（34例[6]）

これらの論文で報告されている症例は最重症例に属するもので、原因不明の時期、重症例の特徴的な症候や所見をみながら原因追究をしていくのは当然のことだといえます。水俣病などの神経を障害する病気を扱うのは神経内科ですが、この時期、日本には神経内科の学会も専門医制度もありませんでした。そのため、神経疾患は内科と精神科の医師たちが診療をおこなっていました。当初、水俣病医学をリードしていた熊本大学の徳臣晴《とくおみはる》比古《ひこ》医師の専門は内科であり、神経内科の医師ではないにもかかわらず、これらの症例報告には、新たな病気の発生を前にして、個々の症例の症候を詳細に把握、記録しようという積極的な姿勢をみることができます。

なお、神経内科分野の学会である日本神経学会が発足したのは1960年のことで、内科系の神経学者と精神科の学会である日本精神神経学会に所属していた神経学者が1956年から内科神経同好会を始め、結成されたものです（発足当時の名称は日本臨床神経学会）[7]。

水銀使用開始から最初の水俣病患者の確認までの24年間

水俣病の発見は1956年となっていますが、チッソがアセトアルデヒド生産のプラントで水銀を使用し始めたのは1932年でした。自然界でも微生物によって水銀はメチル水銀になるのですが、このプラントのなかで水銀がメチル化されてメチル水銀が生成されていました[8]。ですから、メチル水銀による環境汚染は1932年から始まっていたのです。

それでは、1956年までの24年間、水俣周辺地域で何も健康障害はなかったのでしょうか。細川院長の調査では、同様の神経症状をきたした患者の発生は1954年までさかのぼることができました[1]。第2章で紹介する熊本大学二次研究班の1971年の調査では、水俣地区で第二次世界大戦終戦前の1942年に発病したという症例が報告されています[9]。また、1940年に水俣病の症状をきたした患者が発生していた可能性が指摘されています[10]。

水俣病の原因物質の究明

当初、病気の原因物質としては、マンガン、セレン、タリウムなども疑われていましたが、1958年3月、イギリスの神経学者マッカルパインが多発性硬化症という神経疾患の研究のために熊本大学神経精神科に来ていたことで、事態が動きます。マッカルパインは、水俣で15人の水俣病患者を診て、視野の狭窄、難聴、運動失調などの症状は、やはりイギリスの医学者ハンターとラッセルの報告した有機水銀中毒にきわめて類似しているという重要な示唆を与え、1958年9月に荒木淑郎《しゅくろう》医師とともにその結果を『ランセット（Lancet）』誌[11]に発表したのです。同時期に武内忠男第二病理学教授も、病理組織が有機水銀中毒と一致すると発表しました[1]。

ハンターとラッセルによって報告された症例は、手足の感覚障害、視野の狭窄、言語障害（構音障害）、運動失調、聴力障害などをきたしており、メチル水銀中毒症によってこれらの複数の神経徴候を示すものが、ハンター・ラッセル症候群と呼ばれるようになりました[12]。

1959年7月22日、熊本大学水俣病医学研究班は、非公式ではありましたが、原因物質として水銀がきわめて注目されると結論づけました。同年11月12日には、厚生省食品衛生調査会・水俣食中毒部会は、「奇病」の原因をある種の有機水銀中毒と発表し、さらなる調査の必要性を認めました。

ところが、厚生省は翌日この部会を解散させたのです。これに対し、鰐淵健之《わにぶちけんし》熊本大学学長と世良完介医学部長は、抗議の姿勢で記者会見をおこないました。この時期、熊本大学医学部の研究者は、行政が水俣病解明に非協力的な態度をとり続けるなか、明らかに行政とは独立した形で、水俣病の解明をおこなっていたのです[1]。

第2章　変節を遂げる医学者たち

――水俣病終息説～「昭和52年判断条件」

チッソ城下町・水俣の特殊性

水俣は、大正時代まで一漁村にすぎませんでした。そこに1908年、日本窒素肥料株式会社（チッソ）が工場を作り、水俣は繁栄の時期を迎えることになりました。1920年に2万498人だった人口は、1940年には2万8330人にまで増加します[13]。

チッソは旧日本軍とつながりが深く、爆薬の原料も製造していました。チッソが化学製品の中間原料であるアセトアルデヒドの製造を開始する1932年の前年には、昭和天皇がチッソを訪れています。

戦後、チッソは朝鮮にあった興南工場を失いますが、次第に復興を果たしていきます。水俣市は熊本県の最南端にあるにもかかわらず、チッソの本社が東京にあることもあり、東京の文化がいち早く伝わっていました。1960年には人口が4万8342人となり、[13]市の財政の多くもチッソからの税収によるものでした。水俣市はそのようなチッソ城下町でした。

チッソの排水による漁業被害は大正時代からあり、漁民による抗議行動なども起きていました。水俣病の発生のなかで、漁民たちの抗議は高まりますが、被害者は市のなかで少数派であったため、結局は数の力で押し切られることになっていきます。

水俣病の原因確定、汚染対策がなされなかった要因

第1章でみたように、1959年には水俣病の原因がメチル水銀であることは指摘されていました。しかし、チッソ水俣工場でのアセトアルデヒド生産は止むことなく、水銀は海に流し続けられ、漁獲禁止などの措置がとられることもなく、住民たちは汚染された魚介類を摂取し続けていました。

1959年に水俣病の原因が判明していながら、それが無視された背景として最も重要なことは、チッソが東京に本社を持ち、当時の日本の化学工業のなかで重要な位置を占め、戦前の軍部とも強いつながりのある企業であり、通産省（当時）などの行政が支援していたこと、それらのネットワークのなかにチッソを支援する学者らが存在したこと、などがあります。

そして、水俣が日本の末端、熊本県の南端に位置する町で、当時の交通事情から考えても、比較的周辺地域との交流が少なく、地理的に孤立した地域であったことも、問題が放置され、隠し続けられ

る原因になったと考えられます。

同年9月28日には、日本化学工業協会（日化協）専務理事であった大島竹治氏が「爆薬説」を発表します。この日化協内に、同年12月に設置された塩化ビニル・酢酸排水対策特別委員長として、後に新潟水俣病を引き起こすことになる昭和電工の安西正夫社長が就任しています。11月11日には、東京工業大学の清浦雷作教授が、水俣病の原因は工場排水によるものではないという論文を通産省に提出しています。厚生省食品衛生調査会・水俣食中毒部会が有機水銀が水俣病の原因であると発表する前日のことでした。

その後も熊本大学は、有機水銀が原因であることを突き止めようとする研究を続けますが、前出の清浦教授は、１９６０年にアミン説を唱え、１９６１年には東邦大学の戸木田菊次《ときたきくじ》教授がそれを支持する論文を提出します。１９６３年2月16日に、熊本大学衛生学教室（入鹿山且朗《いるかやまかつろう》教授）が保存していた、酢酸工場の反応塔から直接採取した沈殿物からメチル水銀化合物が発見され、メチル水銀が原因であるという論争に決着がつくのですが、その後5年間、国もチッソもメチル水銀が原因であることを認めず、水銀の排出が止められることもありませんでした。

このチッソ、行政とそれにつながる学者らによる原因物質隠しの時期にも汚染の被害は拡大していきました。本来、環境汚染がみられた際、汚染と健康障害について、曝露人口全体に対するモニタリングや予防措置が講じられるべきでした。しかし、１９６８年まで、チッソも国も水俣病の原因をメチル水銀であることを認めなかったのですから、行政によってそのような基本的対策が実行されることはありませんでした。

原因究明の立場にあった熊本大学の学者からみても、原因物質の確定一つであれだけの労力を要したわけです。水俣病研究は熊本大学医学部で続けられていましたが、行政も汚染を放置するなか、現地の患者に対する診療や研究が大きく広がることはありませんでした。

水俣病の認定制度の始まり

1960年以降、熊本大学医学部のなかで、水俣病患者を診る臨床の第一線であるはずの第一内科の水俣病の研究はストップしていくことになります。この経過は、水俣病の認定制度の創設と関係があります。

普通、病気の診断は医師の資格があれば、医師個人の責任でおこなうことができます。しかし、水俣病では行政の定めた判断条件を満たしていると認定審査会が認めなければ、公式に水俣病の患者とは認められません。この認定制度は、1959年12月30日の「見舞金契約」に始まります。見舞金契約とは、チッソと水俣病患者家庭互助会の間で結ばれたもので、工場からの排水を病気の原因だと認めないチッソが患者にお金を支払う際に、それを補償ではなく「見舞金」と呼んだことに由来します。その第三条に、今後新たに発症した水俣病患者の認定は、「協議会の認定した者」という一項目が入れられていました[1]。

表 2-1　熊本県における認定制度の歩み

年	認定者数	棄却者数	保留者数	
1956(昭和31)	50	—	—	審査制度以前
1957(昭和32)	14	—	—	主治医・専門医による診断
1958(昭和33)	4	—	—	
1959(昭和34)	11	—	—	原因究明・見舞金契約
1960(昭和35)	5	2	—	
1961(昭和36)	2　(胎)	—	—	水俣病診査協議会
1962(昭和37)	16　(胎)	—	—	胎児性以外認定なく開催されず
1963(昭和38)	0			
1964(昭和39)	5　(胎4)	1	—	
1968(昭和43)				政府"公害病認定"(9月)
1969(昭和44)	5　(胎1)	?	—	いわゆる旧認定の最後
1970(昭和45)	5 (16.1)	11 (35.4)	15(48.3)	公害被害者認定審査会(1.26)
1971(昭和46)	58 (89.2)	1 (1.5)	6 (9.2)	環境庁裁決，次官通知
1972(昭和47)	154 (78.1)	10 (5.0)	33(16.7)	武内審査会(8.7)
1973(昭和48)	298 (59.3)	42 (8.3)	162(32.2)	熊大第二次研究班，第一次訴訟判決(3月)
1974(昭和49)	73 (40.7)	32 (17.8)	74(41.3)	第三水俣病シロ判定，審査会改組，審査会開けず
1975(昭和50)	128 (22.7)	24 (4.2)	410(72.9)	大橋審査会
1976(昭和51)	110 (15.6)	90 (12.8)	503(71.5)	
1977(昭和52)	174 (19.0)	92 (10.0)	648(70.8)	認定要件の設定(7月)
1978(昭和53)	143 (12.9)	296 (26.8)	662(60.1)	次官通知(7月)
1979(昭和54)	117 (9.1)	601 (46.8)	566(44.0)	第二次訴訟判決
1980(昭和55)	52 (4.0)	845 (65.7)	385(29.9)	検診拒否運動拡がる
1981(昭和56)	51 (6.0)	448 (53.3)	340(40.5)	
1982(昭和57)	66 (11.6)	319 (56.1)	183(32.2)	三嶋審査会
1983(昭和58)	64 (14.2)	288 (64.0)	98(21.8)	
1984(昭和59)	41 (7.0)	392 (67.3)	109(18.7)	
1985(昭和60)	33 (4.6)	517 (71.5)	173(23.9)	第二次訴訟控訴審判決勝訴
1986(昭和61)	43 (3.7)	866 (73.9)	262(22.4)	棄却取消訴訟判決患者勝訴，特別医療事業開始
1987(昭和62)	16 (0.9)	1327 (78.9)	338(20.1)	第三次訴訟判決(全員水俣病)
1988(昭和63)	7 (0.7)	968 (99.2)	0	
1989(昭和64)	2 (0.4)	472 (99.5)	0	
1990(平成2)	7 (1.5)	432 (97.7)	3 (0.6)	
1991(平成3)	1 (0.1)	513 (99.8)	0	
1992(平成4)	1 (0.3)	265 (99.6)	0	東京訴訟判決，新潟第二次訴訟判決
1993(平成5)	1 (0.1)	597 (99.8)	0	京都訴訟判決(46人中38)

注）胎は胎児性，昭和36年は剖検
出所）[15]

見舞金契約の5日前の12月25日に水俣病患者診査協議会が設置され、見舞金契約以前は個々の医師の判断でなされていた水俣病の診断を、この診査協議会がおこなうことになりました。これは現在の水俣病認定審査会とは異なり、チッソが認める患者を水俣病と決定する機関でした。1960年からの10年間に認定された患者はわずか33名で、そのうち23名は胎児性水俣病であり、[14]実際には、認定の門は閉ざされていたといえます。[15]診査協議会のメンバーには、これまで熊本大学で水俣病の研究を牽引してきた熊本大学第一内科の徳臣医師が加わっていました。

1960年以降の徳臣医師

診査協議会メンバーとなった徳臣医師は、1960年で水俣病が終息したと判断することになります。[16]病気が終息したと医師が判断するなら、それ以上の医学的追究をする必要はなくなります。この水俣病終息説に符合するかのように、徳臣医師は、数多くの水俣病患者の存在に一貫して目をつぶることになるのです。

新潟水俣病が発見された翌年（1966年）に開かれた日本内科学会において、徳臣医師は、「補償問題が起こった際に水俣病志願者が出現したので、過去においてわれわれはハンター・ラッセル症候群を基準にすることにして処理した」[17]という「水俣病志願者」発言をしました。これは、「自らの医学的使命を果たすことなく、自らの不作為の理由を患者に転嫁する」悪しき先例となりました。

表2－2は、1960年から1981年までの21年間に、全国的な医学雑誌に掲載された徳臣医師と、水俣病に対して徳臣医師とほぼ同様の姿勢をとり続けた岡嶋透医師による水俣病の臨床研究論文・記事です。徳臣医師は、1960年に発行された『熊本医学会雑誌』で、「水俣病に関する研究（第5報）[6]」として報告した34名の水俣病患者の徴候頻度結果の表を1970年まで掲載し続けました。1970年に『逓信医学』で「水俣病とその経過」と題して1969年まで経過をみた39名の徴候頻度表を掲載し、それとほぼ同じものを1975年まで掲載し続け、1980年の『神経内科』に「20年後の水俣病」として20年目に診察した13名の所見を追加しました。[18]

徳臣医師は、「水俣病志願者発言」の翌1967年に熊本大学第一内科の教授になるのですが、1982年に教授を辞めるまで、ここに示したごく少数例以外の水俣病患者の報告をほとんどおこないませんでした。徳臣医師が対象とした患者は、のちに述べる水俣病問題の焦点となってくる昭和52年判断条件以上に狭き門です。教授就任時点ですでに、徳臣医師のなかでは水俣病は終息していたともいえます。

この論文リストの最後の論文が出された1981年には、認定申請患者は1万人以上、認定患者は1400人以上に達していました。それらの患者のデータを一切、参照も分析もすることなく、教授退任までの20年以上にわたり、水俣病の権威者として、初期重症患者のみを水俣病として紹介し、そのことによって、「水俣病は重症のハンター・ラッセル症候群を複数持つ疾患である」というメッセージを、全国の医師に送り続けることになったのです。

表 2-2　全国的な医学雑誌に掲載された徳臣晴比古氏・岡嶋透氏による水俣病の臨床研究論文・記事

文献	西暦(年号)	著者	タイトル	雑誌名	巻(号)	臨床症例，症例のまとめの概要
1	1960(昭和35)	徳臣晴比古	水俣病：臨床と病態生理	精神神経学雑誌	62(13)	熊本医会誌34巻補冊第3と同様の34名の徴候頻度表[19]
2	1960. 12(昭和35)	徳臣晴比古，岡嶋透，家村哲史，松崎武寿	水俣病の臨床	日本医事新報	(1911)	グラフ（図･写真など）[20]
3	1961. 5(昭和36)	徳臣晴比古，岡嶋透	水俣病の臨床	綜合医学	18(5)	文献1と同じ対象者の徴候頻度表[21]
4	1962. 8(昭和37)	徳臣晴比古，岡嶋透，山下昌洋，武田省吾	水俣病	診断と治療	50(8)	文献1と同じ対象者の徴候頻度表[22]
5	1963. 3(昭和38)	徳臣晴比古，岡嶋透，山下昌洋，松井重雄	水俣病の疫学：附・水俣病多発地区に認められる脳性小児麻痺患者について	神経研究の進歩	7(2)	昭和35年で水俣病終息汚染地区住民検診1152名のなかでの有愁訴者等の人数のみ記載[16]
6	1964. 1(昭和39)	徳臣晴比古，上野直昭，井野辺義一，志摩清	水俣病	医学のあゆみ	48(2)	文献1と同じ対象者の徴候頻度表[24]
7	1964. 8(昭和39)	徳臣晴比古，岡嶋透	水俣病	綜合臨牀	13(8)	文献1と同じ対象者の徴候頻度表[18]
8	1967(昭和42)	岡嶋透	水俣病とその症状	保健婦雑誌	23	臨床徴候は概論のみ[25]
9	1968. 1?(昭和43)	徳臣晴比古	水俣病：有機水銀中毒	代謝	5	臨床徴候は概論のみ昭和35年で水俣病終息[26]
10	1968. 5(昭和43)	徳臣晴比古	水俣病	内科	21	文献1と同じ対象者の徴候頻度表[27]
11	1968. 10(昭和43)	徳臣晴比古	シンポジウム　公害・農薬中毒の内科臨床(3)有機水銀中毒	日本内科学会雑誌	57	文献1と同じ対象者の徴候頻度表＋10年後の徴候23名[28]
12	1969. 2(昭和44)	徳臣晴比古	水俣病の発端とその後の経過	労働の科学	24	昭和35年に水俣病終了臨床徴候は概論のみ[29]
13	1969. 4(昭和44)	徳臣晴比古，岡嶋透	水俣病の臨床	神経研究の進歩	13(1)	文献11の徴候頻度表昭和35年で水俣病終息.[30]
14	1969. 4(昭和44)	徳臣晴比古	水銀中毒：診断の進歩と要領	診療	22	臨床徴候は概論のみ[31]
15	1969. 7(昭和44)	徳臣晴比古	有機水銀中毒	綜合臨牀	18	文献1と同じ対象者の徴候頻度表[32]
16	1970. 2(昭和45)	徳臣晴比古	水銀中毒	診断と治療	58	文献1と同じ対象者の徴候頻度表[33]

17	1970. 8 (昭和45)	徳臣晴比古	水俣病とその経過	逓信医学	22	文献1と同じ対象者の徴候頻度表，10年目の39名，うち追跡調査22名の比較[34]
18	1971. 5 (昭和46)	徳臣晴比古，出田透	有機水銀	内科	27	臨床徴候の分析はなし[35]
19	1971. 11 (昭和46)	岡嶋透，徳臣晴比古	公害または中毒による神経筋疾患	臨床と研究	46	文献17の追跡調査22名の徴候頻度表[36]
20	1972. 6 (昭和47)	徳臣晴比古	中毒性神経疾患	内科	29(6)	臨床徴候は概論のみ[37]
21	1972. 6 (昭和47)	岡嶋透，徳臣晴比古，三島功	水俣病の視野に関する研究：10年間の追跡調査	日本医事新報	(2510)	1名を除き，昭和34年までに発症した43名[38]
22	1973. 4 (昭和48)	徳臣晴比古，岡嶋透	長期追跡より見た水俣病	日本医事新報	(2556)	文献17と同じ22名の徴候頻度表[39]
23	1975. 5 (昭和50)	徳臣晴比古，岡嶋透，出田透，川崎渉一郎，伊津野良治	水俣病診断の問題点：追跡調査と老人検診から	神経内科	2	文献17と同じ22名の徴候頻度表[40]
24	1975. 8 (昭和50)	徳臣晴比古	有機水銀中毒とその他の疾患にみられる小脳症状の比較	神経研究の進歩	19(4)	初期34名，文献17と同じ22名を対象[41]
25	1980. 3 (昭和55)	徳臣晴比古，出田透，寺本仁郎，今西康二，上野洋，山永裕明	20年後の水俣病	神経内科	12(3)	初期34名，10年目，20年目13名を対象とした徴候頻度表[18]
26	1980. 7 (昭和55)	徳臣晴比古，出田透，寺本仁郎，永田仁郎	水俣病	臨床検査		初期34名，10年目，20年目を対象とした，文献25と同じ徴候頻度表[42]
27	1981. 12 (昭和56)	徳臣晴比古	慢性中毒疾患の病態	臨床神経学	21(12)	文献25，26と同じ対象者.[43]

出所）熊本大学ホームページより検索可能なリストから筆者作成。水銀分析を主としたもの，電気生理学的研究等は除く

図 2-1　徳臣医師が1960～70年に報告しつづけた34名の徴候頻度表

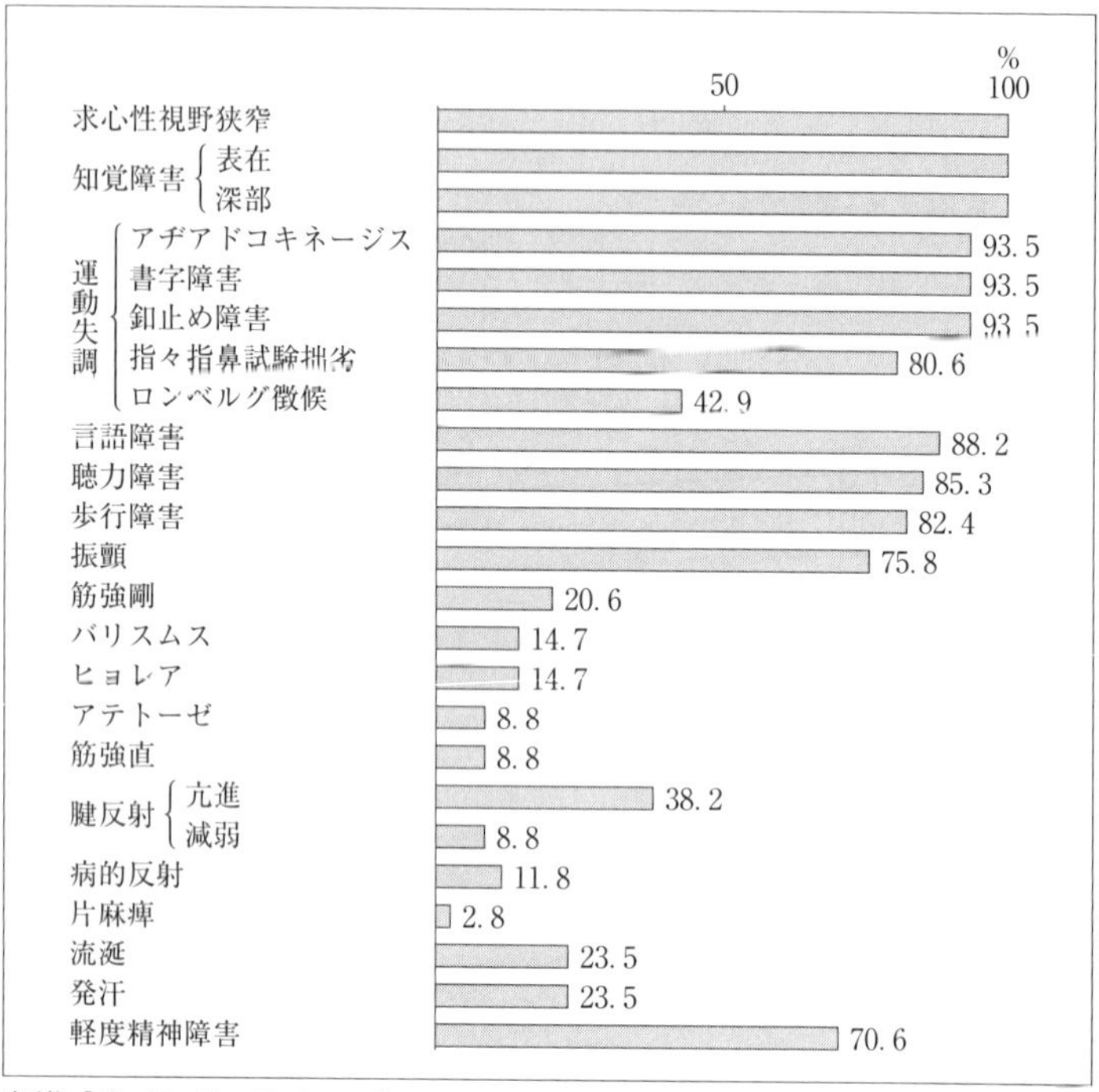

出所）［18, 21, 22, 23, 24, 27］

徳臣医師、岡嶋医師をはじめとした医学者が本来なすべきことは、何だったのでしょうか。政府が認めなかったとはいえ、メチル水銀が原因とわかったのであれば、その排出と広がりを止めるように提言すべきでした。そして、中毒性疾患は、重症から軽症までさまざまなタイプが存在しうるのですから、疫学調査を含めたより広範な人々を対象に継続的な健康調査をすべきだったのです。

徳臣教授は、「徳臣水俣病」とも名づけうる、初期発症の2桁にすぎない頂点に位置する患者のみを囲い込み、万単位ですそ野に広がるそれ以外の患者を完全に自分たちの医学の対象外としました。しかしながら、この徳臣教授のあり方について、医学界でも社会一般のなかでも、いまだにきちんとした検証と批判がなされていません。

表2-3　環境汚染や食中毒に対してなされるべきこと

1.	環境・健康被害拡大の防止
2.	環境・健康被害の全貌の把握
3.	健康被害に関する専門家による適正な追究と診断基準
4.	健康被害などに関する住民への情報提供
5.	被害者への補償
6.	教訓を行政の政策として生かす

出所）[45]

汚染発覚時になされるべき初期対応

通常、食中毒が発生した際、原因となった食物を摂取して中毒症状が出現したものは、原因物質の特定を待つことなく、食中毒患者として扱われ、行政が主体的に食中毒の実態を調査することになっています[44]。水俣病も食中毒の一つといえるので、表2－3、図2－2に示した対応がなされるべきでした[45]。すなわち、環境汚染等により病気が発生した際になされるべき対応の第一は、汚染源を絶ち、あるいは住民を汚染源から切り離すことです。そして、原因となる食品を摂取しないように住民に周知徹底しなければなりません。

カーランドの勧告

1958年9月、NIH（アメリカ国立衛生研究所）のカーランドが水俣を訪れて魚介類、海水、泥土をアメリカに持ち帰りました。そして、動物実験で見出した異常の原因が有機水銀であることを確認したのです。彼は、神経学者であるだけでなく疫学者であり、『ワールド・ニューロロジー（*World Neurology*）』という雑誌で、八つの勧告をおこないました[46]。そのなかで、重要な意味がありながらも現在まで十分に実行されてこなかったものとして、以下のものがあげられます。

図2-2　環境被害・疾患の発生時に医学専門家と行政によってなされるべき対応

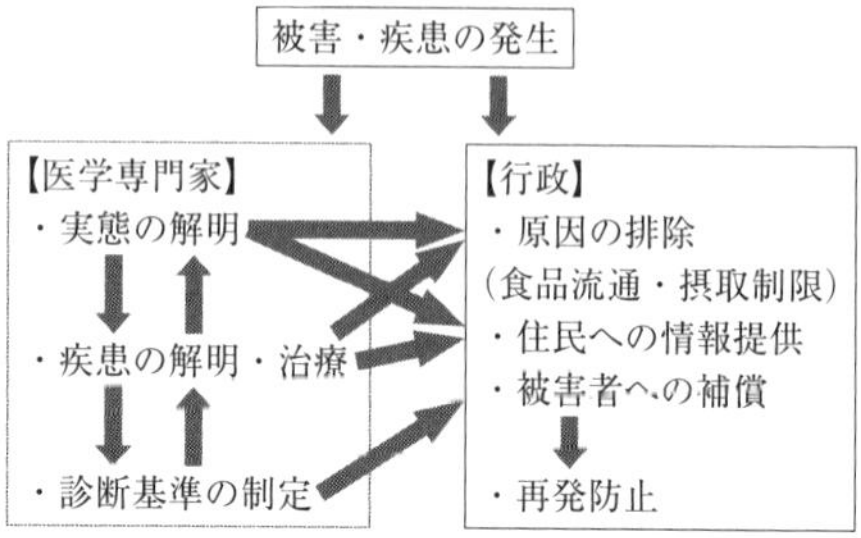

出所）［45］

魚介類の安全性が確かめられるまで、漁獲禁止を続けるべきである（第一）。水俣湾周辺地域から離れた場所の患者の正確な診断と検査による確認を急ぐべきである（第二）。水俣湾の魚介類の生態系の詳細な調査をおこなう（第三）。今後さらに患者発見につとめ、疫学調査をおこない、海や海底のサンプルの水銀その他の有毒とみなされる物質を化学的に測定する必要がある（第七）[46]。

カーランドは、疫学研究を重視していました。疫学研究の手法として、異なった人口集団における有病率、罹患率、死亡率などを比較する方法、地域によって、あるいは経時的にみていく方法、曝露群とコントロール群（非曝露群）を比較する方法、原因物質の曝露を受けたと思われる人々を長期的または将来的に調査するコホート研究（最初に集団を確定し、将来に向けて前向きにデータを探索していく調査方法）を勧めています。[47] また、曝露を受けていない人口集団でのフォローアップも勧告していました。ところが、熊本ではそのような調査はおこなわれませんでした。

新潟水俣病の発見

水俣での環境・人体汚染が放置されたまま、1965年1月、新潟県阿賀野川流域で水俣病患者が発見されました。同年4月に新潟大学脳研究所に神経内科講座が新設されることになり、初代教授として赴任することが決まっていた椿忠雄医師が、1月に新潟大学を訪問し、たまたま脳神経外科に入院していた患者を診察し、メチル水銀中毒症と診断しました。

昭和電工の前身である昭和合成化学工業の鹿瀬工場は、チッソに4年遅れて1936年にアセトアルデヒドの生産を開始し、水銀を阿賀野川に流し始めました。1950年代にアセトアルデヒドの生産量が増加し、水銀排出量も増加していったと考えられます。新潟水俣病が公表されたのは、1965年6月12日でした。[48]

公表2日後の6月14日には、下流域の412戸2813名について、自覚症状、川魚摂取状況の調査がおこなわれ、1964年初めからの死亡者の状況、動物の異常などについての調査も開始されました。周辺地区の約2万名についての調査では、水保病を疑われた120名を診察し26名を有機水銀中毒症と診断しました。そして、頭髪水銀が200ppm（μg／g）を超えた9例を入院させています。国立水俣病総合研究センターの安武章氏が2000〜02年に全国で調査した3638名の頭髪水銀の平均値は男性で2・55ppm、女性で1・43ppmでした[49]。それと比較していかに高い値を示していたかがわかります。

下流域のみの調査に終わったこと、頭髪水銀値を200ppmで区切ったことは問題でしたが、熊本と違ったのは、初期段階から調査をおこなったことです。椿教授は、このときの調査はカーランドにならったもので、熊本ではもともとこのような考え方（疫学的手法）がなかったと裁判で証言しています[50]。

新潟水俣病は、1966年の第63回日本内科学会で発表され、椿教授は、感覚障害のみの症例の存在を認め、「アルキル水銀（メチル水銀を含む、鎖式飽和炭化水素のついた有機水銀のこと——引用者）中毒症は、必ずしも定型的ハンター・ラッセル症状を呈しないことを強調したい[17]」と発言しました。この時期の新潟大学の研究は、広く汚染地域を調査し、頭髪水銀濃度を測定しており、水俣病の症候をハンター・ラッセル症候群に限定していませんでした。先に紹介した、德臣医師の「水俣病志願者」発言は、この直後になされたものです。

椿教授は、1967～68年頃から問題になっていた薬害スモンについて、薬理学的メカニズムが不明であった1970年段階で、疫学調査の結果によりキノホルムが原因と推測し、いち早くキノホルムの使用を中止させることで、スモンの広がりを抑えた功績があります。ただし、新潟での水俣病についての疫学調査については、残念ながら、その詳細な資料や報告は確認されていません。

椿教授の水俣病診断要項

椿教授は、以下の記述にみられるように、徳臣医師とは異なり、水俣病の診断については、まず実態把握をおこなってから設定するという方法をとりました。

患者の実態ないし発生状況調査に際しては、まず診断基準をつくり、それに合致するものを集めるのが、このような調査の定石である．しかしながら、中毒にはごく軽症のものから定型的なものまで、いろいろの段階のものがありうるとの考えから、私はごく初期には診断基準の枠をはめることを避け、疑わしいものを広くすくいあげ、この中から共通の症状をもつものを選び、これと並行して診断要項を設定するという方法をとった。この方針が正しかったことは、のちに新潟水俣病の実態把握の際に立証されたものと信じている。[51]（傍線は引用者。以下も同様）

表 2-4　椿教授による水俣病診断要項

（a）	神経症状発現以前に阿賀野川の川魚を多量に摂取していたこと
（b）	頭髪（または血液，尿）中の水銀量が高値を示したこと[1)]
（c）	下記の臨床症状を基本とすること[2)] ①知覚障害（しびれ感，知覚鈍麻） ②求心性視野狭窄 ③聴力障害 ④小脳症候（言語障害，歩行障害，運動失調，平衡障害）
（d）	類似の症候を呈する他の疾患を鑑別できること[3)]

注 1：この値は水銀摂取を止めれば、数カ月以内に正常に復するので、川魚摂取時期との関連において考慮すること。また、その時期の水銀量が不明な場合、できるだけ情勢判断を行なうこと。例えば同一家族で食生活を共にしていたもののなかに水俣病患者があったり、頭髪などの水銀量の高値を示したものがあれば重視すること。

2：以下の四症候をすべて具備しなければならないわけではない。また知覚障害は最も頻度が高く、特に四肢末端、口囲、舌に著明であること。またこれが軽快し難いことを重視する。

3：糖尿病などによる末梢神経障害、脳血管障害、頸椎症、心因疾患は、特に注意を要する。ただし、上記の疾患を持っていても、患者の症候がそれのみで説明し難い場合は、水俣病と診断することができる。

出所）［52］

椿教授は、新潟における疫学調査の経験をもとに、1972年に水俣病診断要項を表2－4のようにまとめました[52]。徳臣医師とは異なり、当時の椿教授の水俣病の診断は、中毒性疾患としての水俣病に対する適切な考え方に基づいていました。また、椿教授は、この時期から、水俣病には機能の代償により回復する症例、遅発例、悪化例など、多様な症候がありうることを認めていました。これは、この時期の椿教授が患者の臨床的観察を重視していたからにほかなりません。

変節前の椿教授

1972年当時、椿教授は、論文に以下のように記述しています。

軽症や非定型例については、心因性の症状ではないかとか、詐病でないかとの外部からの批判もあった。こういう批判の出る大きな理由は、軽症や非定型例の場合、外部からちょっとみただけでは健康者とあまり変らないからであろう。しかし、患者に心から接し何度も診察してきたわれわれは、かかる無責任な批判にむしろ怒りを覚えるのである。患者の診断のみならず、この事件全体についてもいえることであるが、わずか数回現地を訪れただけでもっともらしい論説や結論をのべているのをみると、私はいつも不快感を覚える。[52]

主として第6章で述べますが、水俣病は、これまで知られている他の神経疾患とは、障害部位、障害機序（メカニズム）、障害のあり方（症状や所見の出方）が異なっています。水俣病の症状は、軽症と重症では、障害の範囲も程度も異なり、ある程度のパターンはあるのですが、出現する症候の組み合わせの多様性に加え、それぞれの症候についても連続的な重症度があるという多様性を持っています。

成人の劇症型では、大脳小脳全体が障害され、中等症では（体性感覚野の存在する）大脳頭頂葉、（視覚野の存在する）後頭葉、（聴覚野の存在する）側頭葉皮質、（円滑な運動にかかわる）小脳皮質障害の症状が目立ちます。軽症では、神経所見としては触覚や痛覚などの表在感覚障害のみとなってきます。このように重症度によって症状が異なるメチル水銀中毒症の病態を、のちに熊本大学神経精神科の原田正純医師は、ピラミッドモデルで表現しました（図2－3）。

図2-3　メチル水銀中毒症のピラミッドモデル

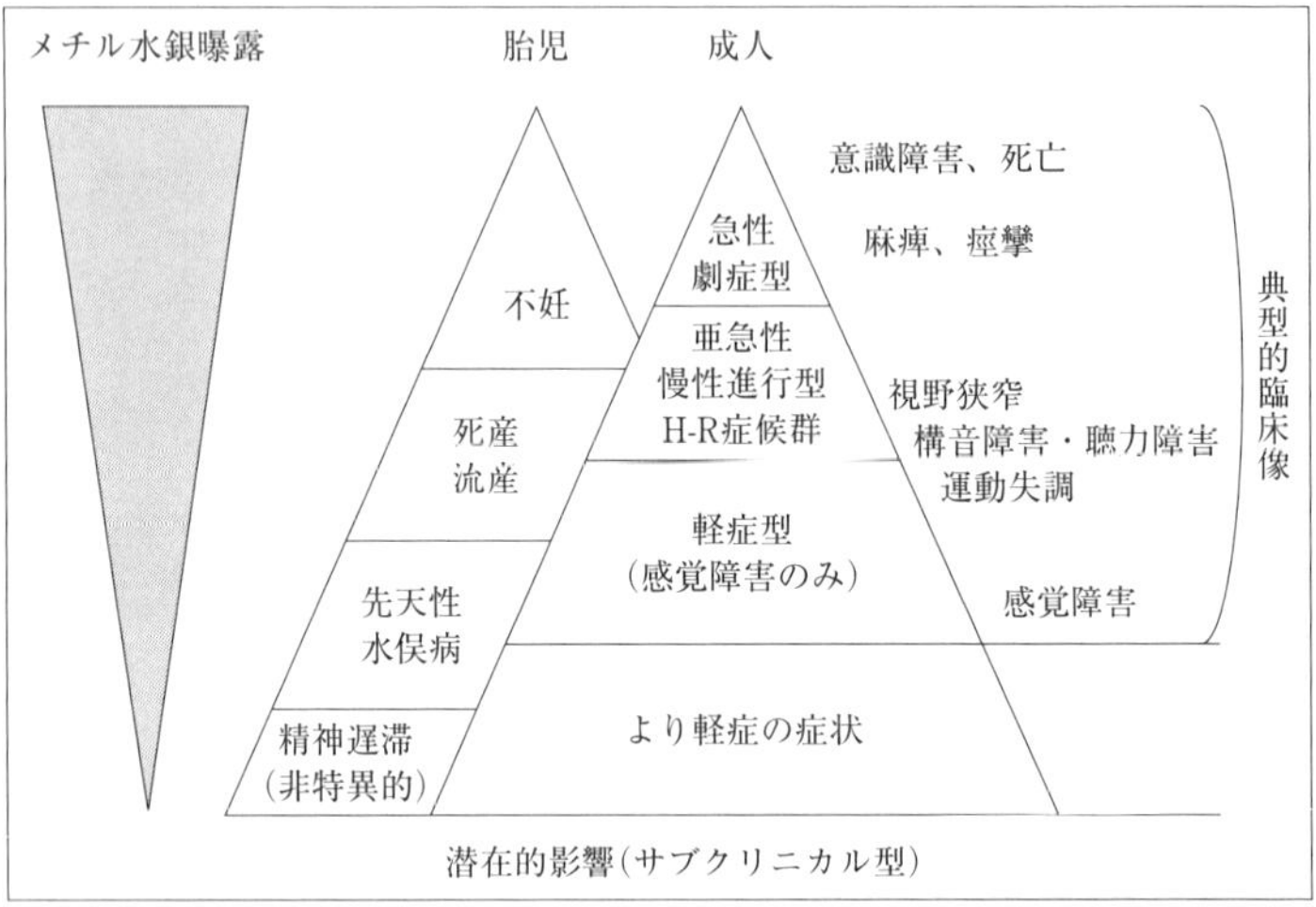

出所）［53］より作成

神経疾患のなかでも、パーキンソン病やアルツハイマー病などのような変性疾患であれば症状は進行していきます。脳血管障害にもいろいろな種類があるものの、一定の範囲の脳組織がまとまって脱落します。しかし、水俣病では、脳の神経細胞が、間引き脱落と呼ばれる様式で、ぽつぽつと、そして徐々に、消失していきます（第6章参照）。そのため、障害が中途半端であったり、あいまいであったり、変動したりするので、水俣病を診たことのない人は神経内科医であっても、この症候を理解できないことがあるのです。

また、中毒性疾患一般に倦怠感や体調不良などの不定愁訴といわれる症状がよくみられ、メチル水銀の場合も重症になるほど多彩な症状を伴います。これは、第6章で述べますが、中枢神経全体に障害が存在しうることと関連しているのではないか思われます。症状も、曝露の量、曝露からの期間、年齢などによって、不変であったり、進行したり、改善したりします。

椿教授の先の指摘は、そのような水俣病の病態を反映しているものでもあり、半世紀経った現在にも通用するものです。しかしながら、椿教授の後進の少なからぬ医師らが、半世紀後の現在もなお、椿教授が批判の対象としていた医師らと同様の態度をとり、水俣病の諸症候を「非器質的なもの」と決めつけています。

1968年5月18日にチッソ水俣工場でのアセトアルデヒド生産は終了となり、同年9月26日になって、ようやく政府は熊本における水俣病の原因をチッソ水俣工場から排出されたメチル水銀化合物と認めました。

新潟水俣病裁判の判決前日の1971年9月28日、『新潟日報』に、椿教授による「新潟水俣病判決を迎えて[54]」という記事が掲載されました。

> 公害の根はあまりに深い。現在のような環境破壊を続けていけば、人類は滅亡するであろう。しかしこれは、一企業の責任か否かの裁判とはあまりにも次元の違う事柄である。公害に対する戦いは、すべての人が自分自身、環境破壊に対してなんらかの役割りをしていないかどうかを、反省することから始めなければならないのではなかろうか。（中略）

私は第三の水俣病が発生するといっているのではない。しかし、今後に発生する公害は、いままでに想像もできない形のものかもしれないと思っている。これは恐ろしいことである。そして、その恐ろしいことが、現実のものとなってからではもうおそいのである。（中略）
公害先進国といわれる日本で、われわれはなんとかして、全世界の環境が破壊される前に抜本的な手段を考えていかなければならない。そのことがわれわれの〝身近な問題〟であることを、われわれはもう一度考え直すべきではなかろうか。水俣判決を迎えて、私はつくづくそう思う。

しかし、この数年後、私たちは椿教授の変節を目撃することになるのです。

新潟における水俣病の診療と研究

新潟大学での研究は、椿教授とともに、白川健一医師、佐藤猛医師らによって担われました。「医学中央雑誌」の検索で、1965〜87年に新潟大学関係で、「水俣病」または「水銀」でヒットした116件の業績のなかで、白川医師は、椿教授に次ぐ研究を残しています（表2－5）。
当時の新潟大学のなかで、白川医師は、個々の症例について観察してその記録を残し、水俣病の病態について、最も研究、考察をしています。遅発性水俣病についての詳細な記述をおこない[55,56]、水俣にも訪れ、水俣と新潟の患者の比較などもおこなっています[57]。

白川医師をよく知り、現在まで新潟での水俣病の診療を継続している数少ない内科医である関川智子医師の話では、白川医師は、水俣病患者の感覚障害や運動失調の症状や所見が他の神経疾患などと異なるためか、その所見の捉え方に苦慮していたようです。それは、中枢神経細胞の間引き脱落を特徴とする水俣病であるがゆえのことだったと思われますが、それらの所見を、より客観的に捉えるために、手の運動異常を分析するジアドコメーター、構音障害を分析する音声分析、痛覚を定量化するペインメーターなどの機器を開発しました[57]。

また、大学だけでなく、民間の医療機関も大学と協力しながら、患者の検診、診療などに取り組み、特に、新潟水俣病発見当時、新潟市内の沼垂《ぬったり》診療所に勤務していた小児科医の斎藤恒医師は、数多くの水俣病患者を診察し、椿教授とも直接対話をしており、椿教授の変化を間近で体験した記録を残しています[48]。1976年に斎藤恒医師が木戸病院を開設し、その後、関川医師が沼垂診療所の診療を引き継いで、数多くの水俣病患者を診察してきました。新潟大学神経内科が、その後水俣病の診療と研究から遠ざかっていくなか、新潟の水俣病患者を診療し、支えてきたのは、斎藤、関川両医師でした。

表 2-5　新潟大学神経内科，1965〜87年の水俣病関係業績数

氏名	筆頭者としての業績		共著含む	
椿忠雄	48	41%	74	64%
白川健一	36	31%	64	55%
佐藤猛	9	8%	28	24%
福原信義	6	5%	9	8%
広田紘一	5	4%	38	33%
神林敬一郎	2	2%	21	18%
神田武政	2	2%	11	9%
その他	8	7%		
	116	100%	116	100%

出所）「医学中央雑誌」の検索結果から筆者作成

熊本大学神経精神科の研究

徳臣医師が1960年に水俣病終息説を唱え、新たな症例の臨床研究の道を閉ざす一方、水俣病研究の道を開いたのは、同じ熊本大学の神経精神科でした。1961年に都立松沢病院から同科の教授となった立津《たてつ》政順《せいじゅん》医師は、赴任後、より軽症例の存在を重視するようになりました。立津教授は、「これほど中枢神経系が障害される疾患であれば、もっと軽症例があるはず」、「精神的な何らかの異常が存在するはず」と、教授就任当時から、神経精神科の教室員に語っていました。1963年には、同科から「水俣病の精神症状[58]」、「水俣病の神経症状[59]」という論文が出され、いずれも重症例に関する報告でした。

水俣周辺地域では、脳性小児麻痺と似た症状を示す子どもたちが確認され、1959年頃から調査がおこなわれていましたが、1962年11月に、原田医師らによって、これらの患者が胎児性水俣病患者であることが正式に確認されました[60]。また、原田医師は、メチル水銀中毒の現れ方を胎児に対するものと成人に対するものに分け、それぞれ、軽症例から重症例までのさまざまな症状が存在するという、先述のピラミッドモデル[53]を提唱しました。小児期曝露例は、胎児曝露例と成人曝露例の中間に位置すると考えられます。1969年に入局した藤野糺《ただし》医師は、1970年、水俣市内の中学校の検診をおこない、メチル水銀の非汚染地域であるコントロール地域と比較して、運動機能、精神機能ともに異常であるという結果を報告しました[61]。

熊本大学二次研究班の研究と第三水俣病

1965年の新潟水俣病の発見や1968年の政府の公害病認定ののち、1971年になって熊本大学に二次研究班（正確には「熊本大学医学部10年後の水俣病研究班」）が結成され、神経精神科によって一斉検診がおこなわれました。この二次研究班の成果は、1973年3月にまとめられ、水俣市周辺地域や御所浦町《ごしょうらまち》などの地域で、水俣病症状を有する多数の患者を報告しました[62,63]。

同時に、この二次研究班の研究では、対照地区とした有明地区にも水俣病類似の症状があるものが少数存在していました。この対照地区での有症状者について、当時二次研究班では喫緊の問題とは考えておらず、今後の課題と捉えていたようです。しかし、同年5月22日、新聞がこの内容を第三水俣病として報道し、全国で魚が売れなくなるという水銀パニックが起こりました。

全国でこのようなパニックが起こった背景には、1950～60年代、日本では、チッソと昭和電工以外にも70以上の工場が水銀を使用し、河川や海洋中に水銀が放出されていたということがありました（図2－4）。コントロール地域の有明地区に面した有明海沿岸の大牟田市と宇土市にも、水銀を取り扱う工場があったのです。その後、山口県徳山市や福岡県大牟田市などでも第三水俣病の発生が疑われることとなりました。

図2-4　1950〜1960年代に水銀を使用していた工場

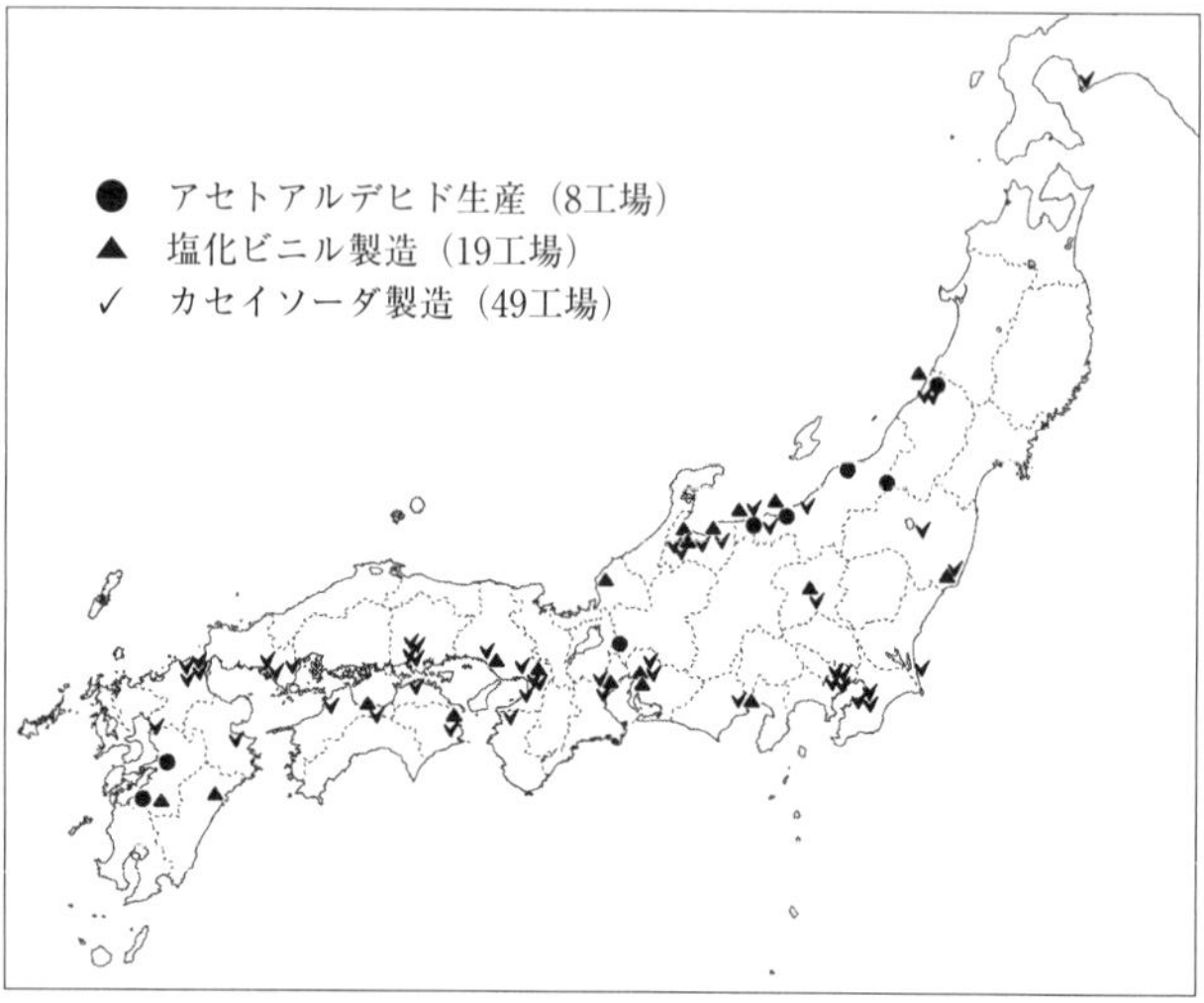

出所）［64］より作成

そのような状況下で、政府はこの第三水俣病対策として、椿教授を環境庁の「水銀汚染調査検討委員会・健康調査分科会」の会長に任命しました。そして、椿教授や徳臣教授を含む「専門家」らは、十分な疫学研究をおこなうことなく、これらの地域での水俣病の存在を否定したのです。このような第三水俣病問題、水銀パニックの混乱ののち、熊本大学第一内科だけでなく、神経精神科の医師も、原田医師や藤野医師らごく少数の医学者を除くと、水俣病の研究から遠ざかっていきました。

原田医師は、大牟田市での第三水俣病のシロ判定に合意したとされていますが、生前、「大牟田市の工場排水口付近で釣りをしていた患者にハンター・ラッセル症候群の症状があり、九州大学で、その複数症状をそれぞれ別の病気とされてしまった。患者が可哀そうだった」と私に語ってくれました。

私自身は、当時の状況をみると、第三水俣病は存在したものと考えています。その理由は、この時点では、徳臣教授も椿教授も重症患者のみを水俣病とする間違った立場であったこと、そして、十分な疫学調査をおこなうことなく水俣病シロ判定を出したことがあげられます。水俣病は、症状も軽症から重症まで多様で、潜行性に発症することもあり、病気自体が見逃されやすいということもあります。

初期段階での疫学調査の問題点

1973年の水銀パニックを契機として、水俣病の臨床研究と疫学研究が衰退していくことになるのですが、ここで、1956年の水俣病の発見、1965年の新潟水俣病の発見後の行政による疫学調査についておおまかにみていきましょう。

熊本の水俣病についての疫学調査で最も知られているのは、先に紹介した1971～72年におこなわれた熊本大学の二次研究班によるものです。実は、それとちょうど同じ時期に別の調査もおこなわれていました。水俣市は熊本県の南端に位置し、メチル水銀による汚染は熊本県と鹿児島県にまたがっていますが、この2県での調査でした。

そのうち熊本県については、徳臣教授を研究代表者として、「熊本大学医学部有明海・八代海沿岸地域および水俣湾周辺地区住民健康調査解析班[65]」が調査をおこなっていました。その内容は長期にわたって公表されず、熊本県は2015年になって初めてこれを公にしました。この調査の対象者は、水俣地区で5万1347名、八代地区で5054名という多数であったにもかかわらず、水俣病と認められたものは、水俣地区でわずか158名、八代地区で0名でした。熊本大学二次研究班の調査では、水俣市内の一部地域で暮らす965名中275名が水俣病と診断されていたことや、その後、熊本県で1791名が認定され、1996年の「政治解決」や2009年制定の水俣病特措法（「水俣病被害者の救済及び水俣病の解決に関する特別措置法」、第5章参照）で4万6000名以上が救済されていることを考慮すると、この調査が、実際の被害者を捕捉（把握）することができなかったことは明らかです。

鹿児島県は、1971年から74年にかけて汚染地域の疫学調査をおこなっていました[66]。1971年は、井形昭弘《いがたあきひろ》医師が鹿児島大学の教授となった年でした。この調査では、7万4020名の疫学調査を実施し、そのうち61名に水俣病認定申請指導、94名に要管理指導をおこないました。その後、鹿児島県で493名が水俣病に認定され、政治解決や水俣病特措法で1万8000名以上が救済されたことからみても、この数はきわめて少なく、実際の被害者を捕捉できていなかったといえます。

一般に診断基準というのは、その疾患がどのような健康障害を引き起こすのかがわからない段階では決められません。特に水俣病のような人々が広範に曝露を受けた健康障害では、診断基準の具体的内容は、疫学研究調査の結果によって決まってきます。ところが、この熊本県と鹿児島県の調査では、すでに実施者らによって診断が決められていて、その具体的根拠も記載されていません。そして、診察の具体的内容、判断基準がどうであったのかについても疑問が残ります。

椿教授が述べたように、「診断基準の枠をはめることを避け、疑わしいものを広くすくいあげ、この中から共通の症状をもつものを選び[51]」、診断基準を設定していくことが必要だったのです。

このように、初期の疫学調査は、①その調査手法などが必ずしも明確でない（熊本・鹿児島・新潟）、②調査結果の詳細が不明（新潟）、③コントロール地域との比較がなされていない（鹿児島・新潟）、④当時としても実態を反映しておらず（熊本・鹿児島）、⑤継続的調査がなされなかった（熊本・鹿児島・新潟）、という問題点が存在したのです。

井形教授の計量診断の問題点

井形教授は、鹿児島県の水俣病認定審査会の会長を長くつとめましたが、日本の医学データベースである「医学中央雑誌」による検索では、筆頭者となっている水俣病の研究はわずか10件です。1991年に鹿児島大学学長を退任しますが、水俣病に関する筆頭者論文は1978年に書かれたものが最後です（表4－2参照）。

前項で紹介した鹿児島県の疫学調査データを利用した研究として、濱田陸三医師との共著による「水俣病の計量診断[67]」という水俣病の病態や診断にかかわるものがあります。これは、水俣病らしさについて、諸症候の有無等を入力し数値的に評価することによって、客観的診断を試みたものとされています。

しかし、何が水俣病であるかは、汚染地域と非汚染地域のデータを対比させるなかでしかわからないにもかかわらず、そのようなデータがない段階で彼ら自身による診断（選別）がなされ、その診断（選別）の基準も不明です。「客観的」でもなく、計量診断としての意味もなく、この研究結果を用いて水俣病の診断がなされたという話も聞いたことがありません。

椿教授の変節

１９６８年に政府が水俣病の原因がチッソの流したメチル水銀と認めてから、熊本での水俣病認定申請数は、１９７０年10名、71年３２８名、72年５００名、73年１８７４名と増加の一途をたどります。そして、認定患者への補償費用の支払いのためにチッソの経営が成り立たなくなる、という議論が始まります。そのなかで、１９７３年の水銀パニックを機に、それまでは軽症の水俣病の存在を認めていた椿教授の態度が劇的な変化を遂げることになります。

椿教授は水俣病患者を対象にした臨床疫学的研究から次第に距離をとるようになり、１９８０年に新潟大学を去り、東京都立神経病院院長となりました。徳臣教授も椿教授も、行政に深く関与し始めたのを境に、水俣病に対する学問的追究をやめていくことになるのです。１９７９年、椿教授は、青林舎の『水俣病』[51]（通称、青本）で1972年の水俣病診断要項を紹介しています。これは、椿教授が自らがまとめたこの基準を否定できなかったことを示していますが、1975年以降に椿教授がとった行動はそれとは正反対のものでした。

IPCSクライテリア1「水銀」決定過程への椿教授のかかわり

人間の健康や環境に対する化学物質の影響の評価をおこない、知らしめることを目的とする、IPCS（化学物質の安全性に関する国際プログラム）というものがあります。これは、国連環境計画（UNEP）、国際労働機関（ILO）および世界保健機関（WHO）との共同事業で、その最初の事業の一つが、水銀の健康影響を検討するものでした。そして、1976年に決定された基準であるクライテリア1「水銀」[68]は、のちに述べるイラクでのデータと新潟のデータを元に、メチル水銀中毒症を発症する最低の頭髪水銀濃度を50～125ppmとしました。しかし、50ppmという値は、非常に危険な曝露を意味します。

IPCS基準決定の5年前の1971年に、水銀汚染に関するスウェーデンの専門家グループがスウェーデン・レポートという報告書[69]をまとめており、IPCSクライテリア検討の資料になりました。その際、椿教授が提供した情報をリスク評価の資料としていますが、その多くは椿教授からの私信として掲載されています。そこには36名の頭髪水銀値が掲載され、水俣病発症時の頭髪水銀値として最

表2-6　新潟で頭髪水銀濃度を測定された1,386人中，水俣病認定患者97名の水銀濃度分布

頭髪水銀濃度(μg/g)	0–10	10–20	20–50	50–100	>100	計
total(人)	451	475	308	91	61	1,386
水俣病認定患者数(人)	5	16(1)	19	22(1)	35(1)	97(3)

注）（　）内の数字は，20歳未満の人数
出所）［70，71］

も低かった患者の52ｐｐｍを発症しうる最低濃度としました。しかも、この患者は、感覚障害だけでなく、運動失調や視野狭窄などもあり、軽症とはいえないものでした。

それでは、新潟の患者の頭髪水銀値と患者の症候との関係はどうなっていたのでしょうか。新潟青陵大学の丸山公男教授の研究では、調査された水俣病認定患者97名中、１９６５年に頭髪水銀値が50ｐｐｍ以下であった人が40名（41％）もいました（表２‐６）。椿教授は、ＩＰＣＳクライテリア１「水銀」を作成するメンバーでしたが、このような重要なデータをＩＰＣＳに報告していなかったと思われます。

ＩＰＣＳ報告書には以下のように記載されていますが、この文章に引用されている椿教授の私信（１９７５ａ）には、「このグループに対しては、新潟と水俣報告書の発表以後に報告された新しい患者についてのデータを再調査することは不可能であった」という脚注が付されており、これは、椿教授がＩＰＣＳのメンバーとしての役割を正しく果たしていなかったことを示唆しています。

椿（１９７１）による最近の報告は、新潟での暴露者の追跡調査の結果、はじめに報告された

46人より、はるかに多数の人口が軽い徴候と症状をもっていることが判明したことを示している。1971年までに、水俣と新潟で全部で269人のメチル水銀中毒患者が報告され、そのうち55人は死亡している。1974年までに、水俣において700人以上のメチル水銀中毒患者が、新潟では500人以上の患者が確認されている（私信、椿、1975a）。この二つの日本の流行病は、人間に対するメチル水銀の影響についての集中的な研究の主題となり、その結果は、薬量－応答関係に関する重要な結論が出された（スウェーデン専門家グループ、1971[68]）。

昭和52年判断条件（後天性水俣病の判断条件について　環境庁環境保健部長（通知）7月1日）の作成過程

1974年頃から、第三水俣病問題への対応や、水俣病認定患者の増加に伴うチッソの補償費用負担の増大を背景として、水俣病認定における判断条件を再検討する動きが強まりました。環境庁は、熊本・鹿児島・新潟の3県の認定審査会の現委員と元委員の主だったものに水俣病の判断条件の検討を委嘱し、1975年5月31日、環境庁企画調整局環境保健部保健業務課は「水俣病認定検討会」を設置しました。そのメンバーは表2－7のとおりです[72]。

1977年7月1日に通知された昭和52年判断条件によって、水俣病の診断のためには、曝露条件と四肢末梢の感覚障害だけでは十分でなく、ハンター・ラッセル症候群の複数症状がそろっているこ

表2-7　水俣病認定検討会構成員名簿（1975年5月）

猪　初男（新潟大学教授）	井形昭弘（鹿児島大学教授）
岩田和雄（新潟大学教授）	園田輝雄（園田眼科医院院長）
田島達也（新潟大学教授）	吉田重弘（吉田耳鼻咽喉科医院院長）
椿　忠雄（新潟大学教授）	武内忠男（熊本大学教授）
岡嶋　透（熊本大学助教授）	立津政順（熊本大学教授）
岡村良一（熊本大学教授）	筒井　純（川崎医科大学教授）
清藤武三（熊本大学教授）	大橋　登（開業）
三嶋　功（水俣市立病院副院長）	向野和雄（北里大学教授，1997. 2. 18付）
荒木淑郎（川崎医科大学教授）	

出所）［72］

とが必要とされました。熊本での認定率は、１９７１年に89・２％であったものが、すでに１９７６年には15・６％まで低下していたのですが、昭和52年判断条件の通知以降、さらに低下していくことになります[15]。

昭和52年判断条件では、複数症状を要するとしていましたが、私たちが診ていた視野狭窄や運動失調まで有する患者が水俣病の認定申請を棄却される例も少なくありませんでした。認定審査会の資料では、水俣病では上下肢体幹すべての運動失調の所見がなければならないとされていますが、これは医学的にみても非常に奇妙なことです。

メチル水銀曝露が非常に軽いときには、症候は出現しません。曝露が増加するにつれ、感覚障害、体幹の失調、上下肢の失調が出現するようになります。重症度は連続的に存在するため、感覚障害と体幹の失調はあっても上下肢の失調がなかったり軽かったりすることもしばしばです。集団で観察したとき、感覚障害と体幹の失調だけであっても（あるいは、感覚障害だけであっても）、コントロール地域にはそうした人の割合は非常に低いのですから、体幹・上下肢の失調がそろっていなくても水俣病なのです。このように、昭和52年判断条件自体に医学的根拠はないのですが、その実際の運用も、行政とそれに従う医学者によって恣意的におこなわれてきたのです。

水俣病のように、環境汚染等によって地域全体に広がった病気の診断基準というものは、汚染地域とコントロール地域での症候を調査し、その比較のなかから水俣病の病態を確認し、要件を定めていく必要があります。しかし、この検討会では、そのようなデータが検討された形跡はありませんでした。

過ちに対する徳臣教授の姿勢

これまで述べてきたように、徳臣教授も椿教授も、行政との関与を深めていくなかで、水俣病における医学的立場を捨て去り、行政とともに、患者の救済を阻んでいくことになりました。徳臣教授は水俣病に対する自分のあり方に悔悟の念はなかったのでしょうか。徳臣教授は感覚障害のみの水俣病の存在について、1969年の『綜合臨牀』[32]で、以下のような記載をしています。私が検索した範囲では、この文章が徳臣教授の反省に関する唯一のものでした。

このような両者の差異は何によって起こったものであろうか。私どもは有機水銀中毒というものが殆ど知られない時期に研究にあたっていた。当時、私どもの目標としたことは先ず水俣病の病像の確立であった。したがって、確実に発病している者、患者として訴え出てきたものについてのみ診ていたことがこの様な結果となったのかもしれない。なるほど知覚障害ことにしびれ感は本病においては極めて特有であり定型的なものはこれだけでも診断がつく程である。しかし、しびれ感は自覚症状であり他覚的所見としての立証は極めてむづかしい[32]。

1974年の『神経研究の進歩』誌にみる椿教授の誤り

では、椿教授はどうだったのでしょうか。椿教授は、1974年に、自らが編集者であった『神経研究の進歩』誌に「水俣病の診断に対する最近の問題点」という論文[73]を掲載しています。この論文は、水俣病に対して医学を徹底しえなかった椿教授自身の問題を説明するものとなっています。

椿教授は、メチル水銀の曝露を受けたものや水俣病に関するデータを何一つ提示することなく、他疾患（糖尿病、変形性頸椎症）や高齢者における四肢の感覚障害のみを論じ、結論的に、水俣病を他疾患から鑑別診断していくことが困難であると断じたのです。

水俣病は、他の神経疾患とは、原因となる神経細胞の障害のあり方も、症候の種類、発症の仕方、症候の経過なども異なります。多くの症例は、ハンター・ラッセル症候群を多少なりとも有していま す。重症のものは、神経徴候のうち、ハンター・ラッセル症候群の徴候の多くを持ち、軽症のものは徴候としては感覚障害だけのこともあります。これらの症候を、メチル水銀曝露を受けていない人と比較していけば、水俣病の診断が、一般論的に困難とはいえないのです。

水俣病は、発症様式・経過にも特徴があり、重症度に応じて、他にも多彩な自覚症状や神経所見を伴うことが多く、発症の仕方や経過なども考慮すると、他疾患とは異なった症候を呈します。たとえ困難なところがあったとしても、それを追究するのが医師・専門家の役割です（その病態について、第5章、第6章で述べていきます）。

椿教授が取り上げた感覚障害も、四肢だけでなく口周囲や体幹に出現することも少なくありません。これも第6章で述べますが、水俣病の感覚障害は、主として大脳皮質の障害が原因で起きることが原因で、他の神経疾患で、口周囲や体幹に感覚障害が出現することは非常にまれです。

ここで、中枢神経と末梢神経について簡単に説明します。中枢神経は、大脳、脳幹（中脳、橋、延髄）、小脳、脊髄からなり、末梢神経は、脳幹部などから出入りする脳神経と、脊髄から出入りする脊髄神経からなっています（図2－5）。神経系の病気では、その原因が中枢神経にあるのか、末梢神経にあるのか、ということが、しばしば議論となります。

水俣病がより軽症になってくると、口周囲や体幹の感覚障害が認められず、四肢のみに感覚障害が認められるようになります。水俣病以外の病気で四肢の障害をきたす病気は、多発ニューロパチー（多発神経炎、多発神経障害ともいいます）と呼ばれる末梢神経の障害がほとんどで、水俣病のように、大脳皮質の障害で四肢に感覚障害をきたす病気は水俣病以外にはほとんど知られていません。

第7章で紹介する国側証人のなかに、多発ニューロパチーをきたす疾患が多数あると述べるものも

図 2-5　中枢神経系と末梢神経系

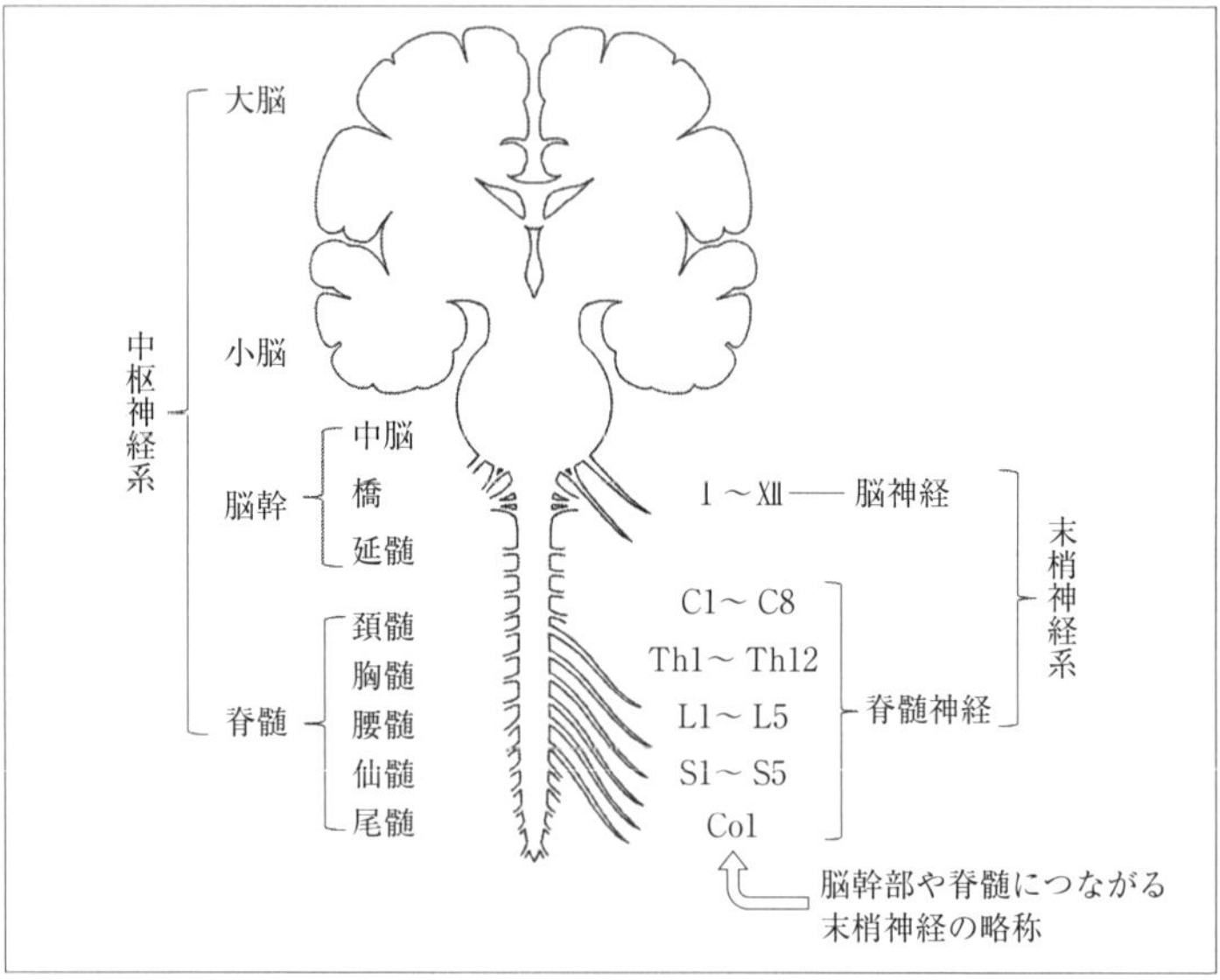

いますが[74]、神経内科外来では多くの種類の多発ニューロパチーが存在しうるものの、一般人口のなかでの頻度は決して高くありません。さらに、水俣病のように、運動麻痺がなく、感覚障害主体の多発ニューロパチーをきたす病気の種類は限られています。最も頻度が高いのは糖尿病性末梢神経障害で、その他にもアルコール性のものや代謝性疾患などがいわれていますが、糖尿病性末梢神経障害を除くと、それほど頻度の高いものはありません。

そして、多発ニューロパチーなどの末梢神経障害の場合は、長さの長い神経ほど障害が現れやすいため、手よりも足に症状がより強く、糖尿病でも手の感覚障害の症候が認められるのは重症例で、非常に少ないのです。そのため、糖尿病を含む多発ニューロパチーの診断基準の多くは、上肢の感覚障害は必要条件になっていません。それに比較すると、水俣病では末梢神経障害と比べると、手足に同程度に感覚障害を認めることが多いのです。椿教授はこの論文で、このような感覚障害のあり方の違いも考慮もしていません。

さらに、たとえ、糖尿病などの合併症や加齢などを考慮したとしても、メチル水銀の曝露が一定程度存在した場合、四肢末梢の感覚障害があれば水俣病と診断することができます。それは、たとえば、もともと曝露を受けていた人が、その前後で他の末梢神経障害にかかったとしても、水俣病でないとはいえないからです。このように、曝露のあり方によって診断プロセスが異なってくるということがありうるのです。

椿教授はこの論文で、水俣病を「公害病または社会病」と定義づけ、その「むすび」において、「従来からある公害病認定に対する哲学が確立されなければ解決できない点が多いと思う」とも述べています。これらの叙述は、水俣病は医学的検討に値しないというニュアンスを持っています。

医学的に不適切な手法で、ある病気（水俣病）が一般論として診断困難であるという結論を導いたのがこの論文でした。専門家とは常に病気の本態を追究していくものです。医学を含め、学問というものは、困難を乗り越えて、真実を追究する営みです。この椿教授の論文は、十分な病態の検討をおこなうことなく、水俣病が診断困難であると結論づけており、専門家としての姿勢を問われるものです。椿教授もそのことを意識してか、冒頭に「神経学の最新最高のレベルの研究を目標とする本誌に、このような小論を書くことが適当か否か迷わないでもなかった」と記しています。

日本神経学会創立の中心人物の一人で神経内科の権威である椿教授が、一般論として水保病が診断困難であると主張するならば、多くの医師は水俣病を診断することに対して、消極的になり水俣病を医学から遠ざけることになります。そして、この45年間、事実そのとおりになってしまったのです。

しかし、重要なのは、その定義もあいまいな「哲学」などではなく、実際の患者の情報やデータをもとに、病態や診断方法を導き出すという科学者、医学者としての基本姿勢にほかなりません。

椿教授の過ちをまとめると、①水俣病患者あるいはメチル水銀の曝露を受けた人々を医学の対象から除外し、②水俣病についての医学的追究をストップさせ、その診断権を行政に譲り渡し、③メチル水銀の曝露を受けた人と受けていない人を比較して水俣病の病態を追究する方法をとらず、④水俣病における疫学の役割を否定した、ということになるでしょう。

実際には、水俣病の病態や診断基準を確立することは、メチル水銀の曝露を受けたものと受けなかったものの症状を比較・検討していくことにより、解決可能なことでした。なお、それをおこなってきたのは私たちを含む民間の医師たちや津田敏秀教授らであり、その詳細な内容は『水俣病診断総論2016』[45]に記述しています。

第3章　患者に向き合う「医師団」の誕生

重症患者が放置されていた1960年代

1968年に政府が水俣病の原因がチッソから排出されたメチル水銀化合物によるものと認める数か月前まで、チッソからの水銀排出は持続され、汚染も放置されたままの状態でした。しかも、第2章でみたように、水俣病の公式発見から1968年までの12年間に、軽症から重症まで患者は激増していたにもかかわらず、認定された患者は、胎児性水俣病患者を除くと、わずか十数名でした。

1969年、石牟礼道子氏が『苦海浄土』で、水俣病患者の惨状を描いていますが、残念ながら、当時、多くの医学者の目は水俣には向いていませんでした。熊本大学第一内科は、水俣病の新たな報告はせず、神経精神科や第二病理学教室が症例報告をしているものの、現地の被害の全貌を探るような疫学調査はなされていませんでした。

他方で、患者の窮状に向き合う医師たちも現れ始めました。1968年に医師となった藤野糺医師は、熊本大学神経精神科に入局し、1970年3月から、水俣病認定審査会の委員であった立津教授とともに水俣現地を訪問し、多くの患者が放置されている状況を目の当たりにして、診察に取り組むようになったのです。

そして、私たちの病院が参加している全日本民医連加盟の医療機関が、病態解明、診断、治療、リハビリのための役割を果たしてきました。新潟県民医連では、1965年から、沼垂診療所などがいち早く新潟水俣病の患者を発見し、患者の診断、治療のために尽力してきました。また熊本民医連は、熊本保養院という精神科病院の院長であった平田宗男医師らが、1970年6月から月1回程度水俣を訪問し、診察を始めました。

藤野医師は、1970年11〜12月に、水俣市内の袋中学校で調査をおこない、メチル水銀の曝露のない対象地区と比較して、精神所見や知覚障害を有するものの割合が有意に高いことを報告しました[61]。そして1971年1月、水俣病（第一次）訴訟を支える医師団として「水俣病訴訟支援・公害をなくする熊本県民会議医師団」が、上妻《こうづま》四郎医師を団長として10名の医師によって組織されました。

1970年代の現地の患者の状況

あまりにも数多くの患者が残されていた状況をみた藤野医師は、水俣で継続的に診療することの必要性を認識し、1972年4月水俣保養院（現在の「みずほ病院」）という精神科病院に勤務し、精神疾患の患者を診療しながら、水俣病患者を診察していました。当時は水俣市内に水俣病の診療をおこなう病院はなく、1日に何十人もの患者が診療に来るようになっていました。

藤野医師は、病院に来る患者を診ながら、地域に重症患者が多数埋もれていることを目の当たりにします。特に漁村では老若男女が重症の水俣病の症状を持ったまま、病院にも行けず、地域に放置されていたのです。

藤野医師は、1972年12月、葦北《あしきた》郡芦北町女島《めしま》の漁民をみて、一斉検診の必要性を感じ、検診を始めました。そして87名が認定申請をおこない、87年までに64名が認定されることになりました。

水俣診療所の開設

このような状況のなかで、藤野医師は、1974年、水俣駅前に水俣診療所を設立しました。入院できる施設がほしいという要望を受け、1978年には、水俣協立病院に発展しました。私が勤務を始めた1986年の時期でさえ、初診の患者に視野狭窄を含むハンター・ラッセル症候群の複数症状を認める患者が数多く訪れていました。

それらの患者は重症から軽症まで生活上の困難を抱えていましたが、その多くは自宅で日常生活を送っていました。

表 3-1　1970～80年代の医師団による検診結果

地区名	水俣市茂道	芦北町女島	出水市桂島	津奈木町赤崎
汚染の背景	漁業専業区，胎児・小児・成人の重症患者6人（旧認定）多発地区	漁業専業区，成人・胎児の重症患者（新認定）。県検診と比較	漁業専業区，過去ネコの狂死，頭髪水銀高値者。県検診で患者なし	半農半漁，1人の劇症患者（旧認定）のみ。重症の成人・胎児・小児患者発見
調査年	1970～84	1972～73	1974～79	1971～83
対象者	20歳以上 279名	16歳以上 122名	30歳以上 46名	20歳以上 722名
受診者	142名（51%）	87名（71%）	46名（100%）	285名（37%）
水俣病 疑い	109名（77%） 18名（12%）	82名（94%） 5名　（6%）	45名（98%） 1名　（2%）	232名（81%） 13名　（5%）

出所）［75，76，77］より作成

掘り起こし検診

医師団は、1970年代から不知火海《しらぬいかい》（正式には、「八《やつ》代海《しろかい》」。以下、八代海で統一）沿岸で、水俣病検診をおこなっていきました。漁村住民のほとんどがメチル水銀の曝露のために、健康障害を有していたのです（表3－1、図3－1）。

表3－2は、1984年当時の、地域の水俣病認定申請と認定状況を示しています[76]。漁村地区でいかに多くの住民が認定申請をおこなっていたかがわかります。認定された人の数も相当数にのぼります。このような地域の認定申請や認定数は、実際の地域の汚染状況を反映しており、疫学的にも非常に重要なデータなのですが、熊本県は、その後こうしたデータを公表しなくなりました。

その後も1990年代にかけて、北は熊本市、南は高尾野町まで、約1万人の住民の検診をおこないました（表3－3）[78]。認定申請をしても、重症の患者さえ却下される状況のなかで、多くの患者が裁判に訴えることとなりました。

図 3-1　表３-１の各検診地区

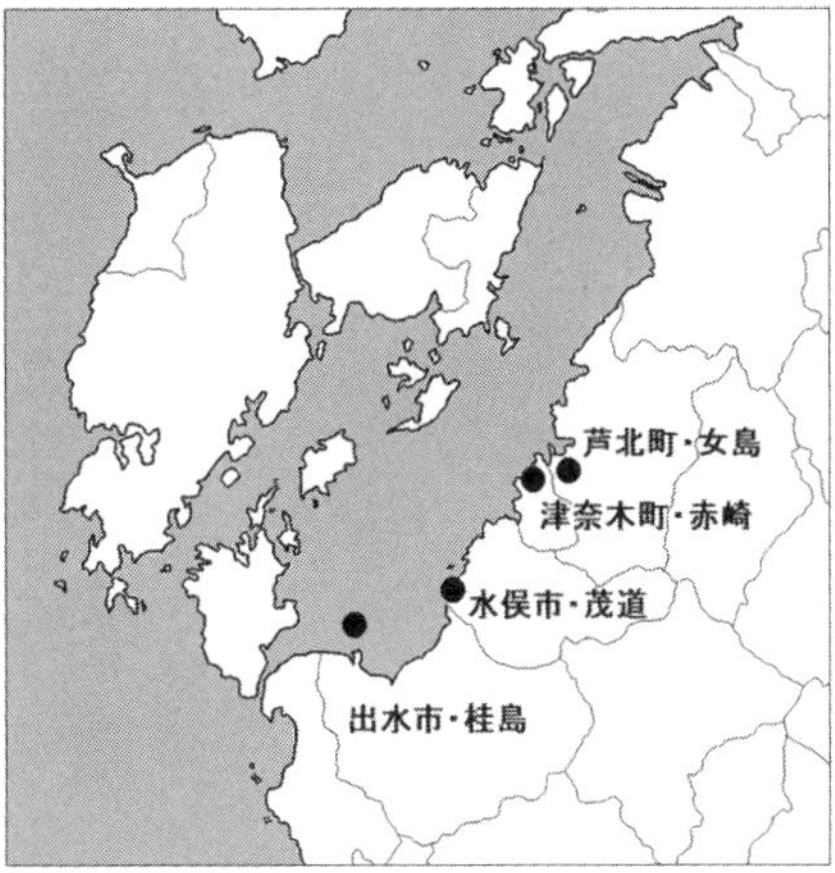

表 3-2　水俣病認定申請等状況（1984年，熊本県発表）

地区名	人口（人）	申請者（人）	認定者（人）	人口比申請率（%）	申請者比認定率（%）	人口比認定率（%）
田浦町 井牟田	457	125	33	27.4	26.4	7.2
海浦	938	197	31	21.0	15.7	3.3
田浦町	1,805	365	45	20.2	12.3	2.5
波多島	185	31	1	16.8	3.2	0.5
芦北町 女島	1,024	403	135	39.4	33.5	13.2
計石	1,426	360	21	25.2	5.8	1.5
津奈木町 福浜	2,184	961	167	44.0	17.4	7.7
岩城	2,351	529	119	22.5	22.5	5.1
水俣市 月浦	927	339	140	36.6	41.3	15.1
袋	3,143	942	390	30.0	41.4	12.4
大迫	498	54	4	10.8	7.4	0.8

出所）［76］より作成

桂島研究による原田ピラミッドモデルの証明

藤野医師たちは、前に紹介した熊本県民会議医師団と協力して、1975年、チッソ水俣工場の南西約12kmに位置する鹿児島県出水《いずみ》市の桂島《かつらじま》で、メチル水銀中毒症状についての疫学研究をおこないました。桂島は、当時は比較的汚染が少ないとされ、鹿児島大学井形教授の研究グループは、1973年にこの島の住民の診察と検査をおこない、「桂島には水俣病患者はほとんどいない」と結論づけていました。藤野医師は比較対照のためのコントロール地域として、1976年に鹿児島県の奄美諸島の一漁村を調査しました[79]。

その結果、桂島の住民は、コントロール地域と比較して、感覚障害、視野狭窄、その他の症状が有意に多く、感覚障害のみの患者から、ハンター・ラッセル症候群の症状を持った最重症の患者まで多彩な病像を示していました（表3－4）。この研究は、桂島の住民の多くが水俣病であることを明らかにするとともに、住民の症候が、視野狭窄や運動失調などのハンター・ラッセル症候群の症状をすべて有するものから感覚障害のみの症例まで、水銀曝露の程度に応じて連続的に存在すること、主要症状として感覚障害のみの症例が存在することを提示したのです。

表3－4は、1974年時点で戸籍原簿に掲載されていた調査対象者を、A居住者、B転出者、C転入者の3群に大きく分類し、さらにA群を、濃厚汚染時期に出生していたか否かをもとにA_0群から

表3-3　水俣病熊本県民会議医師団と水俣協立病院による住民検診
(1996年7月31日まで)

年　月	地　域	検診数	水俣病診断数
1970. 6〜1973	不知火海一円	800	553
1973. 7	田浦町一斉検診	194	115
1973. 8〜1974	水俣市周辺（診療所建設委員会時代）	158	64
1974. 10	出水市桂島（鹿児島県で初めての地域ぐるみ検診）	65	61
1974. 10〜1975	出水市名古（5回）・築港（3回）	319	153
1976	芦北町計石・鶴木山，水俣市鮮魚商組合 出水市福ノ江港，高尾野町・東辺田	126	96
1977	高尾野町野口・東辺田，東町獅子島幣串，出水市名古，芦北町花岡，田浦町田浦・伊牟田，御所浦町大浦・嵐口（2回）・外平（2回）	377	304
1978	御所浦町嵐口，芦北町計石，御所浦町横浦	188	153
1979	芦北町計石，八代市二見，津奈木町赤崎，芦北町鶴木山，御所浦町横浦・牧本，天草郡龍ヶ岳町	140	130
1980	御所浦町嵐口	43	35
1981	東町獅子島御所浦	89	89
1982	御所浦町嵐口	25	25
1983	御所浦町古屋散（5回），出水市今釜，出水市天神（2回），津奈木町赤崎，芦北町計石，田浦町舟江（2回），御所浦町本郷，出水市名古，水俣市南袋（3回），東町獅子島御所浦，水俣市百間	194	193
1984	田浦町舟江，御所浦町古屋敷（2回），田浦町海浦（2回），出水市名古（2回），御所浦町長浦，津奈木町赤崎，御所浦町本郷	102	99
1986	天草郡新和町大多尾（2回），津奈木町浜	30	21
1987. 11	不知火海一円19ヶ所（1000人大検診）	1,088	858
1988. 6	熊本市	15	10
1988. 8	津奈木町福浦・平国・赤崎・浜・他	123	59
1989. 1	御所浦町本郷・唐木崎・大浦・元浦・牧本	28	23
1991. 7	水俣市，芦北町計石，御所浦町嵐口・大浦	39	37
	小　計	4,143	3,078
1974. 1〜1978. 2	水俣診療所外来		1,375
1978. 3〜1990. 3	水俣協立病院外来		3,576
1990. 4〜1996. 7	水俣協立病院外来		97
1990. 4〜1996. 7	水俣協立理学クリニック外来		667
	小　計		5,715
	合　計		8,793

注）旧市町村名を使用
出所）[78]

表 3-4　桂島住民の神経症候の組み合わせ

	居住成人 A_0（45名）	居住若年者 A_1（12名）	A_2（7名）	A_3（8名）	A_4（13名）	転出成人 B_0（34名）	転入成人 C_0（7名）
A.［感］+［聴］+［視］+［失］+［構］	12					6	
B.［感］+［聴］［視］［失］［構］のうち三つ	17	1				10	1
C.［感］+［聴］［視］［失］［構］のうち二つ	10	2				7	4
D.［感］+［聴］［視］［失］［構］のうち一つ	3	4				7	
E.［感］	1	5	6		1	2	2
F.［聴］［視］［失］［構］のうち一～四つ	2					2	
G.［感］［聴］［視］［失］［構］のないもの			1	8	12		

注）
［感］－四肢末梢性障害タイプの感覚障害
［聴］－聴力障害
［視］－求心性視野狭窄
［失］－運動失調
［構］－構音障害

A_0：1945年以前，出生
A_1：1946～53年，出生
A_2：1954～60年，出生
A_3：1961～66年，出生
A_4：1967～72年，出生
B_0：1950～67年，転出
C_0：1957～69年，転入

出所）［79］より作成

表 3-5　桂島住民と対照地域住民の神経精神症状の比較

	桂島（31）	コントロール（33）
感覚障害	31（100.0%）	5（15.2%）
四肢末梢	30　（96.8%）	0　（0.0%）
口周囲	14　（45.2%）	0　（0.0%）
求心性視野狭窄	31（100.0%）	2　（6.1%）
聴力障害	22　（71.0%）	8（25.0%）
運動失調	19　（61.3%）	0　（0.0%）
構音障害	8　（25.8%）	0　（0.0%）
振戦	8　（25.8%）	1　（3.0%）
知能障害	24　（77.4%）	1　（3.0%）
感情障害	23　（74.2%）	1　（3.0%）

出所）［79］より作成

A_4群に分けて検討したものです。A_0群でハンター・ラッセル症候群の複数の徴候を有している患者が多く、より汚染の軽いA_1群からA_4群になるにつれて、ハンター・ラッセル症候群の徴候の数は減少し、感覚障害のみのもの、徴候を有さないものの割合が増加してくることがわかります。

表3－5は、30歳以上の桂島の居住者46名、コントロールの居住者76名から、それぞれ31名と33名を無作為に抽出し、年齢、性別をマッチングさせて比較したものです。

この研究により、感覚障害のみを有する水俣病の存在が医学的に証明されたのです。なお、これらの桂島の住民の多くは、その後、井形教授が会長をつとめていた鹿児島県の水俣病認定審査会により、水俣病に認定されることになりました。

この研究結果は、のちに水俣病第二次訴訟で証拠として採用され、その後、患者救済基準の根拠となっていったのです。

第4章　水保病医学、誤りのスパイラル

──「昭和52年判断条件」の呪縛

昭和52年判断条件以降の大学等の水俣病研究

１９８０年代以降、大学や研究機関での水俣病研究はどうなっていったのでしょうか。数年前（２016年12月13日）、「医学中央雑誌」で、「水俣病」という検索語でヒットした診断・治療関係論文・報告を検索し、その数と患者数をその他の特定疾患と比較してみました[80]（表４－１）。ここでの患者数は、水俣病以外は２０１４年の特定疾患受給者数ですが、水俣病患者数は、２０１６年当時の水俣病の救済措置に該当した推定生存患者数です。

さらに、近年の各大学と研究機関の研究状況を調べてみました。水俣病研究がなされうる熊本大学、鹿児島大学、新潟大学の初代から現役の神経内科の教授らについて、２０２１年12月30日に、表４－１と同様に「医学中央雑誌」で、「水銀」または「水俣病」でヒットしたもののうち、主としてメチ

表 4-1　患者数と論文数の関係

	H26特定疾患受給者	論文・報告数(1977～2016)	患者数/論文・報告数	最近5年論文数(2012～2016)	患者数/論文・報告数
パーキンソン病	136,559	12,459	11.0	4,183	32.6
全身性エリテマトーデス	63,622	10,422	6.1	3,134	20.3
脊髄小脳変性症	27,582	2,270	12.2	499	55.3
多発性硬化症	19,389	5,102	3.8	2,195	8.8
ミトコンドリア病	1,439	2,656	0.5	1,069	1.3
プリオン病	584	1,978	0.3	498	1.2
水俣病	約40,000	105	381.0	28	1428.6

出所）[80]

ル水銀中毒症または水俣病に関連する論文・報告数を検索してみました。結果は表４－２のとおりでした。

　熊本大学・鹿児島大学の現役の教授・准教授はゼロ、熊本大学の前教授も３件でしたが、筆頭者としての臨床研究はありませんでした。熊本の認定審査会会長の内野医師は17件ヒットしましたが、筆頭者としての研究は１９８７年が最後でした。鹿児島大学では、鹿児島県の認定審査会会長である前教授の納光弘《おさめみつひろ》医師も４件で、筆頭者としての研究はありませんでした。新潟大学は、現教授の業績はゼロ、新潟県・新潟市の前審査会会長であった前教授の西澤正豊医師は12件ヒットしましたが、その多くは基礎研究で、筆頭者としての独自の臨床研究はありませんでした。41年前に椿教授が退官した後、西澤医師のわずかな報告などを除くと、ヒットしたものはほとんどありませんでした。ちなみに、藤野医師は74件、私は47件ヒットしました。

　この３大学のこれらの論文・報告のなかで、軽症から重症まで、水俣病の病態の理解や診断に役立つ論文はあまりありません。徳臣医師や鹿児島大学は徹底して、診断につながる研究を発表していませんが、１９８４年の内野誠・荒木淑郎医師の「慢性水俣病の臨床像について」最近

表 4-2　メチル水銀中毒症または水俣病に関連する論文・報告数

1. 熊本大学・脳神経内科（荒木教授以前は，旧第一内科）		
徳臣晴比古・第一内科教授（1967～1982）	625件中62件	「徳臣晴比古/AL」で検索．筆頭者論文53件，臨床像の提示は，そのほとんどが初期30数例を対象とした報告の繰り返しと経過報告で，新たな臨床例の報告はほとんどない
荒木淑郎・第一内科教授（1982～1992）	845件中11件	「荒木淑郎/AL」で検索．筆頭者論文6件，原著論文は1991年まで，内野誠教授と同じ研究4件
内野誠・神経内科初代教授（1995～2010）	1，305件中17件	「内野誠/AL」で検索．筆頭者論文9件，うち4件は論文と同じタイトルの学会報告，安東教授と同じ研究2件，筆頭者原著論文は1987年まで
安東由喜雄・前教授（2012～2019）	1，588件中3件	「安東由喜雄/AL」で検索．筆頭者論文0件，基礎研究2件，国立水俣病総合研究センター中村医師の胎児神経発達1件
植田光晴・現教授（2020～）	456件中0件	「植田光晴/AL」で検索
山下賢・准教授	201件中0件	「山下賢/AL and 熊本/AL not 山下賢斗」で検索
2. 鹿児島大学・神経内科・老年病学（旧第三内科）		
井形昭弘・初代教授（1971～1993学長退任）	1，070件中25件	「井形昭弘/AL」で検索．筆頭者論文10件，原著論文は筆頭者では1978年，共著では1982年が最後．1992年のものが原著論文となっているが，これは教授退任前の解説的論文
納光弘・前教授（1987～2007）	1，162件中4件	「納光弘/AL」で検索．筆頭者論文0件，原著論文0件，すべて他の医師の「会議録」［学会報告等］
高嶋博・現教授（2010～）	813件中0件	「高嶋博/AL」で検索
松浦英治・准教授	209件中0件	「松浦英治/AL」で検索
3. 新潟大学・脳神経内科		
椿忠雄・初代教授（1965～1980）	702件中75件	「椿忠雄/AU」で検索．筆頭者論文48件，1978年が最後，白川健一筆頭者16件
宮武正・二代目教授（1981～1991）	396件中0件	「宮武正/AL」で検索
辻省次・三代目教授（1991～2002）	1，523件中0件	「辻省次/AL」で検索
西澤正豊・前教授（2003～2016）	980件中12件	「西澤正豊/AL」で検索．筆頭者論文4件，うち教授退任前の解説・講義等が3件，他の研究者の基礎研究7件，臨床像等を解析した独自の論文は0件
小野寺理・現教授（2016～）	813件中0件	「小野寺理/AL」で検索
金澤雅人・准教授	120件中0件	「金澤雅人/AL」で検索

表4-3　国立水俣病総合研究センター歴代所長

	氏名	在職期間	前職，元職等	ヒットした業績数
1	本田 正	1978. 10. 1～1978. 10. 15	厚生省	0件
2	松本 保久	1978. 10. 16～1980. 9. 30	鹿児島大学第一生理学	4件
3	黒子 武道	1980. 10. 1～1989. 6. 30	国立公衆衛生院	3件
4	加藤 寛夫	1989. 7. 1～1995. 3. 31	放射線影響研究所	4件
5	滝澤 行雄	1995. 4. 1～2001. 3. 31	秋田大学公衆衛生学	97件
6	野村 瞭	2001. 4. 1～2003. 6. 30	厚生省	0件
7	衞藤 光明	2003. 7. 1～2007. 3. 31	熊本大学第二病理学	116件
8	上家 和子	2007. 4. 1～2009. 7. 31	労働省，環境省	1件
9	岡本 浩二	2009. 8. 1～2011. 7. 28	厚労省	0件
10	阿部 重一	2011. 7. 29～2013. 7. 11	厚労省	0件
11	野田 広	2013. 7. 12～2015. 9. 30	厚労省，環境省	0件
12	望月 靖	2015. 10. 1～2017. 7. 10	厚労省	0件
13	重藤 和弘	2017. 7. 11～2019. 7. 8	厚労省	0件
14	正林 督章	2019. 7. 9～2020. 8. 10	厚労省	0件
15	森光 敬子	2020. 8. 11～2022. 6. 27	厚労省，文科省	0件
16	針田 哲	2022. 6. 28～現在	厚労省	0件

の水俣病認定者100例の神経症候の分析を中心に」[81]は、水俣病の病態を垣間見ることのできるまれな論文です（後述）。

「医学中央雑誌」で水俣病の研究がない教授らも、各県の水俣病認定審査にかかわり、環境庁の委託事業である「水俣病検診・審査促進に関する調査研究」、「水俣病に関する調査研究」、「水俣病に関する総合的研究」の委員をつとめてはいますので、水俣病との接点がないわけではありません。しかし、このことは、水俣病に関して、医学者が環境省（庁）のコントロールの下にあることを意味しています。私たちが、「水俣病に関する総合的研究」などの報告書の閲覧を、それにかかわった人に要請すると、「部外者には勝手に流布させないようにと指示を受けている」といわれます。

また、国立水俣病総合研究センターの歴代所長について、2022年2月14日、同様の検索をおこなってみました（表4－3）。この表をみるとわかるように、5代目の滝澤行雄医師と7代目の衛藤光明《えとうこうみょう》医師以外は、水俣病の専門家ではなく、特に、8代目の上家和子《かみやかずこ》医師以降は、水俣病研究歴のほとんどない、厚労省、環境省などでの勤務経験を持つ医系技官（医師資格を持つ官僚）が所長になっています。これは、水俣病の研究機関において、官僚が医師の上に立つ（行政が医学の上に立つ）ことを示唆しています。行政の干渉によって、水俣病の臨床研究者が日本の研究機関から消えてしまったのです。

国立水俣病総合研究センターの臨床研究は、一部の例外を除いて、水俣病の行政認定患者以外は研究対象としていません。

このように、大学や研究機関における水俣病に対する姿勢は、1974年に「水俣病を診断することは困難である」と規定した椿教授の教えに、この45年以上、忠実に従ってきたものということができます。患者を診ず、診断もしないことで、医学的事実を封印し、昭和52年判断条件等をよりどころにしている国の政策に矛盾が生じないことに貢献してきたのです。

通常の医学プロセスと国の主張を擁護する医学者の姿勢

ここで、臨床医学という学問が、通常どのようなプロセスで進んでいくか、ということをお伝えしたいと思います。科学は、事実の観察から始まります。基礎的な物理現象、化学現象とは異なり、人体を含む生物の現象は、物理、化学現象が非常に複雑に組み合わさった、ある意味全体として完成されたものとして存在しています。したがって、解剖学や生化学のように、人体を細かく分析していく方法もあるものの、それだけでは生物体の仕組みは必ずしもわかりません。特に人間に起こる現象というのは、生物体としてのあり方以上の影響もありえます。

図 4-1　医学のプロセス

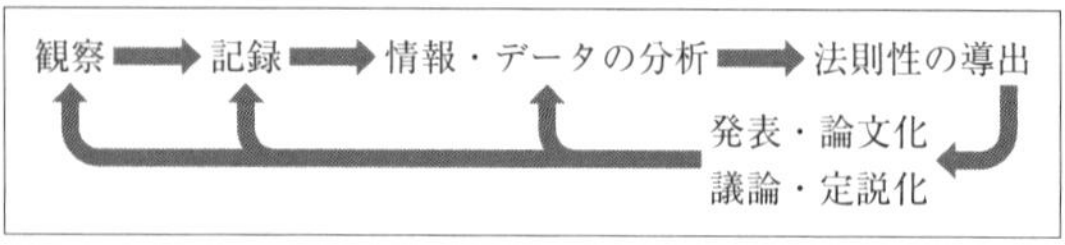

そのような理由から医学は、実際の人体に起こる現象の観察をおこなっていくことになるのです。一個体のみを観察してわかることもあれば、一人ひとり体質など人体にも違いがあるため、統計的な分析により実態を把握する方法があります。

医学は観察、記録、分析をおこない、法則性を見出し、それを発表するというプロセスをたどります。しかし、国の主張を擁護する医学者らは、水俣病を取り上げるとき、最初の観察の段階から、このプロセスをたどることをしないのです。たとえば、水俣病裁判で繰り返される、「自覚症状は当てにならない」とか、「感覚障害は主観的なものにすぎない」という主張は、一見科学的な立場にあるかのように聞こえるかもしれませんが、そのことは、人体に関する情報を無視することと同義語なのです。ちょっと考えればわかることですが、そのような理由で病気に臨むと、そもそも医学研究が始まりません。

図 4-2　内野・荒木論文に紹介された水俣病認定患者の表在感覚障害パターン

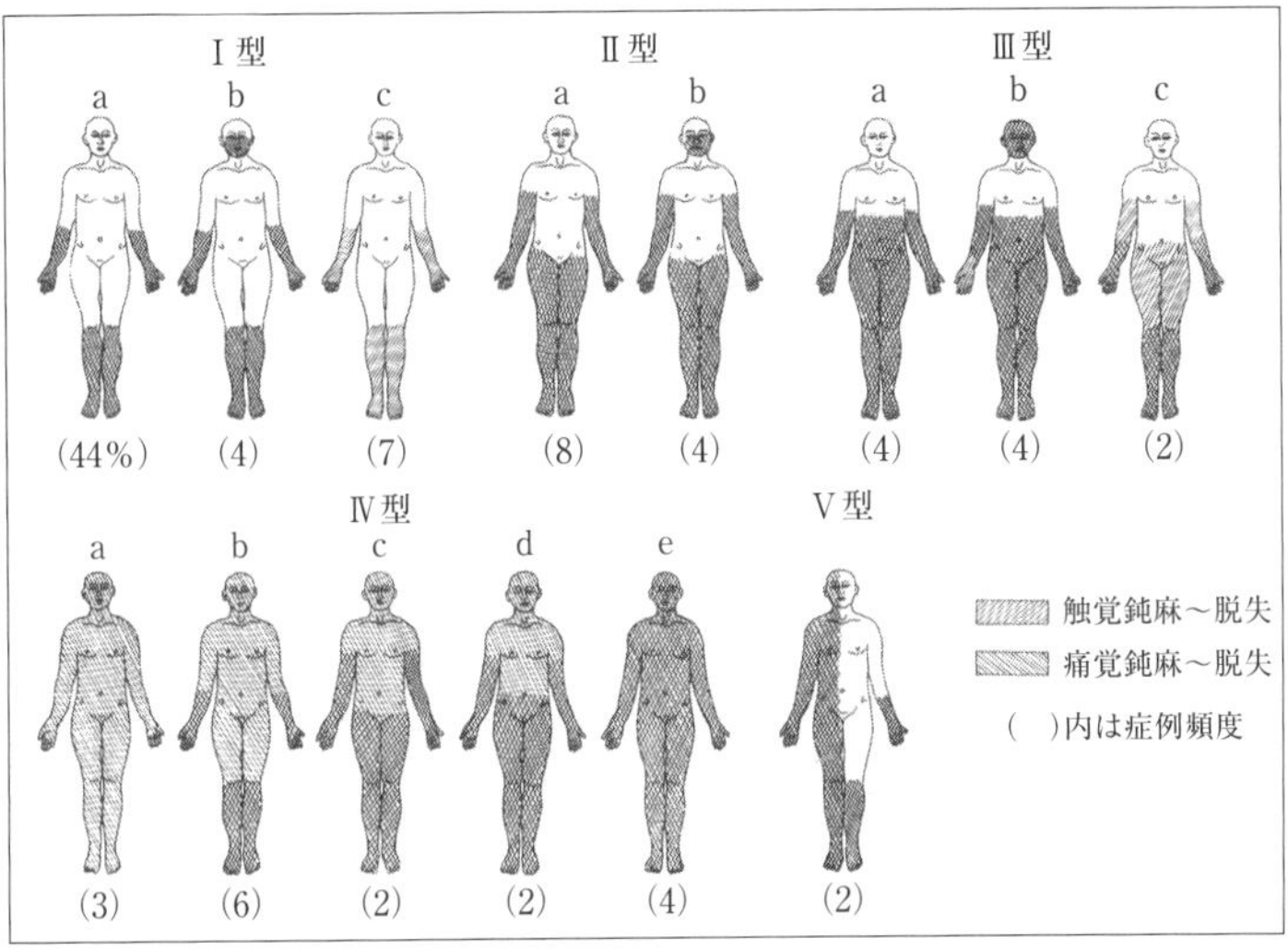

出所）[81]

国の主張を擁護する医学者らも、そのデータは水俣病の実態を反映している

1980年代に入り、環境庁（省）の枠内でのものを除くと、大学における水俣病の研究はほとんどなくなりました。しかし、先に紹介した内野・荒木両教授の「慢性水俣病の臨床像について：最近の水俣病認定者100例の神経症候の分析を中心に[81]」は例外で、1984年に『臨床神経学』に掲載されました。

第3章で記した私たちの水俣病医学の到達点からすると、この論文は、水俣病認定患者100名に限定されたものにすぎませんが、それでも17名の全身性感覚障害の存在を示し（図4-2）、多くの症例（2回以上診察を受けた77症例中の82％にあたる63例）

で感覚障害の範囲が変動することを明記しています（表4－4）。

国は、水俣病において、感覚障害が全身に及ぶこと、感覚障害などの障害範囲等の変動が起こりうることを公式に否定していますが、この論文は、その両者の存在を明らかにしているのです。すなわち、患者の状態を少しでも調べてしまうと、国の主張の誤りが明らかになるという、わかりやすい例です。

また、熊本大学第一内科の熊本俊秀医師は、1993年、熊本県内の農村地帯で1270名の住民の感覚障害を調査し、四肢末梢性感覚障害の出現率0・2%という結果を出しました。[82] これは四肢末梢の感覚障害の特異性を示す証拠です。多発ニューロパチーをきたす疾患は数多くあり、[71] 鑑別診断は

表4-4　感覚障害パターンの各病型と不安定型の頻度

型		例数（%も同じ）	不安定型例数
Ⅰ	a	44	32
	b	4	3
	c	7	3
Ⅱ	a	8	6
	b	4	1
Ⅲ	a	4	3
	b	4	2
	c	2	1
Ⅳ	a	3	2
	b	6	5
	c	1	1
	d	2	1
	e	4	2
Ⅴ		2	1
感覚障害なし		5	
計		100例	63例

注）不安定型：今回調査対象の100例中77例は，昭和47年から昭和57年にかけて2～5回（平均2.55回）の神経内科的診療を受けているが，診療の度毎に感覚障害の分布や程度が変動するものをいう。

「型」は図4-2のパターンに対応している。

Ⅳ－Cが図4-2と異なるが原文のとおりにした。

出所）［81］

表 4-5　内野による非認定患者と認定患者の神経症候の追跡調査（1997年，抜粋）

神経症候	非認定者					認定者	
	総数	前期	後期	複数回受診者		初診	認定時
		1976～85年	1986～94年	初診	終診		
	n=947	n=451	n=496	n=468	n=468	n=49	n=49
視野障害	59%	54%	64%	42%	66%	32%	66%
聴力障害	82%	82%	81%	72%	75%	65%	74%
言語障害	11%	15%	7%	10%	6%	10%	10%
体位振戦	27%	27%	27%	20%	21%	20%	24%
アジアドコキネーシス	22%	30%	15%	19%	12%	24%	37%
片足起立障害	55%	65%	47%	42%	48%	43%	80%
普通歩行障害	34%	38%	30%	23%	28%	25%	35%
継足歩行障害	50%	65%	36%	42%	37%	56%	77%
触覚　正常	12%	2%	20%	19%	10%	14%	2%
手袋靴下型	35%	32%	39%	33%	52%	31%	66%
四肢全体型	6%	7%	4%	6%	5%	4%	4%
sea level型	6%	8%	5%	6%	5%	4%	8%
四肢＋顔面型	5%	9%	2%	6%	3%	10%	14%
四肢＋半身型	2%	3%	2%	2%	1%	0%	0%
全身型	9%	16%	4%	10%	9%	18%	6%
その他	24%	23%	24%	17%	14%	18%	0%
痛覚　正常	11%	2%	18%	19%	9%	8%	0%
手袋靴下型	32%	29%	36%	30%	49%	29%	62%
四肢全体型	5%	6%	5%	6%	5%	6%	6%
sea level型	12%	7%	4%	6%	5%	1%	10%
四肢＋顔面型	7%	10%	5%	7%	4%	16%	14%
四肢＋半身型	4%	3%	1%	2%	1%	0%	0%
全身型	11%	18%	4%	12%	11%	18%	8%
その他	26%	25%	27%	18%	16%	16%	0%
振動覚障害	62%	72%	53%	48%	58%	60%	65%

出所）［83］

困難だと主張する神経内科の専門医たちも存在しますが、第2章で説明したように、病気の種類として多くのものがあるということであって、そのような人々を含めたとしても、一般人口のなかでは四肢末梢性の感覚障害の占める割合は非常に低いということを意味しているのです。

そして、内野医師は、1997年、公健法（「公害健康被害の補償等に関する法律」）での水俣病申請後の公的検診を受けた患者について、認定されたものと認定されなかったものの神経症候の追跡調査をおこない、「水俣病像の推移：認定検診における神経症候の分析[83]」と題した報告をしています。そのなかで、「神経症候に関しては、非認定者群においてその出現頻度はやや低いものの認定患者群の有する視野障害、聴力障害、協調運動障害、起立歩行障害、手袋靴下型の触覚・痛覚障害、振動覚障害を高率に有していた。この頻度は非水銀汚染地区の一般高齢者の神経症候の出現頻度に比べはるかに高率であった」と記しています（表4－5は、その抜粋です）。

すなわち、非認定者群においても視野障害、聴力障害、協調運動障害、起立歩行障害、手袋靴下型の触覚・痛覚障害、振動覚障害を高率に有しており、その頻度は非水銀汚染地区の一般高齢者の神経症候の出現頻度に比べてはるかに高率であったことは、これらの群もまた水俣病患者から構成されていたことを示しているのです。これは、認定審査会が複数症状を有する患者さえも切り捨てていたことを、当事者自らが認めたものだといえます。それにもかかわらず内野医師は、水俣病認定審査会の委員という立場にあるためでしょう、認定者のみが水俣病という立場を崩さず、「水俣病の臨床診断を行うことが益々困難になっていることを示唆する」という、理解しがたい、無理な解釈をおこなっています。

第5章　医師として水保病に向き合い続けた36年

この章では、医師団の一人として、患者さんと向き合い水俣病の臨床と研究を続けてきた私自身の医師としての36年の歩みを記したいと思います。

水俣協立病院での経験

私が水俣病と深くかかわるようになったのは山口大学医学部の専門課程の頃で、実際に水俣の現地に行ったのは卒業前年の3月でした。そこで、水俣病に取り組む医師が少ないことを知らされ、1985年に大学を卒業して熊本に赴いたのです。

医師2年目で、藤野医師が設立した水俣協立病院に勤務しました。そのときの印象は、ほとんどの患者さんの通院目的は、水俣病以外の一般内科の病気の診療でした。にもかかわらず、通院する患者の多くが、手足のしびれ、こむらがえり、ふらつきなど、さまざまな水俣病にみられる神経症状を日常的に経験していました。そして、その大半は水俣病の認定を受けていませんでした。また、他の医療機関で水俣病としての診療を受ける人も多くはありませんでした。

水俣周辺地域では「からすまがり」という症状が高頻度にみられます。これは、痛みを伴う筋肉の痙攣のことで、標準語では「こむらがえり」と呼ばれています。外来患者の半数以上の人たちが日常的にからすまがりを経験していました。通常、こむらがえりは、脱水症や肝硬変などの病気、水泳時など強い筋肉の負荷がかかったときなどに、足、特にふくらはぎに起きるものです。ところが、水俣周辺地域の住民は、日常的にからすまがりを訴える人が多いのです。

このからすまがりが、他地域のこむらがえりと異なるのは、他の病気や誘因なしに、特に寝入りばなに起こりやすいこと、ふくらはぎや足だけでなく、腕や手の筋肉、場合によっては、頭部や胸腹部などの筋肉にも起こるということ、そして、その頻度が高く、ひどい人では毎日それを経験していることでした。汚染地域に居住歴のある人をはじめ、メチル水銀曝露を受けた可能性のある人については、こむらがえりの有無や出現頻度などは、メチル水銀による健康障害を疑う症状となりえます。

多くの人々は自分の足で病院に歩いてくることはできるのですが、日常的に手足のしびれ感や感覚の鈍さを訴えていました。当時は、血が出たのを見て初めて手足に傷ができているのに気がつく、という人も少なくありませんでした。そして、少なからぬ患者が、なんでもないところでつまずいてしまって恥ずかしいとか、食器をたびたび落として割ってしまうとか、箸や包丁などを落とすことがある、などと話していました。

そのような患者の場合、手足に痛覚針という診察用の針を刺しても痛みを訴えないこともしばしばでした。こちらがだんだんそのことに馴れっこになってしまって、感覚が正常に近い人に針を刺して痛い思いをさせてしまうこともありました。最近はそれほど重い症状の人の割合は減ってきましたが、まだまだ感覚の鈍い人がいます。

神経内科では、体幹バランスが悪かったり、運動がスムーズにいかないことを失調と呼びます。体幹バランスを診るためには、患者さんに、目を開いたり閉じたりした状態での片足立ちや一直線歩行などをしてもらいます。当然、日常生活を自力でおこなうことが困難で明らかに水俣病患者とわかる人もいます。しかし、日常生活をおこなうことができ、外来に自力で通院している人の場合、かかえている身体の問題を第三者に理解してもらえないことが多いのです。

そして、水俣周辺地域の人々は、からすまがりや手足のしびれがあまりに多発しているため、それが当たり前と思っている人も少なくありませんでした。私たちの医療機関で働いている1960年代生まれのある漁村出身のスタッフは、自分が小中学生のときは、友達にみんなからすまがりの症状があって、自分も友達もそれが当たり前のことだと思っていた、といっています。

日常の外来診療だけでなく、漁村などに水俣病の検診に出かけることもありました。水俣病の公式確認からすでに30年もたっていましたが、その当時でも、視野狭窄、高度な感覚障害や失調のある人々も少なくありませんでした。そのたびに、まだまだこんなに患者が埋もれているんだ、という思いをすることになりました。

一方、私が水俣に住み始めた1980年代は、程度の差こそありつつ水俣病の人であふれているにもかかわらず、私たちの病院を一歩出ると、水俣病の話はご法度という雰囲気に満ちていました。チッソ城下町の水俣市のなかで圧倒的な力を持っていたチッソに刃向かうことはできず、自分に水俣病があるということが知られるだけでも、それによって差別を受けることになりました。外来で自分の症状を語る患者でも、自分の症状を知人には黙っている人が多く、身内にも話をしていないという人も少なくありませんでした。私たちの病院に来ない限り、住民自身がメチル水銀の影響を疑うことも、それを確かめることも困難な状況でした。

東京での神経内科の研修

水俣病は主として神経系が障害される病気であるため、私は神経内科の研鑽を積むことを目的に、1991年から2年間、東京都文京区の順天堂大学脳神経内科で研修を受けました。そこでは、パーキンソン病などの変性疾患、脳血管障害、腫瘍性疾患、膠原病に伴う神経障害など、数多くの神経疾患の診療を経験することができました。神経内科では、神経系の各機能を診る診察所見の種類が数多くあります。そのため、ある病気であることが証明されると、類似症状をきたす他の病気ではないというパターンの個別鑑別診断がなされていました。神経疾患には稀少なものも少なくなく、そのようなケースで個別鑑別診断をすることはうなずけるものでした。もっとも、順天堂大学で水俣病などの環境汚染に起因する神経疾患を経験することは皆無でした。私は、この研修期間中に神経内科の専門医資格を取得し、1993年5月に水俣協立病院に帰任しました。

水俣での研究の始まり

水俣に帰任した私は、水俣病に関する研究を始めることにしました。ただし、日々、臨床医として一般内科を含む病気を幅広く診療しなければならないなか、院長としての管理業務もあり、得やすいものからデータ収集に取り組もうと考えました。そこで、メチル水銀中毒症にみられるこむらがえり(からすまがり)の頻度について、水俣協立病院の外来受診者からアンケートをとることにしました。

1994年に、外来患者を水俣病「認定者」(36名、年齢67・3±9・9歳)、「総合対策医療事業対象患者」(108名、年齢69・3±8・7歳)、「その他の患者(認定も受けず、医療事業の対象でもない患者)」(108名、年齢68・7±8・8歳)に分けて分析し、熊本市内の医療機関に通院する患者(36名、年齢68・0±9・0歳)と比較して、こむらがえりの発症時期、部位、頻度などを分析しました[84](年齢は平均±標準偏差で表しています。以下同様)。

ここで、「水俣病の行政認定」と「総合対策医療事業」について説明をしなければなりません。水俣病の認定は、第2章で記した1977年に環境庁(当時)が定めた「昭和52年判断条件」を基準にしてなされていました。しかし、1985年8月の水俣病第二次訴訟控訴審判決(福岡高裁)で昭和

図 5-1　1994年調査時点でのからすまがりの頻度

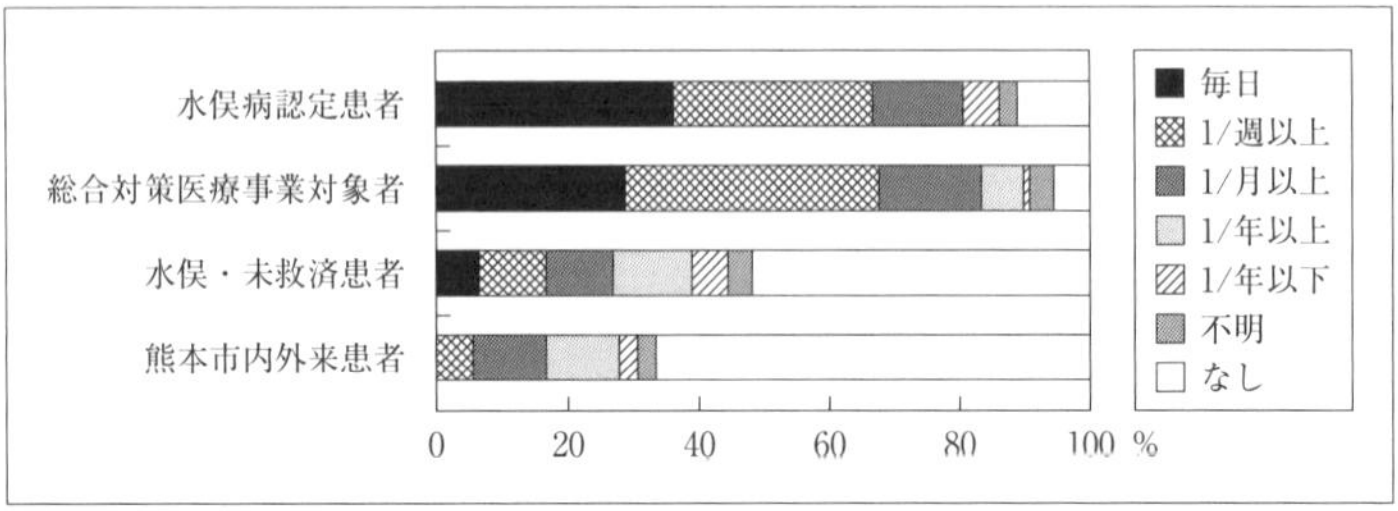

出所）［84］

52年判断条件が批判され、認定患者以外にも数多くの患者が存在することが司法により認められました。この判決が確定したにもかかわらず、国は認定基準を変更しなかったのですが、司法判断を完全に無視することもできなくなり、１９８６年、認定審査の過程で四肢末梢の感覚障害を認めたものについて、水俣病として認定しないまま、国と熊本・鹿児島両県の負担で、医療費の自己負担を免除する「特別医療事業」と呼ばれる制度を開始しました。

１９９６年、裁判を起こしていた水俣病患者団体などと政府との間で解決案がまとまり、「政治解決」がおこなわれました。そしてその対象患者に対して、「特別医療事業」が「総合対策医療事業」として受け継がれました。したがって、この研究での「総合対策医療事業」対象とされた患者というのは、前年までは「特別医療事業」対象となっていた患者でした。

昭和52年判断条件が複数症状の存在を必要とし、「特別医療事業」や「総合対策医療事業」（以下、「総合対策」）対象の患者では感覚障害を認めるというのが基準ですから、からすまがりについても「総合対策」対象患者よりも認定患者のほうが重症だと思うのが自

図 5-2　からすまがりの起こる身体部位

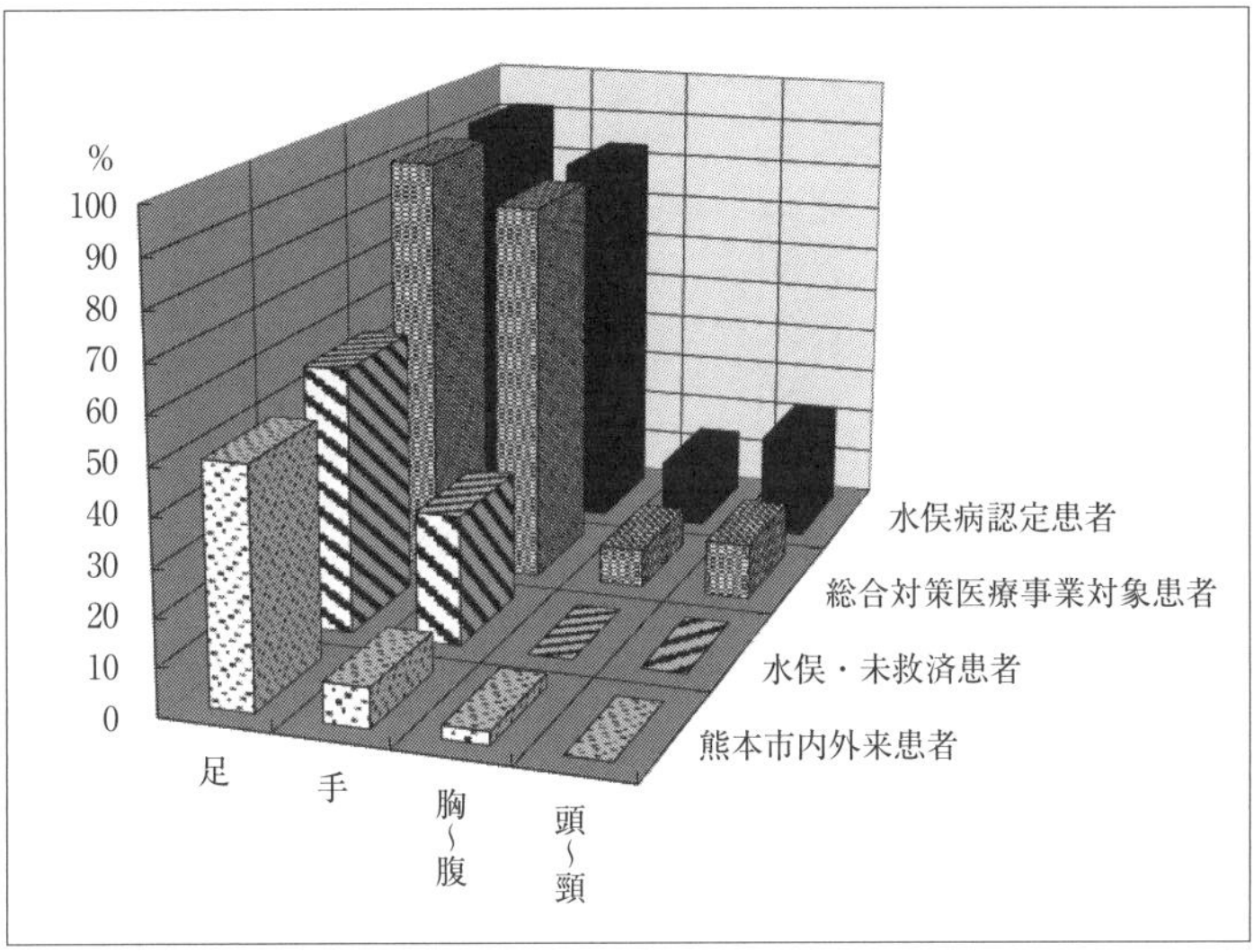

出所）［84］

然です。ところが、このアンケート調査の結果は、「認定者」と「総合対策」対象患者で、その発症時期や頻度等にほとんど差がなかったのです。しかも、いずれの群も熊本市内の病院通院患者と比較して、からすまがりの頻度が非常に高いことがわかりました（図5－1）。そして、からすまがりが、上肢や体幹部など、下肢以外の部位にも多くみられたのです（図5－2）。

私が水俣に初めて赴任した1986年頃、ハンター・ラッセル症候群がすべてそろっている患者でさえ、水俣病と認定されることはほとんどなく、よくて「保留」ということで結論を先送りされていました。ですから、「総合対策」対象患者のなかに、感覚障害以外の症状を持っている人が多いのも当然だったわけです。いずれにしても、健常者とはまったく異なる病状の人々が、完全に無視されていたのです。

からすまがりの調査をするなかで、個々の患者を診ているときは印象でしかなかったメチル水銀の曝露を受けた人の健康影響の特徴を、数値として確認することができることに気づきました。そして、患者の病態を診ていくうえで、統計学的なデータの重要性を理解することができたのです。

からすまがりの調査はその後も継続し、1971年に藤野医師らが調査した袋中学校の元生徒（1997年）と非汚染地域の住民（1998年）を比較して、その結果を、1999年の第5回水銀国際会議（リオ・デ・ジャネイロ）で発表しました。[85] そのとき、メチル水銀の胎児への影響について論争をしていたデンマークのグランジャン医師（南デンマーク大学教授、米・ハーバード大学教授）と米国のマイヤース医師（米・ロチェスター大学教授）と会うことができました。

水俣病「政治解決」（1996年）

この時期、水俣病の裁判も進んでいました。1979年、水俣病第二次訴訟において熊本地方裁判所は、昭和52年判断条件を否定し曝露条件と四肢末梢優位の感覚障害で水俣病と診断できるという判決を下しました。

前項で述べたように、1996年、水俣病患者団体などと政府との間で「政治解決」がおこなわれ、1万人以上の患者が救済されました。しかし、ここで「救済」された患者たちは、水俣病差別が広がる地域のなかでも声を上げることのできた人だけです。私たちは、それが水俣病患者の一部にすぎず、まだまだ多くの患者が地域に残されていたことを知っていました。ですから「政治解決」とは、真実が覆い隠されてきたこの地域のなかで、長年たたかい続けた患者たちが勝ち取った成果であると同時に、やむにやまれぬ判断でもありました。

1998年には、日本精神神経学会は、昭和52年判断条件が医学的根拠をもたないという調査結果を発表しました。[72]

データは真実を語る

1999年には、からすまがりだけでなく、他の運動・感覚・知的・精神症状にまで範囲を広げて、外来患者の自覚症状を調査しました。[86] このとき患者群を、水俣病「認定」患者（51名、年齢67・7±11・9歳）と「総合対策」対象患者（385名、年齢68・3±9・5歳）と「その他」（認定も受けず、医療事業の対象でもない患者、276名、年齢66・2±11・4歳）に分類しました。その結果、「認定」患者と「総合対策」対象患者の間では、症状の出現率がほぼ一致することを見出しました。表5－1は、そのときに調査された自覚症状の患者群別の頻度を表し、頻度が高いほど項目のセルの背景が灰色になり、セル内の左側の円が黒く塗りつぶされるように表示されています。「認定」患者と「総合対策」対象患者の症状の頻度が「その他」の患者と比較して非常に高く、その症状の頻度が酷似していること

表 5-1　「いつも」ある症状，「いつも」または「時々」ある症状の患者群別頻度

症状	「いつも」ある症状			「いつも」または「時々」ある症状		
	認定	総合対策	その他	認定	総合対策	その他
両手がしびれる	◑51.0%	◑40.5%	○ 6.0%	●84.3%	●86.8%	◔24.4%
ものをじっと見ていると，次第に見ているものが何か分からなくなる	◔29.4%	◔19.5%	○ 3.1%	◑54.9%	◕62.6%	○13.8%
耳がとおい	◑54.9%	◔36.4%	○16.4%	◕74.5%	◕65.2%	◔27.5%
言葉は聞こえるが理解できない	◔19.6%	○17.4%	○ 5.7%	◕56.9%	◑53.5%	○14.3%
料理の味見に困る	○13.7%	○15.1%	○ 1.3%	◔37.3%	◑44.4%	○ 7.5%
なんでもない平地で転倒する	○15.7%	○ 9.6%	○ 1.0%	◕64.7%	◕63.9%	○11.9%
スリッパや草履などが脱げる	◔25.5%	◔21.3%	○ 1.3%	◕58.8%	◕73.5%	○13.5%
服のボタンはめが困難	◔29.4%	◔24.9%	○ 3.9%	◕58.8%	◕58.7%	○10.6%
食事中に箸を落とす	○11.8%	○ 9.6%	○ 1.0%	◑51.0%	◑54.3%	○ 7.8%
言葉がうまく話せない	○17.6%	○14.0%	○ 2.1%	◕72.5%	◑53.8%	○12.2%
目がまわるようなめまいがある	○ 3.9%	○ 7.0%	○ 1.0%	◑43.1%	◑54.8%	○17.1%
両足がしびれる	◑54.9%	◑45.5%	○ 7.0%	●82.4%	●87.8%	◔21.3%
身体がゆれるようなめまいがある	○ 8.0%	○ 8.3%	○ 0.8%	◑48.0%	◑55.8%	○12.7%
たちくらみがする	○13.7%	○11.4%	○ 1.3%	◕64.7%	●75.8%	◔24.7%
からだがだるい	◔33.3%	◔29.4%	○ 8.1%	◕72.5%	●79.5%	◔35.6%
夜眠れない	◔31.4%	◔34.3%	○12.2%	◕68.6%	●79.7%	◑39.7%
何もしたくない気分になる	◔25.5%	○17.4%	○ 4.7%	◕74.5%	●82.9%	◔30.6%
頭の中が真っ白になる	○ 2.0%	○ 3.9%	○ 0.5%	◔31.4%	◑48.1%	○ 9.9%
会話の最中に自分の話を忘れる	○ 9.8%	○14.1%	○ 1.8%	◕62.7%	◕71.9%	◔22.7%
物忘れをする	◔33.3%	◔37.7%	○ 6.8%	●88.2%	●93.8%	◑54.0%
探し物をしている時に話しかけられると,物を探すことができなるなる	○17.6%	◔20.5%	○ 3.1%	◕64.7%	◕73.5%	◔23.9%
風呂の湯加減がわからない	◔19.6%	○ 9.1%	○ 0.8%	◑41.2%	◔31.2%	○ 3.6%
手さげやバッグは，落としそうになるので，手で持たずに肘にかける	◔21.6%	◔26.5%	○ 2.3%	◑41.2%	◕59.0%	○11.2%
頭が痛い	◔25.5%	◔30.6%	○ 7.0%	●76.5%	●85.2%	◑37.9%
肩が凝る	◕56.9%	◕59.0%	○14.3%	●80.4%	●90.9%	◑50.9%
腰が痛い	◕60.8%	◑55.8%	○18.2%	●80.4%	●90.4%	◑48.6%
からすまがり(こむらがえり)がある	◔27.5%	◔27.5%	○ 3.9%	●86.3%	●92.2%	◑42.6%
まわりが見えにくい	◔33.3%	◔29.9%	○ 4.7%	◕66.7%	◕68.6%	○17.7%

出所）［86］

とがわかります。

図5－3は、「いつも」ある症状について、「認定」患者と「総合対策」対象患者の症状の頻度の相関をみたものです。「y＝0・8325x＋0・0193」は回帰直線といって、x（認定）とy（「総合対策」対象）の近似を直線方程式で表しています。xの係数が0・8325であることは、全体にy（「総合対策」対象）の症状頻度は、x（認定）の症状頻度よりもやや低いが、ほぼ1に近く、x（認定）とy（「総合対策」対象）の症状が酷似していることを示しています。R^2＝0・8742のR^2は絶対係数と呼ばれ、R（相関係数）の二乗です。R（相関係数）は0から1に値をとります。R＝0のときはまったく相関がなく、Rが1に近づくほど相関関係が強くなり、がR＝1のときは、すべての点が近似した直線方程式（回帰直線）の上に並ぶことになります。この場合、R＝0・912ですから、非常に相関関

図5-3 「いつも」ある症状についての，認定患者と総合対策医療事業対象患者の頻度の比較

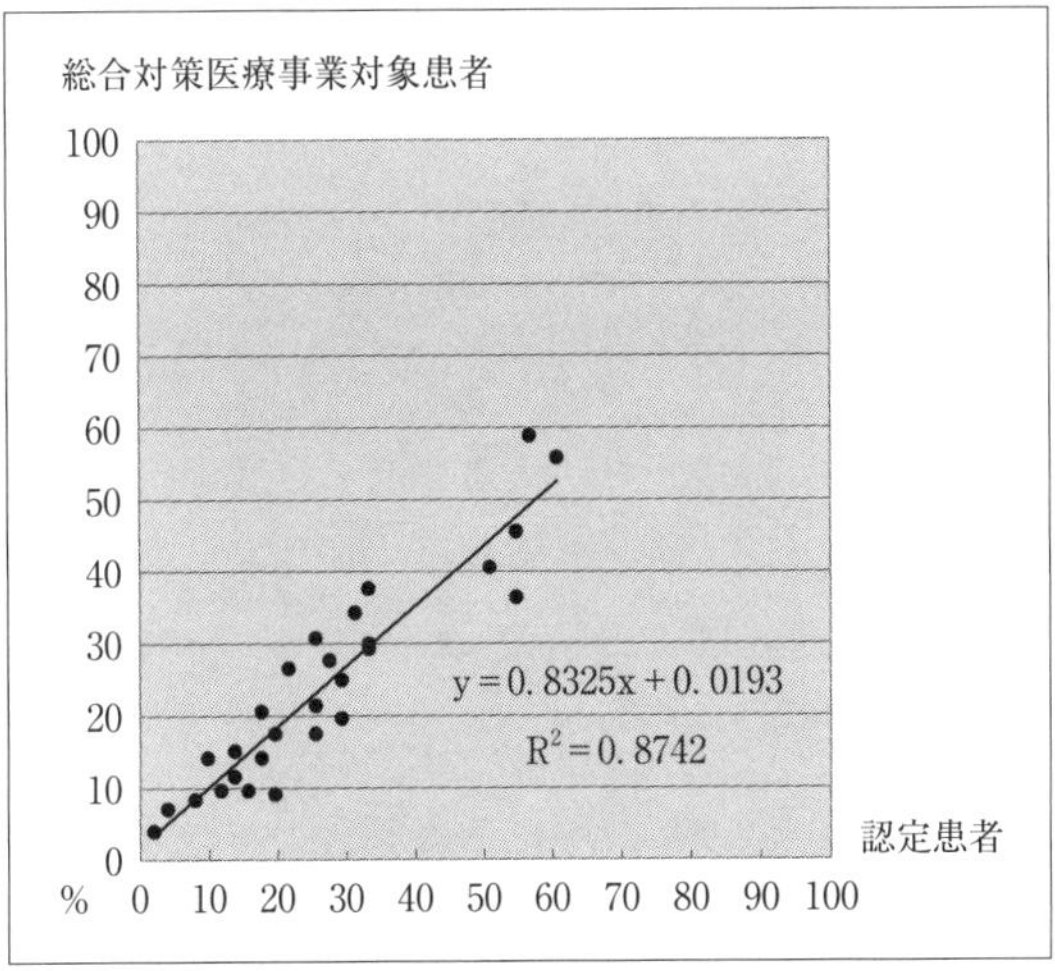

出所）［86］

図 5-4　「いつも」または「時々」ある症状についての，認定患者と総合対策医療事業対象患者の頻度の比較

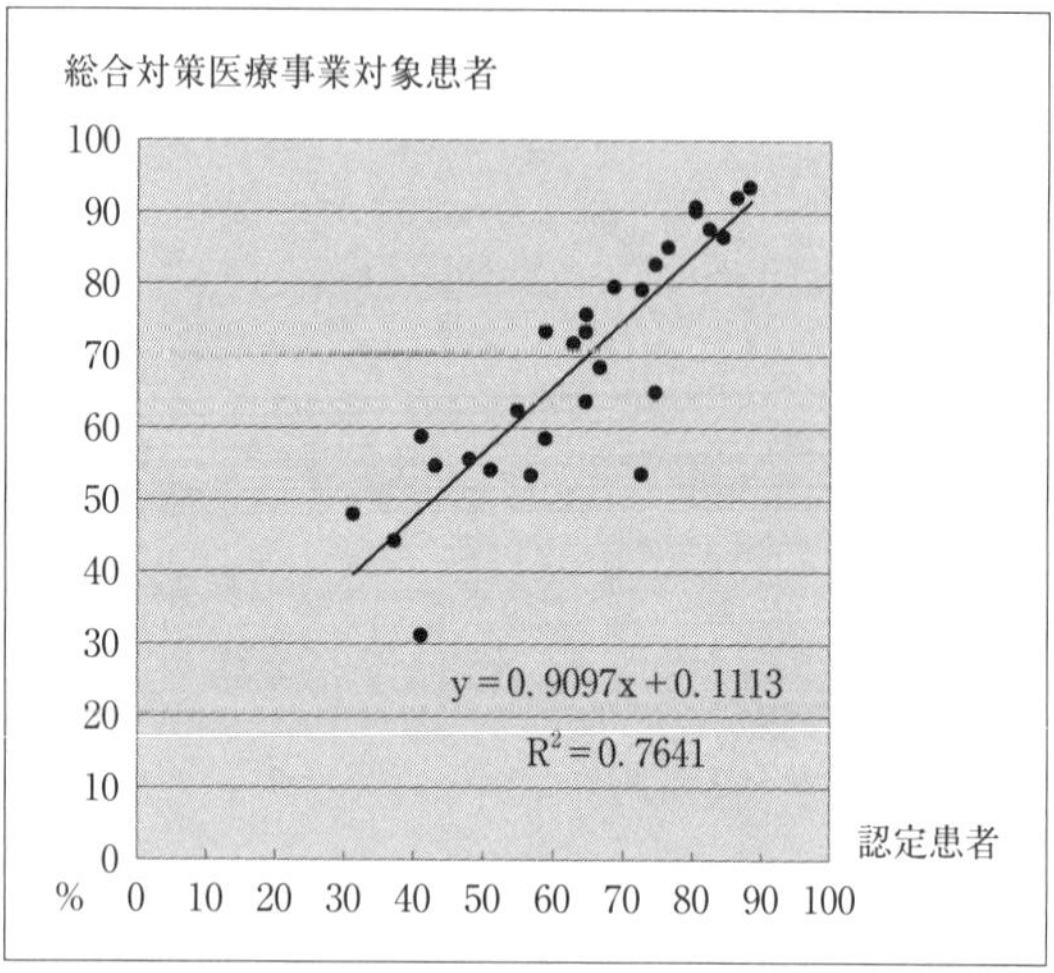

出所）［86］

係が強いことになり、「認定」患者と「総合対策」対象患者の「いつも」ある症状の出方はほとんど同じということになります。

図５－４は、「いつも」または「時々」ある症状について、「認定」患者と「総合対策」対象患者の症状の頻度の相関をみたものです。図５－３と同様、回帰直線「０・９０９７ｘ＋０・１１１３」は、ｘ（認定）とｙ（「総合対策」対象）の近似方程式です。ｘの係数が０・９０９７であることは、全体にｙ（「総合対策」対象）の症状頻度は、ｘ（認定）の症状頻度よりもやや低いが、ほぼ１に近く、ｘ（認定）とｙ（「総合対策」対象）の症状が酷似していることを示しています。絶対係数R^2＝０・７６４１のとき、Ｒ（相関係数）は０・８７４ですので、これもまた、強い相関関係があることを意味しており、「認定」患者と『総合対策』対象患者の「いつも」または「時々」ある症状の出方はほとんど同じということになります。

これらのデータは、「認定」患者と「総合対策」対象患者の症状出現頻度は非常に酷似しており、「総合対策」対象患者の症状が「認定」患者と比較してそれほど良いわけではなく、あまり変わらないということを示しています。

ここでリストに示されたそれぞれの自覚症状は、メチル水銀の曝露によってのみ出現したものとはいえません。しかし、症状の出現傾向が他の要因で説明できなければ、その主たる原因は、魚介類摂取によるメチル水銀曝露にあるということができます。このように、統計的な分析手法は、バラバラの情報ではわかりにくい物事の真実を明らかにしうるのです。個々の症状のデータについては、曝露の少ない人やない人と比較して高いものには曝露との関連が強く、そうでないものは関連が薄いということになります。しかし、それに加えて、これらのデータ全体の傾向をみていくことによって、相関関係が浮き出てきたのです。

この美しい相関関係を発見したときの驚きは、今でも新鮮に覚えています。「自覚症状は主観にすぎない」、「感覚障害は主観的」などと、水俣病にかかわってきた神経内科専門家の世界で蔑まれ、完全に無視されてきた自覚症状のデータが自ら真実を語ってくれる――このとき、「主観的」といわれるデータも、できる限り本人の実感のままにデータをとって統計分析していくことが、真実を導くことを知ったのです。

これらのデータは、自覚症状だけからとはいえ、認定されていない数多くの患者が、健康障害がなかったどころか、認定されるべき状態にあったことを示唆しています。

自覚症状と神経所見との関係

慢性水俣病では、症状を自覚していても、医師の診察による神経所見では異常を認めなかったりすることがあります。これは、軽い異常のときには、他者からの観察よりも本人の自覚症状のほうが鋭敏なことがあるからです。特に、間引き脱落機序で神経細胞が脱落していく際には、軽度から重度までさまざまなレベルでの異常が存在しうるためと思われます。

そこで、自覚症状と神経所見のそれぞれをスコア化（点数化）して比較してみることにしました[87]。感覚に関する症候について、自覚症状を12点満点、神経所見を16点満点で評価した結果が図５－５です。ドットの重なりもあり、一見するとばらつきが大きく、症状と所見が無関係である（相関がない）かのようにみえますが、統計学的な計算により、自覚的な感覚異常の点数と医師の診察による感覚障害所見の点数との間に統計学的に有意な（偶然でない）相関関係をみることができました。それを表現したのが先に紹介した回帰直線で、図５－５に引いてある三つの直線です。●が、メチル水銀曝露を受け、かつ、水俣病以外の神経合併症のありうる群（3～5名、年齢63・8±10・6歳）で、○は、メチル水銀の曝露を受け、合併症のない群（243名、年齢59・5±9・8歳）です。バツ×は、対照群（コントロール群（80名、年齢63・8±8・6歳））で、メチル水銀の曝露を受けていない群です。●の回帰直線は実線で、○の回帰直線は間隔が短い点線、×の回帰直線は間隔が長

図 5-5　感覚に関する自覚症状スコアと神経所見スコアの関係

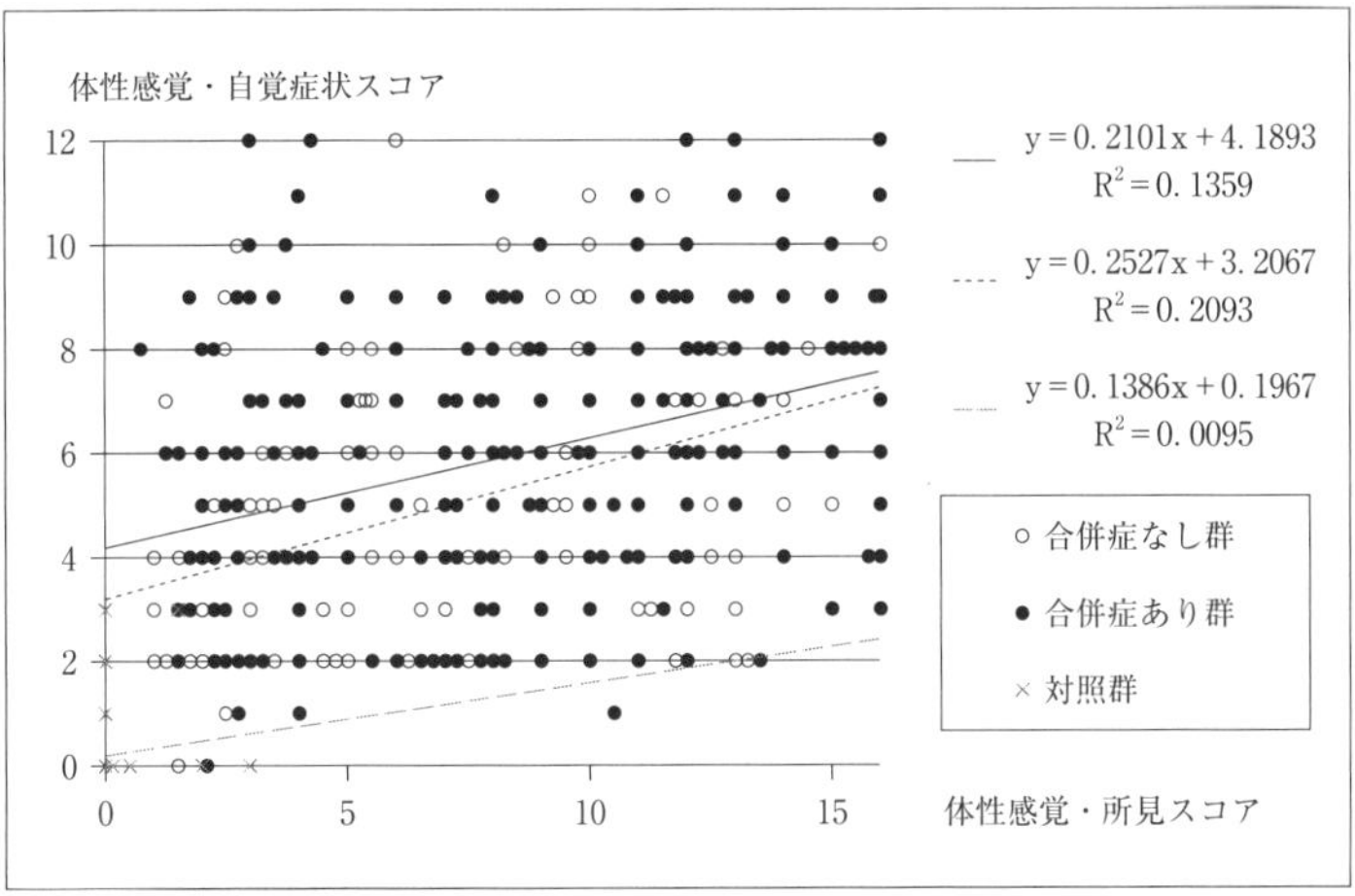

出所）［87］

い点線です。これをみると、●○×の3群すべてにおいて、自覚症状と医師による神経所見にはほぼ平行なきれいな相関関係を認めますが、メチル水銀曝露のある群（●と○）と対照群（×）を比較すると、歴然とした差があります。そして、曝露のない群（×）では、回帰直線のY切片がほぼ0であるのに対して、曝露のある群（●と○）での回帰直線Y切片が正であること（直線がX＝0のときに、Y軸のプラスの部分で切れていること）は、曝露のある群で神経所見よりも自覚症状がより鋭敏であることを示しています。

そして、感覚に関する症候のみならず、神経系の異常全体に関する症状と所見で検討したのが図5-6です。自覚症状は84点満点、神経所見は46点満点になっています。

この分析でも、メチル水銀曝露を受け、かつ、水俣病以外の神経合併症のありうる群（●）と、

図 5-6　全・自覚症状スコアと全・神経所見スコアの関係

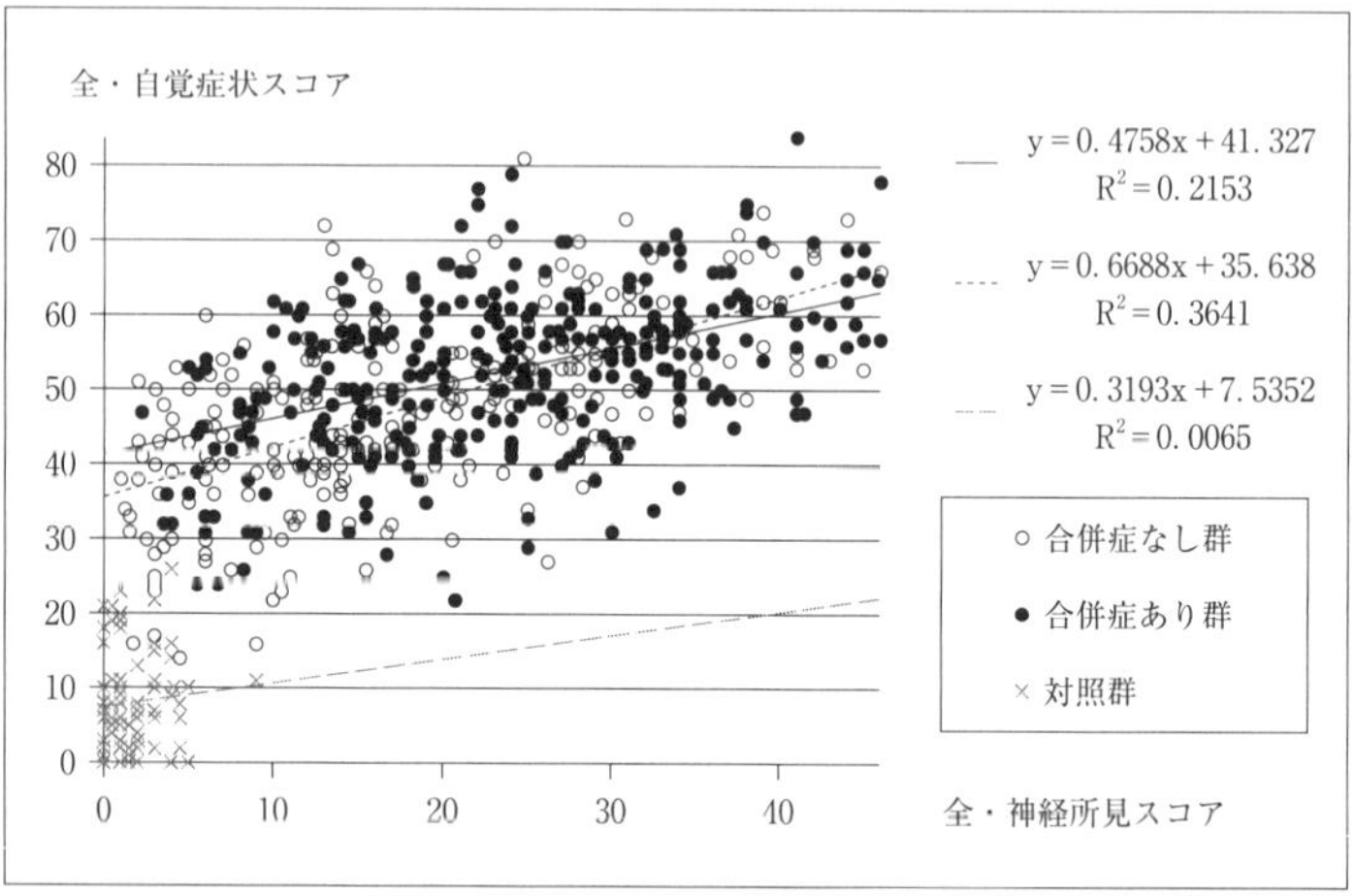

出所）[87]

メチル水銀の曝露を受け、合併症のない群（○）、対照群（コントロール群、×）の回帰直線はほぼ平行のきれいな相関関係があり、メチル水銀曝露のある群（●と○）と対照群（×）を比較すると、歴然とした差があります。そして、曝露のない群（×）では、回帰直線のY切片が7・5であるのに対して、曝露のある群（●と○）での回帰直線Y切片がそれぞれ41・3と35・6であることは、曝露のある群で神経所見よりも自覚症状がより鋭敏であることを示しています。

　このように、水俣病の病態や重症度をみていくうえで、自覚症状というのは非常に重要なデータであるということがわかります。

感覚能力（障害）の数値化

水俣病で最もよくみられる症状は感覚障害です

が、それにもかかわらず、神経内科の専門家による研究はほとんどなされていません。全身の皮膚表面の感覚や身体の位置や動きを感知する「体性感覚」と呼ばれるものには、表在感覚（触覚、痛覚）、深部感覚（位置覚）、複合感覚（二点識別覚、立体覚など）などがあります。

皮膚表面の感覚を表在感覚と呼び、これには触った感覚（触覚）と痛みの感覚（痛覚）があります。医師が皮膚の触覚を検査するときは、筆で軽く触ったり、ティッシュペーパーで皮膚をなでたりして、身体表面のなかで鈍いところがないかどうかを検査します。通常は、胸部などの体幹部は感覚が正常なことが多いので、胸部と手足先などを比較したりして診察をします。

位置覚は手足の指などを上下に動かして、身体の位置や動いている方向を判別する感覚で、これがないと迅速、正確で安全な運動をおこなうことはできません。人間が身体を動かしている最中、素早く正しい位置に身体を持っていく必要があるため、この位置覚を伝える神経は、末梢神経のなかでも最も速度が速く、筋肉のなかにある感覚受容体から発された電気信号が、秒速70〜１２０ｍで脊髄、脳へと伝わっていきます[88]。

複合感覚というのは、大脳皮質が関与する、より複雑な触知覚です。2点が異なる位置にあることを識別する二点識別覚、皮膚に書いた文字を判別する書字知覚、手に持った立体物が何であるかを判別する立体覚、手などに持った物の重さを知覚する重量覚などがあります[89]。これらの感覚は末梢神経が障害された際にも異常をきたします。

１９９０年代後半、熊本大学解剖学教室の浴野《えのき》成生《しげお》教授と二宮正医師は、水俣病患者に対して二点

図 5-7　水俣病検診受診者の二点識別覚

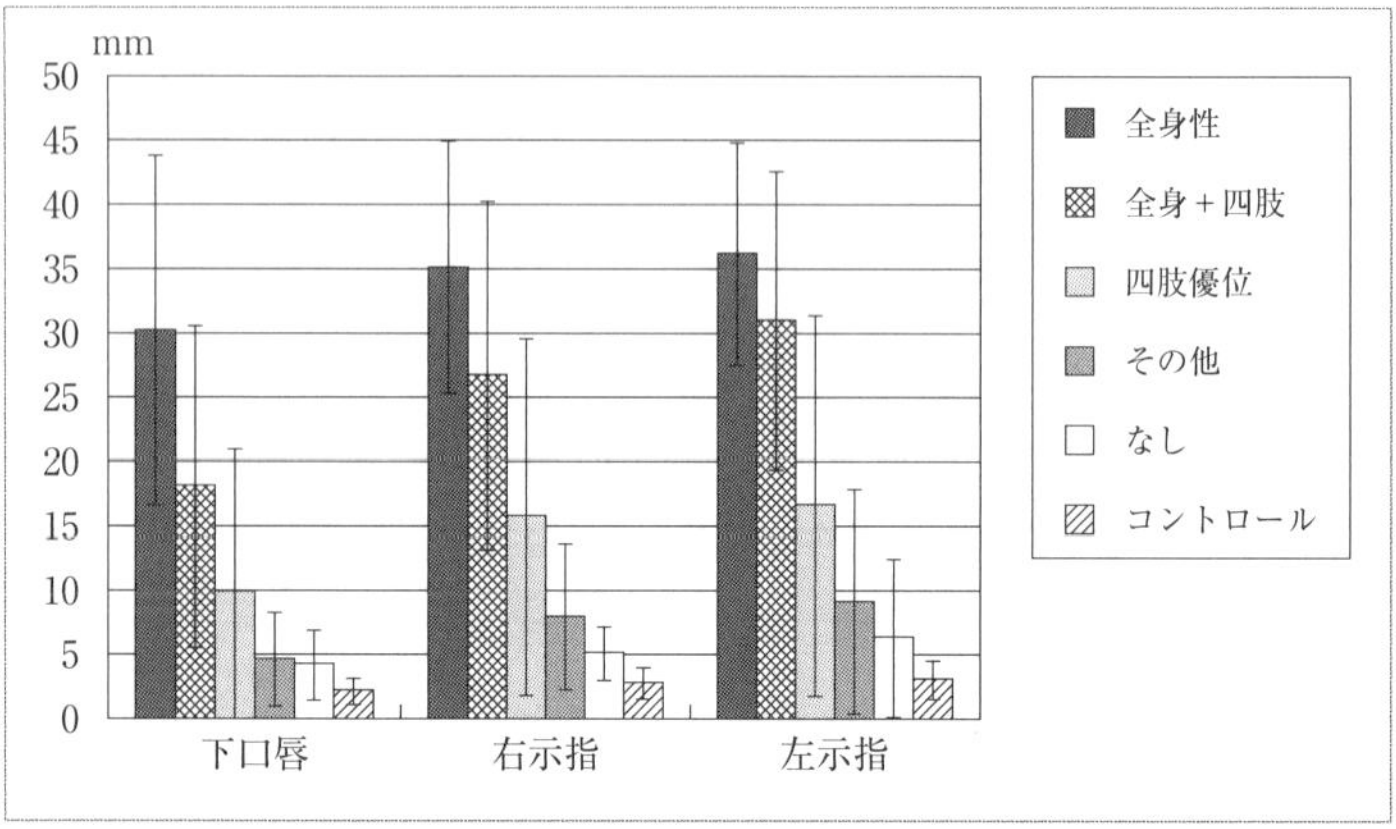

出所）［90］

識別覚や微小触知覚など、感覚の鋭敏さを数値化（定量化）する検査をおこないました。皮膚上の２か所を同時に刺激したとき、２点間の距離が長いと二つの点として認知できますが、短いと１点と感じます。このように、同時に２か所を刺激して、それを２点と感じる最短距離を二点識別覚閾値と呼び、これを調べることによって皮膚感覚機能を数値化することができます。

　図５－７はその二点識別覚検査結果の一例ですが、下口唇、右示指《じし》（人さし指）、左示指それぞれにある棒グラフが二点識別覚の閾値を示しています。左側５本の棒グラフはメチル水銀の曝露を受けた人々（１４８名、年齢61・４±10・６歳）で、白から黒になるにしたがって、筆での感覚障害が重症であることを示しています。曝露を受けていない人（コントロール、１１１名、年齢61・９±９・９歳）のデータは、右端の棒グラフです。[90] これをみると、異常の程度は歴然としています。

このように、目で見えない感覚のデータを視覚化することができるのです。
微小触知覚というのは、フォン・フライの触毛と呼ばれるさまざまな太さのフィラメント（線維。図5-8）を触れさせて、どれくらい細いフィラメント（線維）で触ったことがわかるかをみる方法です。第6章で説明しますが、浴野教授らは、メチル水銀汚染地域の患者で、四肢末梢も体幹部も同程度の感覚の異常を示すことを見出し、メチル水銀中毒症の感覚障害が大脳皮質障害に由来すると結論づけたのです[91]。

図5-8　フォン・フライの触毛

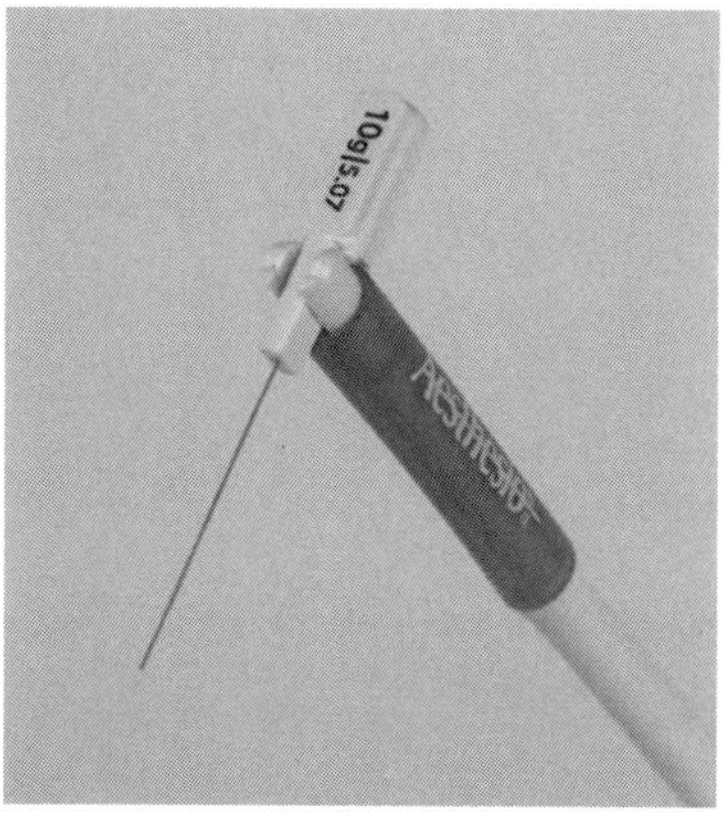

1998年頃、浴野教授と二宮医師から感覚定量の方法を教わった私は、二点識別覚と微小触感覚の他、手足の指を上下に動かしたときに5㎜単位で何㎜まで上下方向がわかるか（位置覚）、音叉を利用して振動がどれくらい長く感じられるか（振動覚）について、それぞれ数値化して検査する方法を、メチル水銀曝露を受けた人々に実際に適用していくことにしました。ただし、検査の種類が多くなると医師や患者の負担が大きくなるため、実際の現場で効果的にデータを取得できるように工夫して検査をおこなうようにしました。
このように感覚検査を数値化すると、患者の重症度がわかりやすく、病態解明の手がかりとなります。たとえ

ば、汚染地域の住民は、日常生活のなかでつまずきやすいという訴えをする人が多いのですが、そういう人々の診察をしてみると、神経所見で著明な運動失調症状を認めない人でも、この位置感覚の異常を示す人がいるのです。

通常の神経内科の診察でも位置感覚は検査項目にありますが、5㎜間隔で検査するようなことはしません。私たちは、メチル水銀の曝露を受けていない健常人の位置覚を調査し、70歳以上の人を含め、ほとんどの健常人で手の人差し指と足の母趾を5㎜上下させた感覚を検知することができることを確かめました[92]。このように、これまでの神経内科の診察技術では解明できなかった点に光をあてうることを知りました。

ただし、数値化された検査法が従来からの感覚の診察方法と比較して、全面的に優れているとは限りません。そのため、私は、従来からおこなわれている筆による触覚検査の結果と定量的感覚検査の結果とを比較してみました。その結果、それぞれの感覚の悪化の程度は全体としては平行しているものの、個人差もありました。また、二点識別覚が正常範囲内でも、筆による触覚検査では異常を示す場合も少なくないことがわかりました。そして、浴野教授の研究によって明確にされた、慢性メチル水銀中毒症の感覚障害の主たる病巣が大脳皮質にあることについて、さらに多くの症例で検討することになりました。

その頃、放送大学の授業で、心理物理学（精神物理学）が視覚・聴覚・触覚など、さまざまな感覚を自覚できる限界の値（閾値：いき値、しきい値）を求める手法を研究する心理学の一分野であることを知り、2000年5月に静岡理工科大学の宮岡徹《みやおかてつ》助教授（当時）を訪ね、皮膚の触覚メカニズムや触覚閾値の求め方を学びました[93]。このときに宮岡先生がおこなっていた精密研磨紙を用いた微細粗さ検査[94]をメチル水銀の曝露を受けた人に適用して、2000〜01年にデータをとり、ロチェスター大学のマイヤース教授にそれを論文化するための指導を受けて、2004年、私の最初の医学論文として発表しました[95]。

連続的な重症度の存在する疾患を把握する工夫

水俣病は、その人が受けたメチル水銀の曝露の量などによって、軽症から重症まで存在します。重症では、自覚症状も医師による診察結果も両方異常であることが多いのですが、より軽症の患者の場合、自覚症状のほうが診察結果よりも敏感であったり、自覚されていない感覚障害が診察で確認されたりします。

第2章で述べたように神経系は、中枢神経と末梢神経に分けられます。中枢神経というのは、脳と脊髄、末梢神経は、脳幹部や脊髄から身体各部につながる神経です。緩やかに発症するタイプのメチル水銀中毒症による感覚障害や運動失調などの異常は、主として大脳皮質や小脳皮質の中枢神経細胞の障害によって起こされ、末梢神経の障害はほとんどないことがわかっています。この中枢神経細胞の障害のされ方も、曝露量によって異なってきます。したがって、自覚症状がまったくない状態から、

図 5-9　水俣病の症状は軽症から重症まである

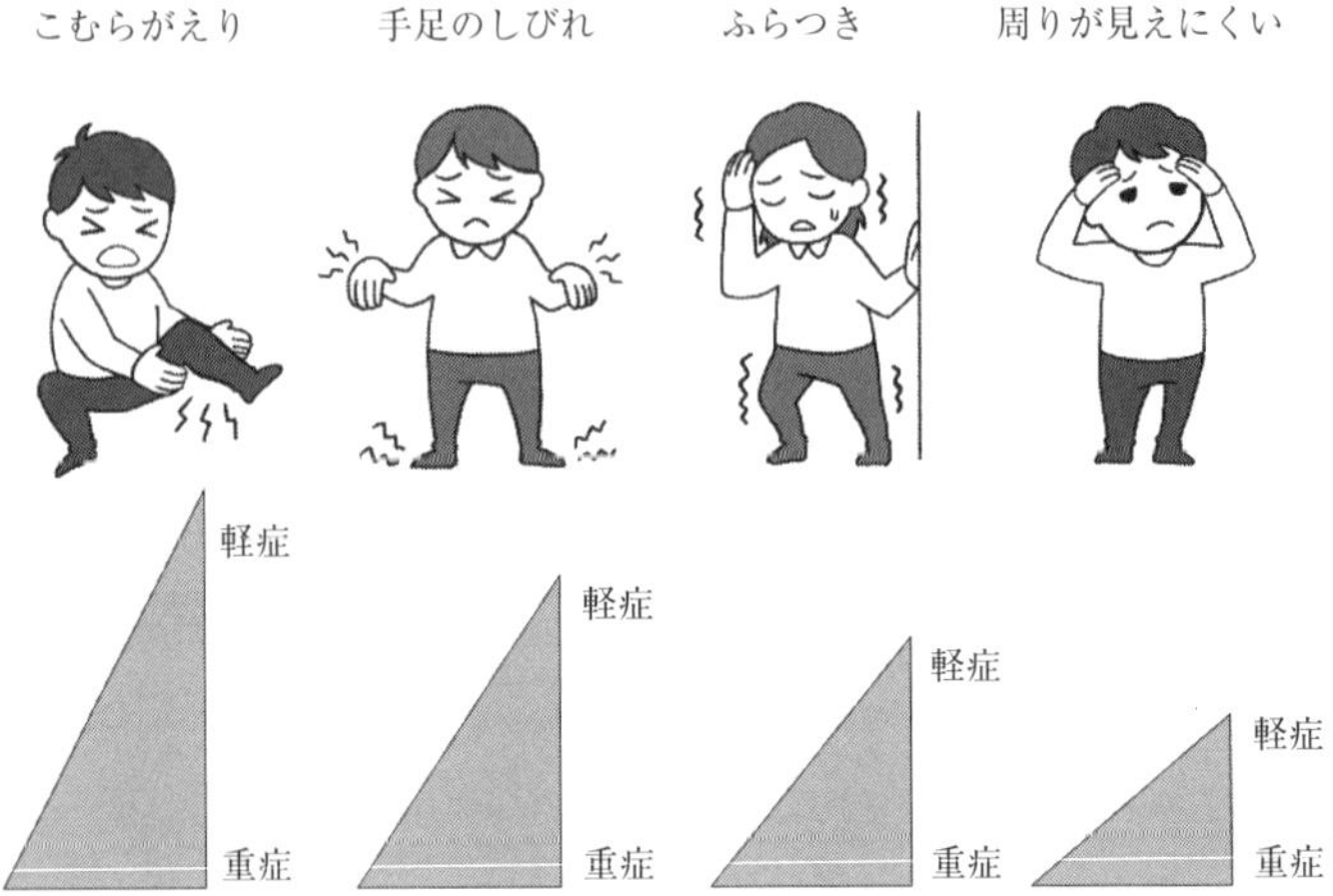

時々ある状態、いつもある状態、というように重症度は連続的な違いがあります（図5－9）。同様に、医師の診察所見も、まったく異常がない状態から、時々確認できる状態、いつも確認できる状態というものが存在しうるのです（図5－10）。

そして、中枢神経細胞は非常に多数存在するため、そのうちの少数の細胞が障害されても症状は現れません。ある一定数の細胞が障害されて初めて症状が出ると考えられます。同じ中枢神経疾患でも、ある程度の大きさ以上の脳出血や脳梗塞などの脳血管障害は、ごく短時間で障害が完成しますし、パーキンソン病やアルツハイマー病などではゆっくりと症状が進行していくという特徴を持っています。

このような違いから、水俣病では、他の神経疾患と異なり、より軽度の症状を把握していく必要があるのです。私たちは、自覚症状を把握するときは、そのような視点から、「いつもある」、「時々ある」、「昔あっ

図 5-10　水俣病の症状は頻度もさまざま

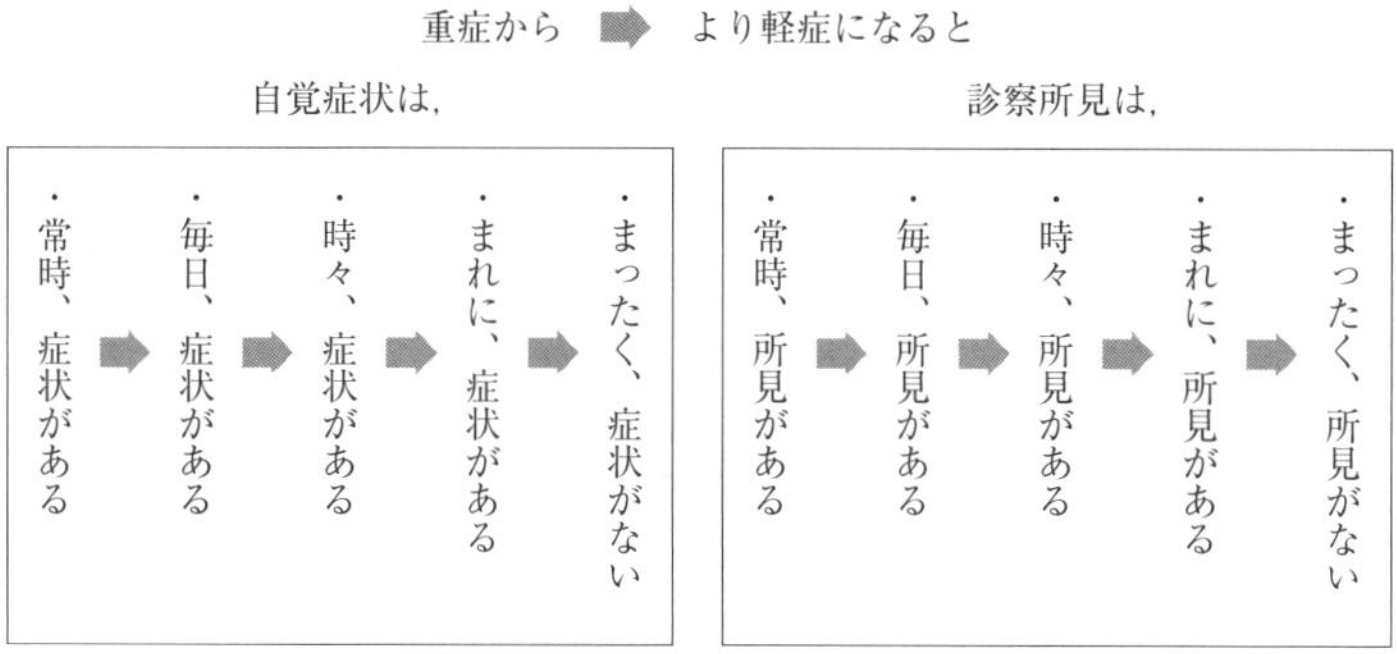
重症から
より軽症になると
自覚症状は,
・まったく、症状がない
・まれに、症状がある
・時々、症状がある
・毎日、症状がある
・常時、症状がある
診察所見は,
・まったく、所見がない
・まれに、所見がある
・時々、所見がある
・毎日、所見がある
・常時、所見がある

て今はない」、そして「ない」の4択から症状を選択してもらうようにしました。感覚障害も、通常の筆による触覚検査、痛覚針による痛覚検査の他、可能なときは、二点識別覚などの定量的感覚検査を同時におこないました。

正常から軽度異常、高度異常までの病態がみられる疾患に対して、このような工夫をすることは、その後の疫学的解析で大いに役立ちました。

2004年の最高裁判決

私は、1996年の水俣病「政治解決」の後、水俣病の証拠となるデータを残しておかなければ、という思いが強くなりました。第二次世界大戦での戦争行為に関する議論をかいまみて、証拠がないと、なきものにされてしまうのだと知ったためです。そして、地元の水俣や東京、新潟の患者の問診や診察の他、先に述べた定量的な感覚障害のチェックをおこなったりしていました。

そうしていたところ、２００４年10月15日、思いがけないニュースが入ってきました。チッソ水俣病関西訴訟（関西訴訟）の原告が最高裁で国に勝訴したのです。これにいち早く反応したのが水俣周辺地域に住む人たちでした。私たちも水俣周辺に数多く患者が残されていることは認識していましたが、「検診をいつからやるのか」という声に押されて、翌11月から検診を開始しました。

関西訴訟最高裁判決は、水俣病未認定患者らに対するチッソの責任に加えて、水俣病の発生・拡大を防止するための規制権限を行使しなかった国および熊本県の責任を認めました。水俣病としての認定の基準は、水俣周辺地域において汚染魚の摂取に加え、①舌および指先の二点識別覚異常のあるもの、②家族間に認定患者が存在し四肢末梢優位の感覚障害があるもの、③死亡などの理由により二点識別覚検査を受けていないときは、口周辺の感覚障害または視野狭窄を認めるもの、としました。

この判決は、①については、四肢末梢優位の感覚障害があれば、水俣病としての蓋然性確率は90％を超えるため、二点識別覚異常を必要条件とする必要はなく、②の四肢末梢優位の感覚障害について、水俣病の家族歴が必要という部分は、実態とは食い違っていて不十分という問題点はあるものの、国の判断が間違っていることを示した画期的な内容でした。

関西訴訟最高裁判決前後の検診手法の開発

先述したように、私は、この判決の数年前から問診、診察手法について工夫・改良をしつつ、患者のデータを研究に利用するために、問診や診察の方式をできる限り定式化することを検討してきました。

データを統計処理するためには、毎回の問診、診察、検査の手法が同じであることが望ましいのですが、運動失調の診察も、通常は、神経内科医一人ひとりの判断に任されてしまい、データを分析する際にばらつきが出てしまいます。そのため、可能なものについては、より具体的な判断基準を設けるようにつとめました。とはいえ、あまりに細分化してしまうと、医師の側も把握できなくなる可能性があるため、たとえば、片足立ちの異常所見は、異常なし、不安定、不能の三つに分け、不安定と不能の判断は、ストップウォッチでおおむね3秒間姿勢を保てるかどうか、という基準を設けることにしました。

そして、感覚定量化については、コンパス（ディバイダー）による二点識別覚、音叉による振動覚、触毛による微小知覚、物差しによる5㎜間隔での位置覚の4種類の感覚を数値化することにしました。感覚定量化検査は、試行回数を増やせば増やすほど精密になっていきますが、検査の負担が大きくなってしまいます。そのため、検査の負担が増え過ぎないように試行回数や感覚刺激量の間隔（二点識別覚の距離、位置覚の距離）を適切にする工夫をしました。二点識別覚なども最初の1㎜から6㎜までは1㎜間隔で検査していますが、15㎜以上になると5㎜間隔で検査をすることにしています。

このことは、心理物理学の専門家である宮岡先生とも意見交換をした妥当な方法なのですが、神経内科医の多くはこのことを知らないのではないかと思います。心理物理学は心理学研究者の間では19

世紀からおこなわれてきましたが、医師も医学生も、心理物理学を通常の医学教育課程で学ぶことはなく、医師でも感覚の専門家以外は、あまりこの学問を知りません。私自身すでに神経内科専門医を取得していましたが、「心理物理学」という分野を初めて知ったのは、2000年に宮岡先生とお会いする前で、「心理物理学」という耳慣れない言葉に大きな興味を覚えたものです。

裁判で国側の証人である神経内科医が、感覚定量検査について、「疲労などの観点から現実的でなく神経学的に意義は乏しい」などと述べていますが[96]、実際の二点識別覚などの感覚定量検査の調査にも研究にも基づかず根拠もない主張です。「疲労などの観点」という発言からすると、もしかすると、二点識別覚閾値を求めるためには、たとえば1㎜単位で検査しなければならないものと考えているのかもしれません。また、心理物理学の分野では、二点識別覚は疲労が出るどころか、試行を繰り返すほど敏感になってくるということが19世紀から知られていますが[88,97]、二点識別覚の数値が変動することがおかしいと主張し続けている神経内科の専門家に、そのような知識があるのかどうかも疑問です。

あらたな検診

2004年11月以降、それまで沈黙していた人々が次々と水俣病検診を申し込み、数多くの診断書を作成することになりました。水俣病の検診は一人当たり一時間前後、あるいはそれ以上かかることもあるので、日常の診察ではとても間に合いません。そのため、検診を休日と平日に分け、休日には、問診、診察、感覚定量検査をおこない、平日には、視野や聴力を計器で計測し、誘発筋電図（神経伝導速度）、頭部ＣＴ検査、頸椎レントゲン検査、血糖値などを調べる採血をおこないました。

問診や診察の方式の定式化が役立ち、２００４年11月から２００５年４月末まで、休日検診を受けた４１３名、平日検診を受けた１９７名の検査結果をまとめ、２００５年シドニーで開かれた世界神経学会議で発表しました。[98] このときに得られた感覚定量研究の結果は非常に重要でした。これをまとめた論文が、２００８年、『エンバイアロンメンタル・リサーチ（*Environmental Research*）』誌に掲載されました。[99]

なぜ被害者・市民が、水俣病に沈黙した（する）のか？

水俣病検診を受ける人の人数は急速に増加し、２００８年10月末までに、２万４０００人以上にのぼりました。実際に検診を受けに来た人々の症候をまとめたところ、８〜９割に四肢の感覚障害を認め、２〜３割に視野狭窄を認めました。

なぜこのように多くの人がそれまでに健康障害を自覚しながらも沈黙していたのか、その理由については、さまざまな要因が考えられます。まず、①水俣市がチッソ城下町であり、チッソに対する不利益な言動がはばかられる雰囲気があること、そして、②水俣病の認定基準が非常に高いレベルに据えてあり、そのことも関係して、③自分が水俣病であること、またはその可能性を疑うことが、補償

図5-11 「これまで検診を受けなかった理由」

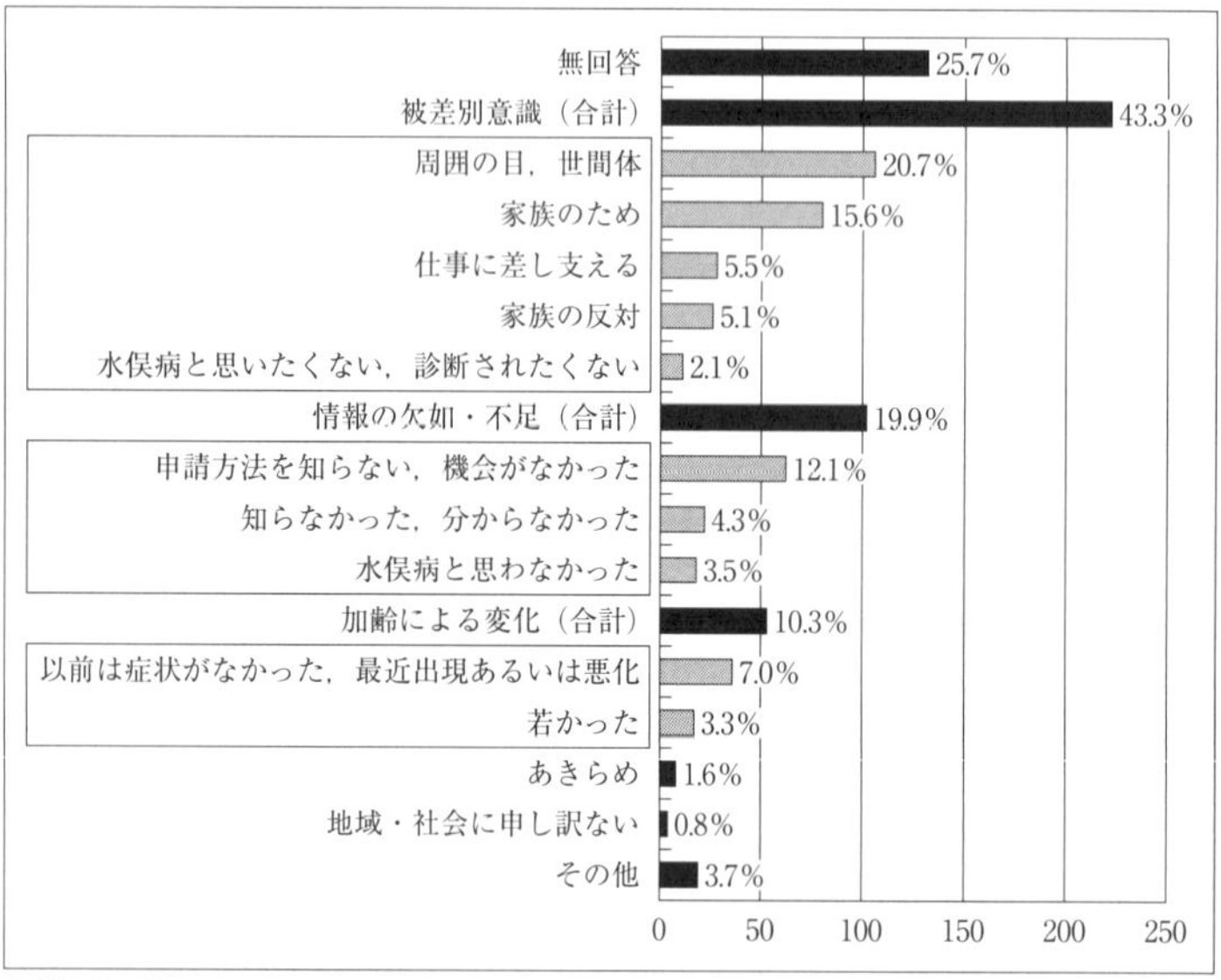

出所）［100］

金目的という話にすりかえられてしまうことなどがあげられるでしょう。さらに、メチル水銀の曝露が少なくなればなるほど、④メチル水銀による健康障害が潜行性に（気づかれないうちに）、徐々に遅発発症するというメチル水銀中毒症の特性もあると考えられます。

２００５年３～４月に水俣病検診を受診した５１３名（男／女＝２４３／２７０、年齢60・３±11・２歳）を対象に、「これまで検診を受けなかった理由」と「今回検診を受けることに決めた理由」についてまとめ、米国マディソンで開かれた第８回国際水銀会議で発表しました[100]。これまで検診を受けなかった理由は、「周囲の目・世間体」などの被差別意識が43・３%、情報の欠如が19・９%でした（図

図 5-12 「今回検診を受けることに決めた理由」

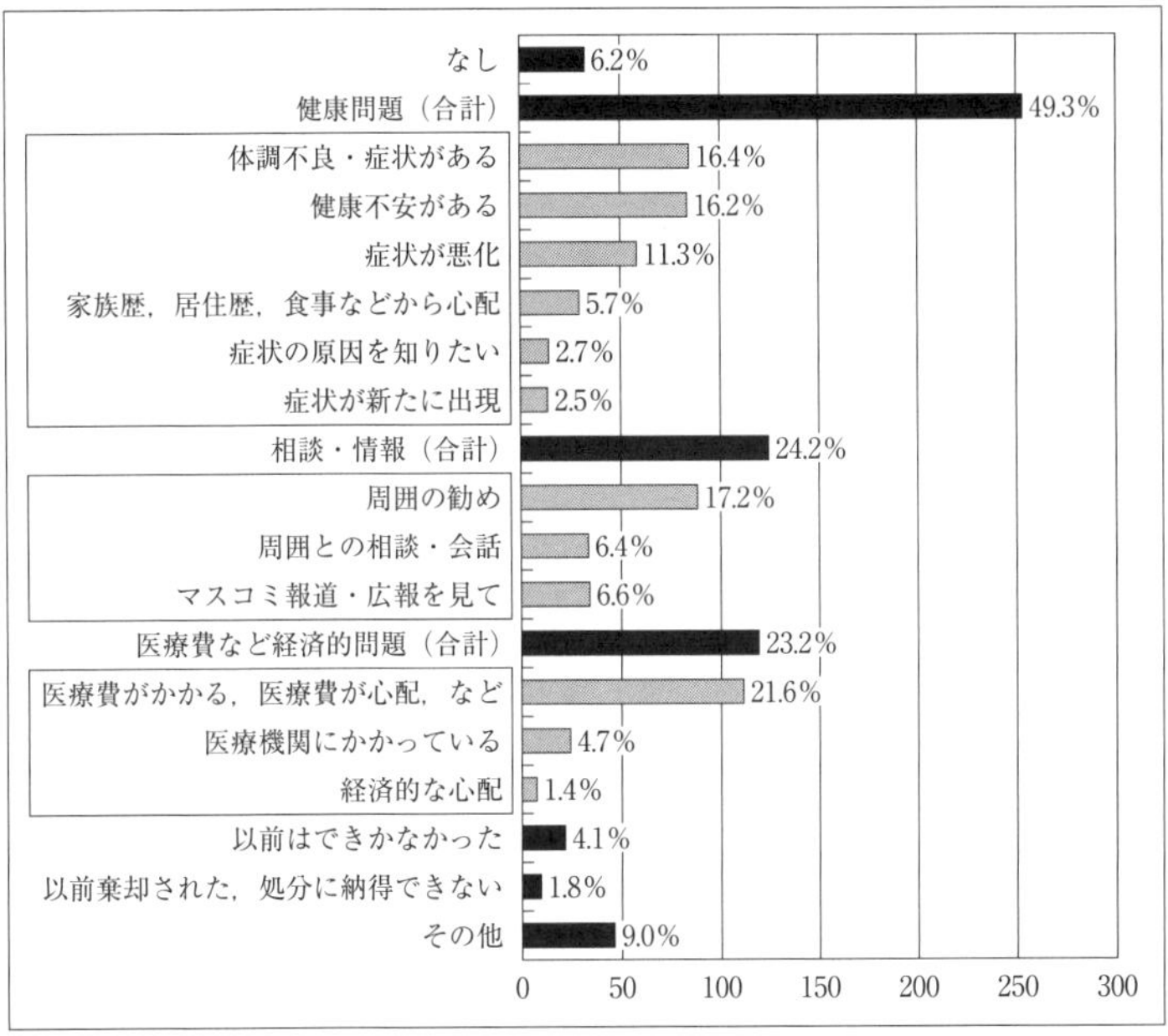

出所）［100］

5－11）。これらの患者のうち96％に四肢末梢または全身性の感覚障害があり、20％に視野狭窄がありました。図5－12は、検診を受けることに決めた理由ですが、健康に関する問題が一番多く、水俣病についての情報がわかったことや将来の医療費の心配などが続きました。

共通診断書の作成

関西訴訟最高裁判決で、昭和52年判断条件が批判を受けたにもかかわらず、国は認定制度を変更せず、改善をしようともしませんでした。そのため、数千の人々が認定申請をしても、被害者はそのまま放置される事態となりました。このような国の無策に対して、２００５年にノーモア・ミナマタ訴訟が提起されました。

そのなかで、熊本学園大学の教授になっていた原田医師や弁護士などから、水俣病診断のために、水俣病にかかわる医師が共通して使うことのできる診断書方式が必要ではないか、という呼びかけがあり、私もそこに参加することになりました。検診方法の統一化と簡素化をおこない、患者の早期の救済も同時に達成することが目的でした。

そして、２００６年1月に熊本市内に、これまで水俣病の救済にかかわってきた医師や弁護士らが集まり、診断基準と診断書の様式を検討することになりました。医学的な妥当性を担保しつつ、行政の救済制度との整合性をつけるようにしました。

私は何回か原田教授のもとに通い、他の先生方の意見を聞きながら、診断書の様式をまとめていきました。水俣病第二次訴訟判決や１９９６年の水俣病「政治解決」の際は、四肢末梢優位の感覚障害は、診断基準となっていました。その後、本章で後述する蓋然性確率の計算によっても、その妥当性が確かめられました。汚染地域と非汚染地域のデータで、口周囲の感覚障害、視野狭窄についても、汚染地域でそれらを認めたときに水俣病である確率が非常に高いことがわかっており、診断条件としました。また、最高裁判決では認定者の家族歴を必要としていましたが、これは疫学研究結果から不要な要件と判断し入れないことで合意しました。感覚障害の種類についても触覚と痛覚のいずれか片方でも診断できるとしました。

そして、全身性感覚障害も診断条件に加えました。全身性感覚障害は、水俣病以外の病気ではほとんどみられない非常にまれな症候であり、メチル水銀の曝露を受けていたときにこの徴候を伴う場合、水俣病である確率としてはほぼ１００％といえるからです。二点識別覚については、舌の二点識別覚異常も水俣病以外の病気ではまれであるため診断条件として残し、手指の二点識別覚については、感覚障害の程度の参考として計測はするものの診断条件には加えないこととしました。

このようにして２００６年４月下旬に共通診断書を作成し、その診断基準を以下のように決定しました[101]。


Ａ魚介類を介したメチル水銀の曝露歴があり、四肢末梢優位の表在感覚障害を認めるもの。

Ｂ魚介類を介したメチル水銀の曝露歴があり、全身性表在感覚障害を認めるもの。

Ｃ魚介類を介したメチル水銀の曝露歴があり、舌の二点識別覚の障害を認めるもの。

Ｄ魚介類を介したメチル水銀の曝露歴があり、口周囲の感覚障害を認めるもの。

Ｅ魚介類を介したメチル水銀の曝露歴があり、求心性視野狭窄を認めるもの。

Ｆ上記Ａ～Ｅに示す身体的な異常所見を認めないものの、魚介類を介したメチル水銀の濃厚な曝露歴があり、メチル水銀によるもの以外に原因が考えられない、知的障害、精神障害、または運動障害を認めるもの。

メチル水銀の曝露歴が何を指すのかについては、八代海の汚染された魚介類を入手しうる人が、一定量以上のそれら魚介類を摂取したということになります。チッソが水銀を海に流していたのは1968年5月までですが、汚染がなくなったわけではなく、八代海の汚染は1968年以降も続きました。実際に、いつまで、上記のような神経障害を起こしうる汚染が続いたのかは、まだ十分に調査がされておらず、明らかではありません。

行政や大学により、適切な調査がなされないわけですから、私たちの検診自体が同時に調査なのだという認識を、早くから持っていました。ですので、私たちの検診や共通診断書は、単に診断をして終わりではなく、そのデータがメチル水銀中毒症の病態の解明に役立つという目的も兼ね備えていました。今後、同じような環境汚染が世界や日本で起こったならば、そのような姿勢を持ちながら調査をしていくことが必要だと思います。

ノーモア・ミナマタ訴訟へのかかわり

私は共通診断書作成後に、水俣病の診断根拠を示すためだけでなく、メチル水銀中毒症の全体が理解できることを目的に、2006年11月19日、「水俣病診断総論」を作成し、熊本地方裁判所に提出しました。[102]

2006年12月、政府与党は、新たな救済策のための実態調査と称して、患者に対するアンケート調査をおこないました。しかし、これは地域住民全体ではなく、「保健手帳交付者」と「公健法（「公害健康被害の補償等に関する法律」）認定申請者」のみに対して問診して、そのうちの一部患者の感覚障害について医師による診察をおこなったものです。

ここでいう「保健手帳」とは１９９６年の「政治解決」でより軽度の症状の患者に支給されたものでしたが、２０１４年の判決後の申請患者急増に対して、２０１５年10月に、環境省が、一定の要件を認めたものについて、医師の診断書を提出することによって、医療費の自己負担を公費負担とする とした制度です。

２００７年７月３日に調査結果が公表されることになるのですが[103,104]、これでは救済範囲が、それまでに訴えていた認定申請者等に限定されてしまいます。そのため、この公表を前に私たち医師団は、同年６月３日、「ある水俣病訴訟を提起している患者の診断・調査結果について」で裁判原告の一部の診察結果を公表し、同時に、「水俣病解決のための提言」をおこないました[105]。

私は共通診断書を作成したこと、また多くの原告の診断書を手掛けたこともあり、ノーモア・ミナマタ訴訟の証人として出廷を要請されました。２００８年７月11日に陳述書を作成、実際の証人尋問は、同年７月25日、11月14日、12月19日に主尋問、２００９年１月30日、３月13日、４月24日、７月３日に反対尋問が、午前午後でおこなわれました。合計30時間は超えたと思われる尋問内容は、水俣病の診断に関する総論と、同訴訟の原告のうち第一陣50名それぞれの診断に関するものでした。

被告国側の医師として、当初、北海道大学の近藤喜代太郎名誉教授が陳述書を書き、証人となる予定でした。しかし２００８年9月30日に急逝し、国は、同年12月、近藤医師の生前の書きかけの陳述書を裁判所に提出してきました。その内容は、未完成とはいえ、行政施策への言及が目立つものの、医学データに乏しく、医師としていったい何を主張したいのか理解できない、非常に摩訶不思議なものでした。[106]

２００９年「不知火海沿岸住民健康調査」

水俣病認定申請が増えていくなかで、私たちは休日も返上して検診などを続けていましたが、健康障害がありながらも検診を受けられない人がまだ数多くいました。そこで、検診を受ける機会をつくり、患者を掘り起こすためにも、２００９年9月20〜21日の間、原田教授を実行委員長として、八代海（不知火海）一円で検診をおこなうことにしました。メディアなどには周知の協力をしてもらい、全国から医師１４４名、看護師２２１名、他のスタッフ３４６名が駆けつけ、１０４４名が受診しました。

データ集計の合意が得られた９７３名（男／女＝４８３／４９１、年齢62・３±11・７歳）について検診結果をまとめ、２０１８年に、「トキシックス（*Toxics*）」というオンラインジャーナルに掲載されました。[107] 汚染地域ではコントロール地域（男／女＝56／86、年齢62・０±10・５歳）と比較して、水俣病に特有の自覚症状や神経所見の明らかな異常がみられました。汚染地域を四つの地域に分けて分析し

図 5-13　2009年検診の対象地域

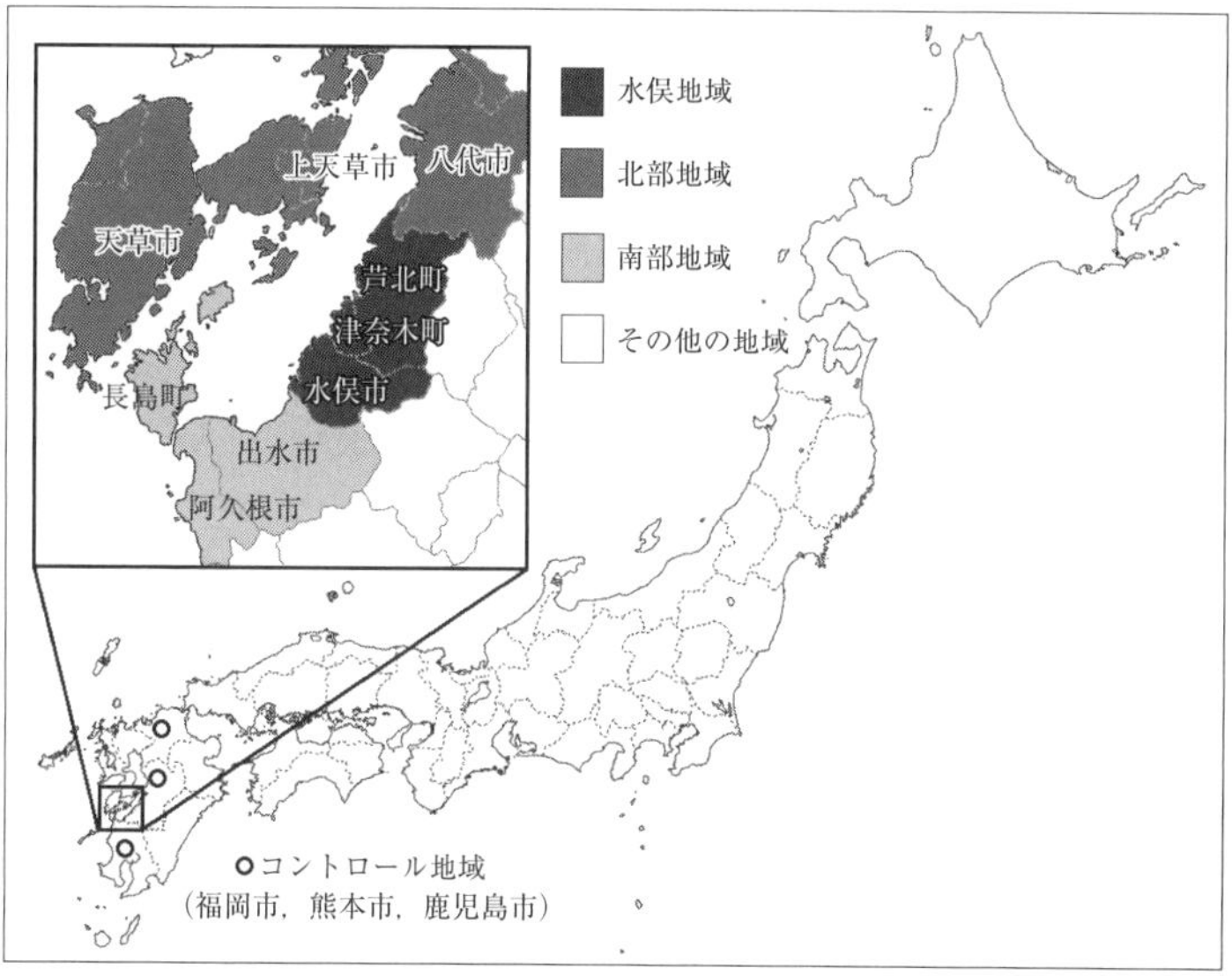

出所）[107]

てみたところ（図5－13）、どの地域においても症状や所見の出現率がきわめて類似していました（図5－14、図5－15、図5－16）。

そのなかで発症時期を調査したところ、チッソからの排水が止まった1968年までに発症した人はわずか3分の1にとどまり、3分の2の人はそれ以降に発症し、最も遅い人では、検診の前年に症状を自覚していました（図5－17）。

メチル水銀中毒症では、メチル水銀の曝露量が多ければ多いほど潜伏期間は短いと考えられています。新潟大学の白川医師は、頭髪水銀値の高いものほど早期に発症し、低いものほど遅れて発症するデータを示しました[56]。私たちのこの調査では、曝露量を頭髪などの水銀濃度ではなく、魚介類摂取頻度として（1日何度、あるいは週に何度魚

図 5-14　各地域のいつもある症状の有症率

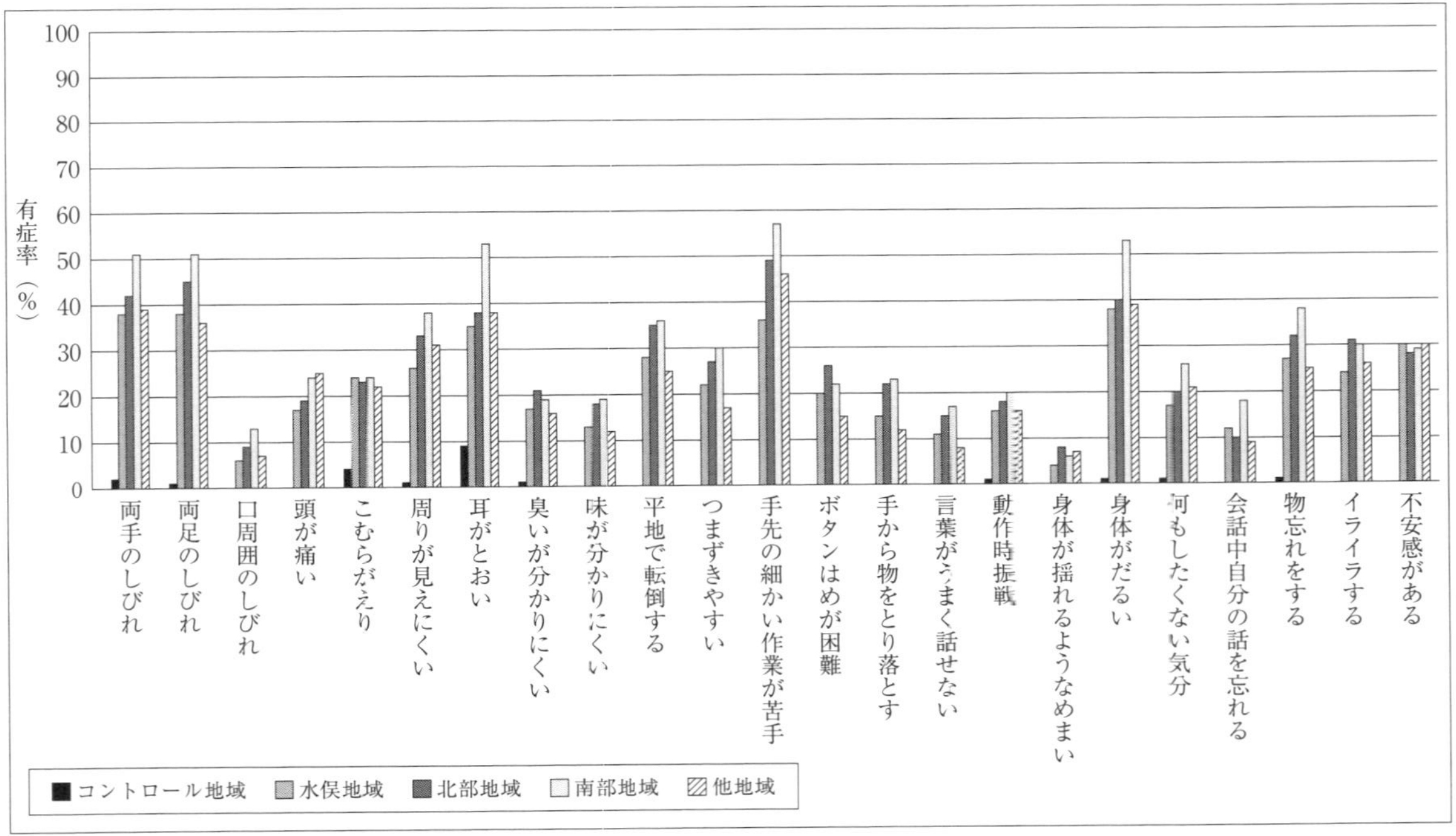

有症率（%）
100
90
80
70
60
50
40
30
20
10
0
両手のしびれ
両足のしびれ
口周囲のしびれ
頭が痛い
こむらがえり
周りが見えにくい
耳がとおい
臭いが分かりにくい
味が分かりにくい
平地で転倒する
つまずきやすい
手先の細かい作業が苦手
ボタンはめが困難
手から物をとり落とす
言葉がうまく話せない
動作時振戦
身体が揺れるようなめまい
身体がだるい
何もしたくない気分
会話中自分の話を忘れる
物忘れをする
イライラする
不安感がある
コントロール地域
水俣地域
北部地域
南部地域
他地域

出所）［107］

図5-15　各地域のいつもまたは時々ある症状の有症率

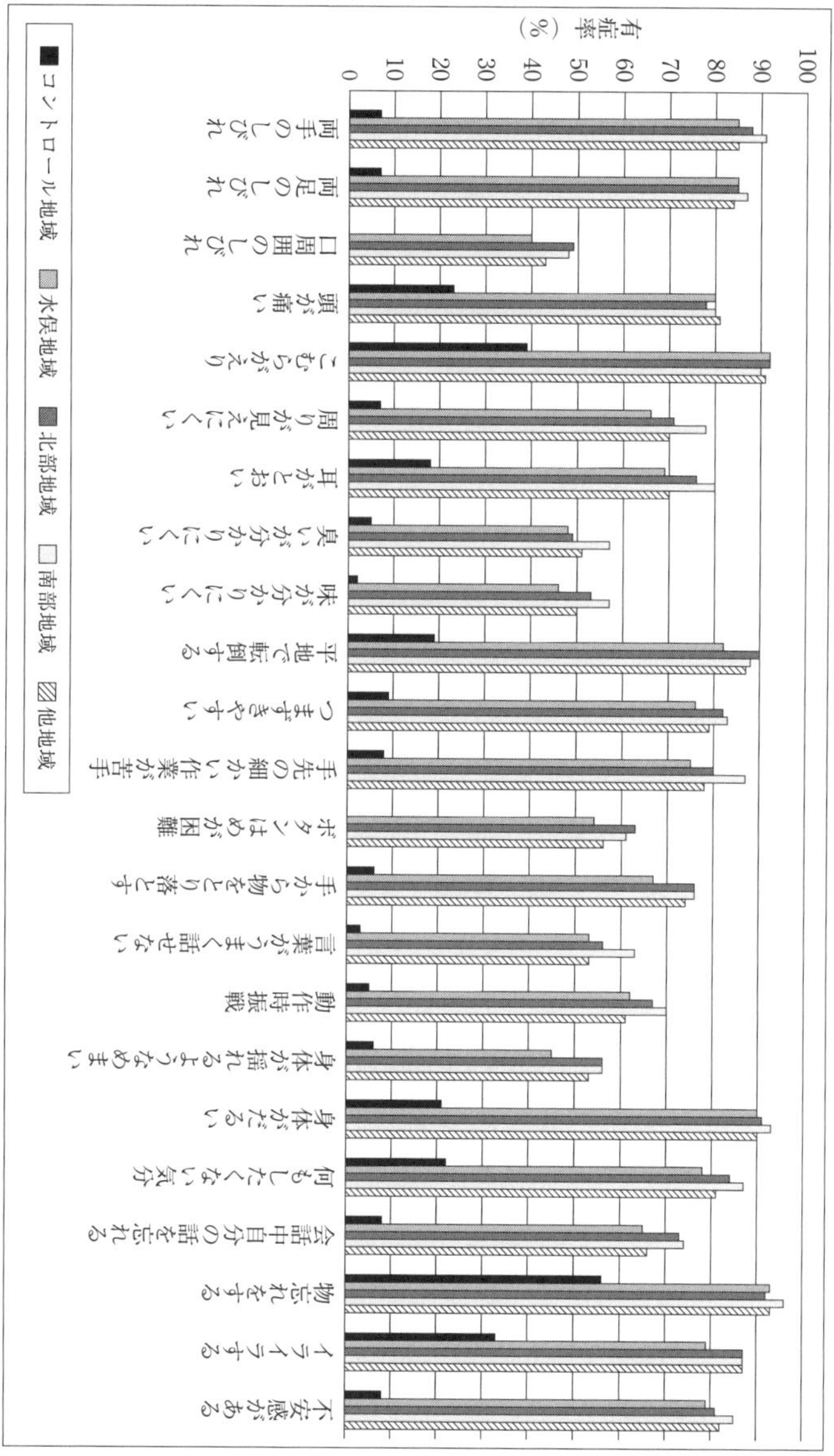

出所）[107]

図 5-16　各地域の神経学的徴候の陽性率

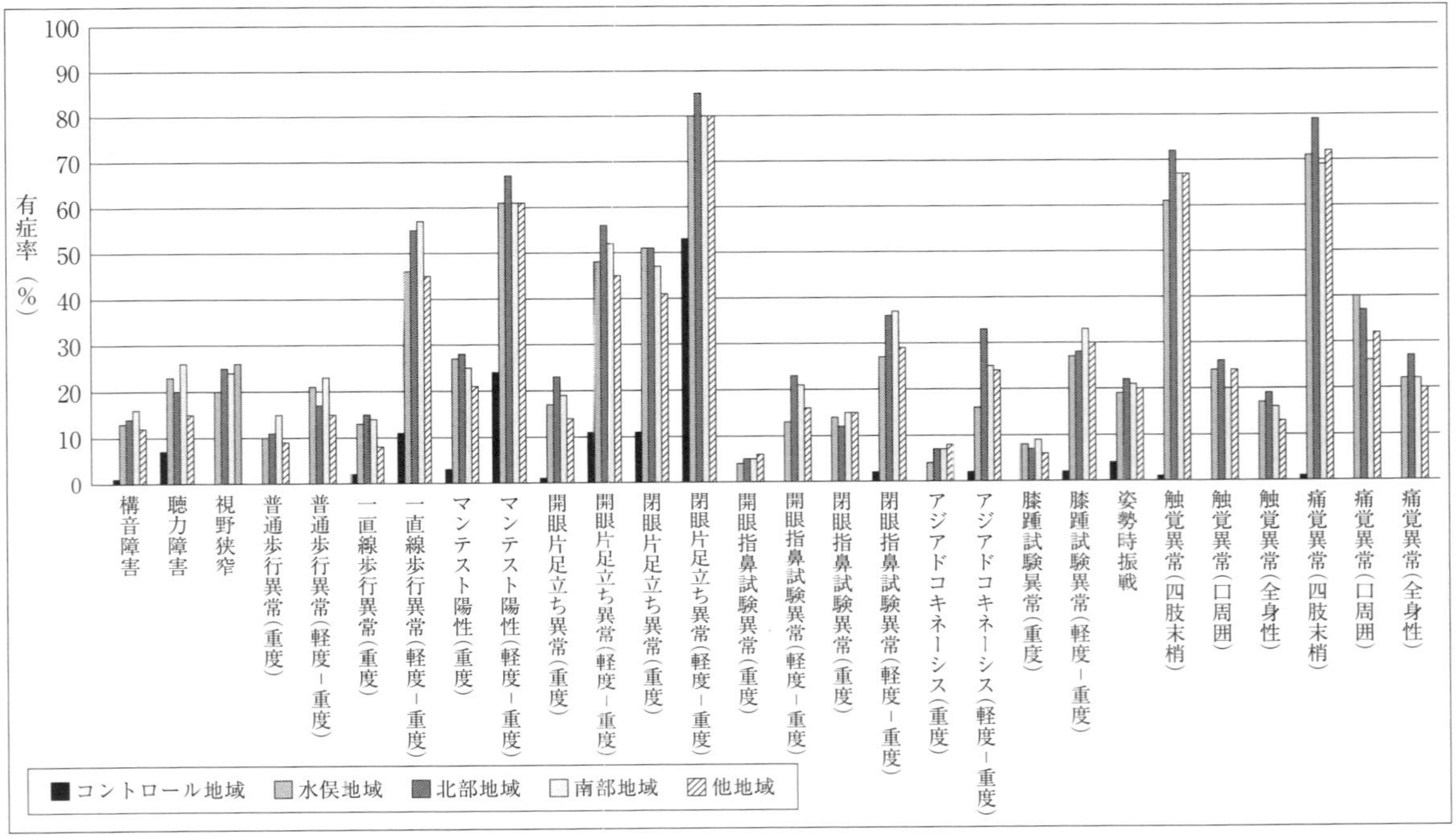

有症率（%）
100
90
80
70
60
50
40
30
20
10
0
構音障害
聴力障害
視野狭窄
普通歩行異常（重度）
普通歩行異常（軽度－重度）
一直線歩行異常（重度）
一直線歩行異常（軽度－重度）
マンテスト陽性（重度）
マンテスト陽性（軽度－重度）
開眼片足立ち異常（重度）
開眼片足立ち異常（軽度－重度）
閉眼片足立ち異常（重度）
閉眼片足立ち異常（軽度－重度）
開眼指鼻試験異常（重度）
開眼指鼻試験異常（軽度－重度）
閉眼指鼻試験異常（重度）
閉眼指鼻試験異常（軽度－重度）
アジアドコキネーシス（重度）
アジアドコキネーシス（軽度－重度）
膝踵試験異常（重度）
膝踵試験異常（軽度－重度）
姿勢時振戦
触覚異常（四肢末梢）
触覚異常（口周囲）
触覚異常（全身性）
痛覚異常（四肢末梢）
痛覚異常（口周囲）
痛覚異常（全身性）
コントロール地域
水俣地域
北部地域
南部地域
他地域

出所）［107］

図5-17　各曝露群における初発症状の発症年（割合）

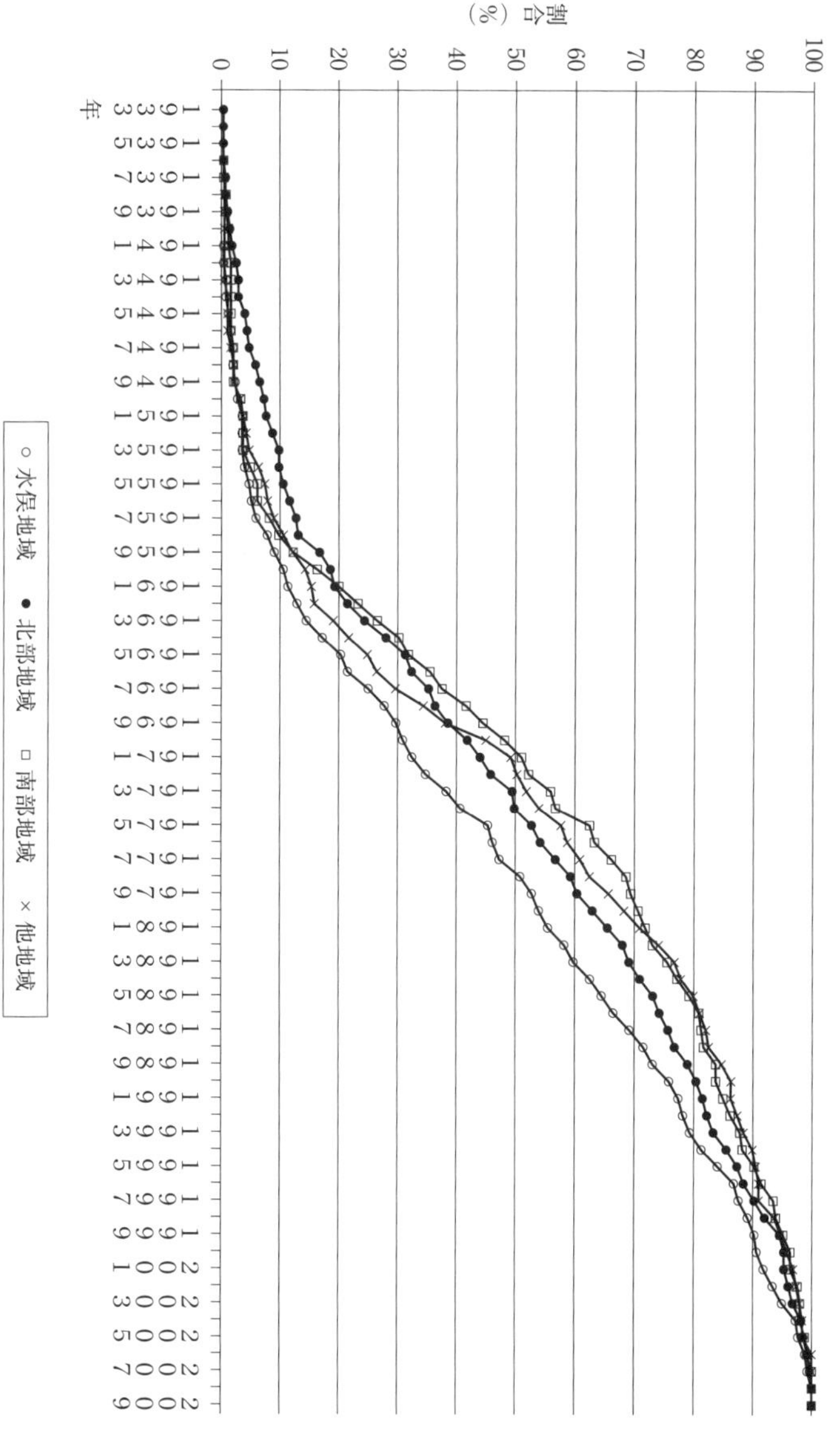

出所）[107]

図 5-18　水俣病発症年と魚摂取の頻度との関係

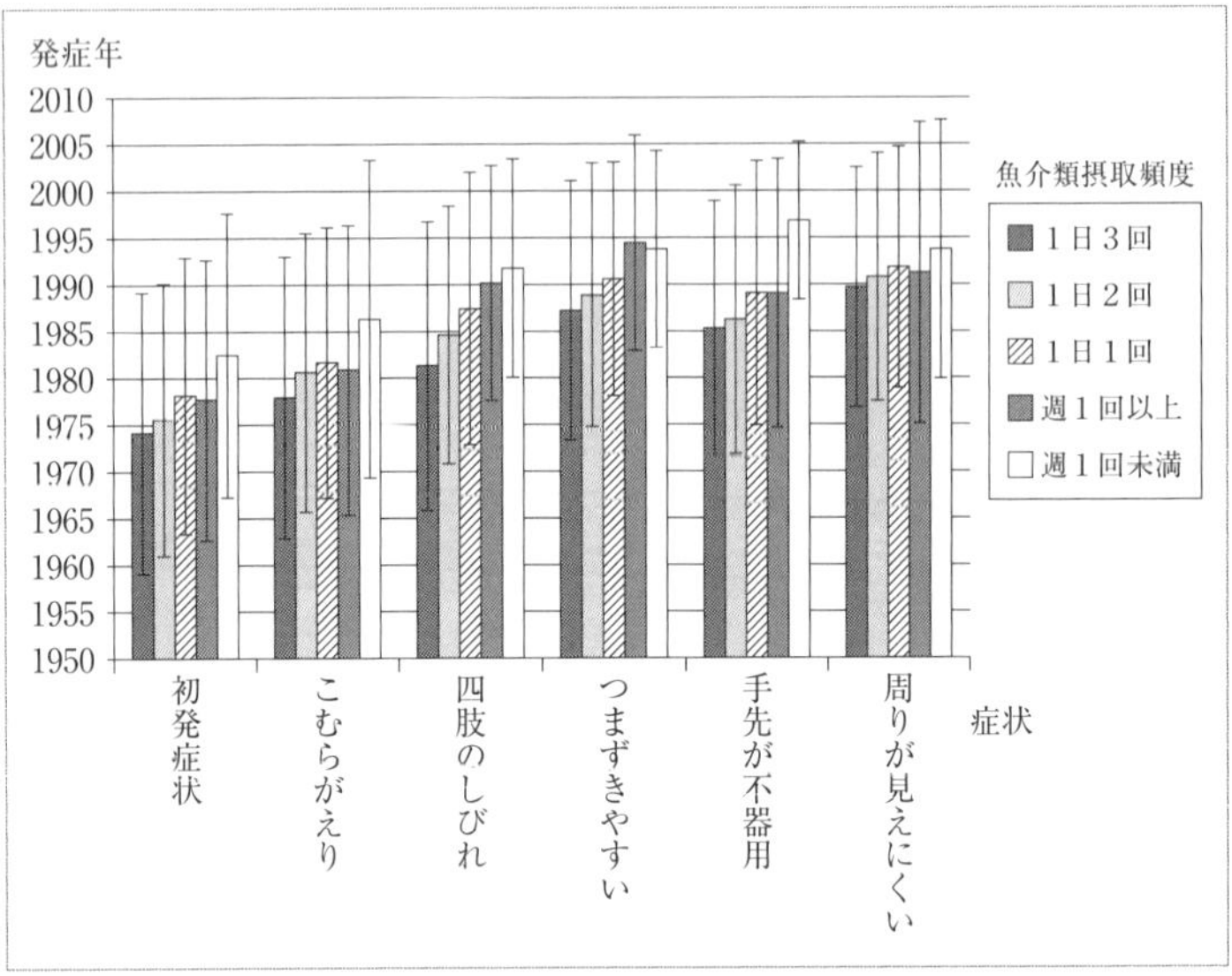

出所）［107］

を食べたかで分類して）計算したところ、摂取頻度が高ければ高いほど、発症年が早いことがわかりました（図5－18）。

過去の動物実験データも、曝露量が少ないと発症までの潜伏期間が長くなることを認めています。ロチェスター大学のワイスらは、メチル水銀中毒の遅発に関するレビュー論文で、血中水銀値が低くなればなるほど、メチル水銀曝露による症状の発症までの潜伏期間が長くなることを示しました[108]。図5－19は、逆三角形（▼）がリスザルによる実験の結果[109]、丸（○）はマカクザルによる実験の結果[110]、四角（■）は別の研究のマカクザルによる実験の結果[110]を示しています。

図 5-19　メチル水銀曝露後の血中水銀濃度と発症までの潜伏期間の関係

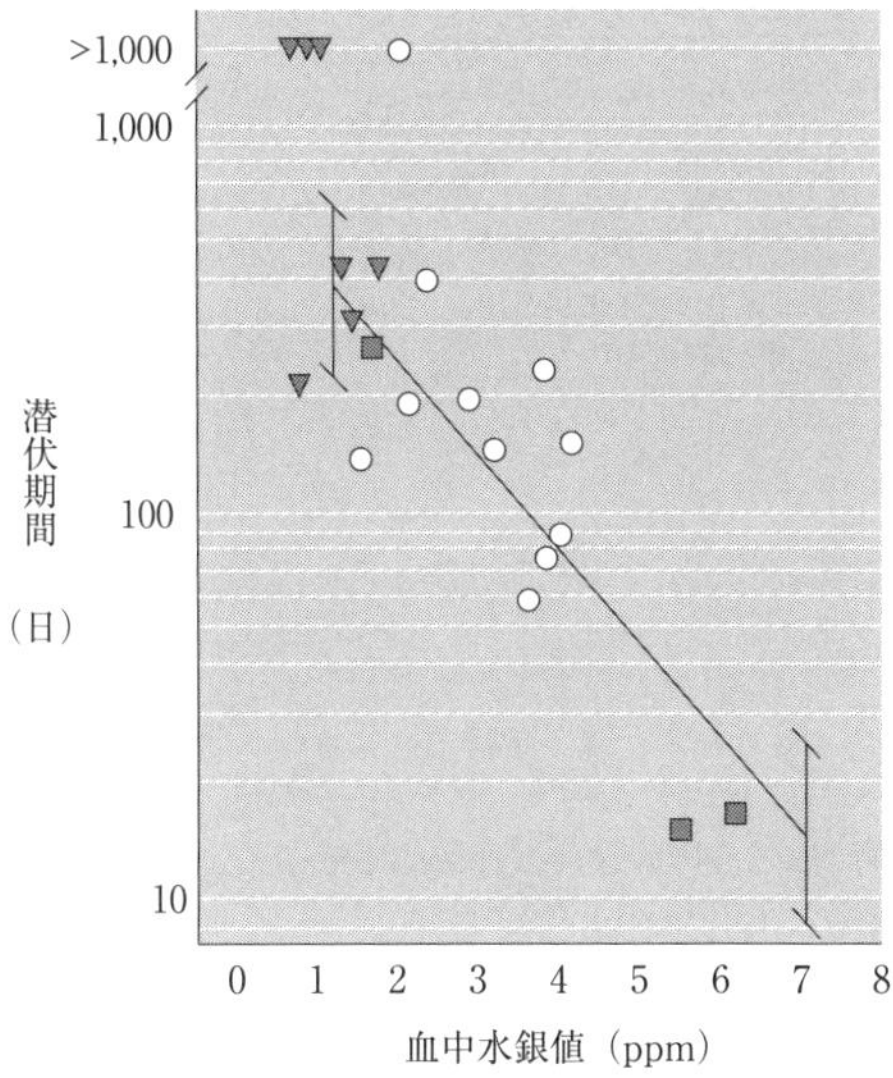

出所）［108］

水俣病はどこまで広がっているのか？

２００９年の検診は、水俣病の広がりがこれまで知られていたよりも広範囲であっていたことを示しました。

チッソ水俣工場から１９３２年以降68年までの36年間にわたって海に排出された実際の水銀の総量はわかっていません。海流に流されて、水銀自体も八代海全体に広がっていたわけですが、魚も回遊するのですから、メチル水銀汚染は八代海一円に広がっていたはずです。

水俣病に行政認定されるためには、症状や徴候があるかどうかの前に、汚染地域とされている指定地域との関連が重視されます。公健法の指定地域は、芦北町、津奈木町、水俣市と旧出水市に限定され、この地域の水質汚濁の影響によって病気になるというあいまいな定義がなされています。しかし、実際には、この指定地域以外の地域でも、海と魚介類は汚染されてきました。

図5-20　不知火海沿岸の救済対象地域

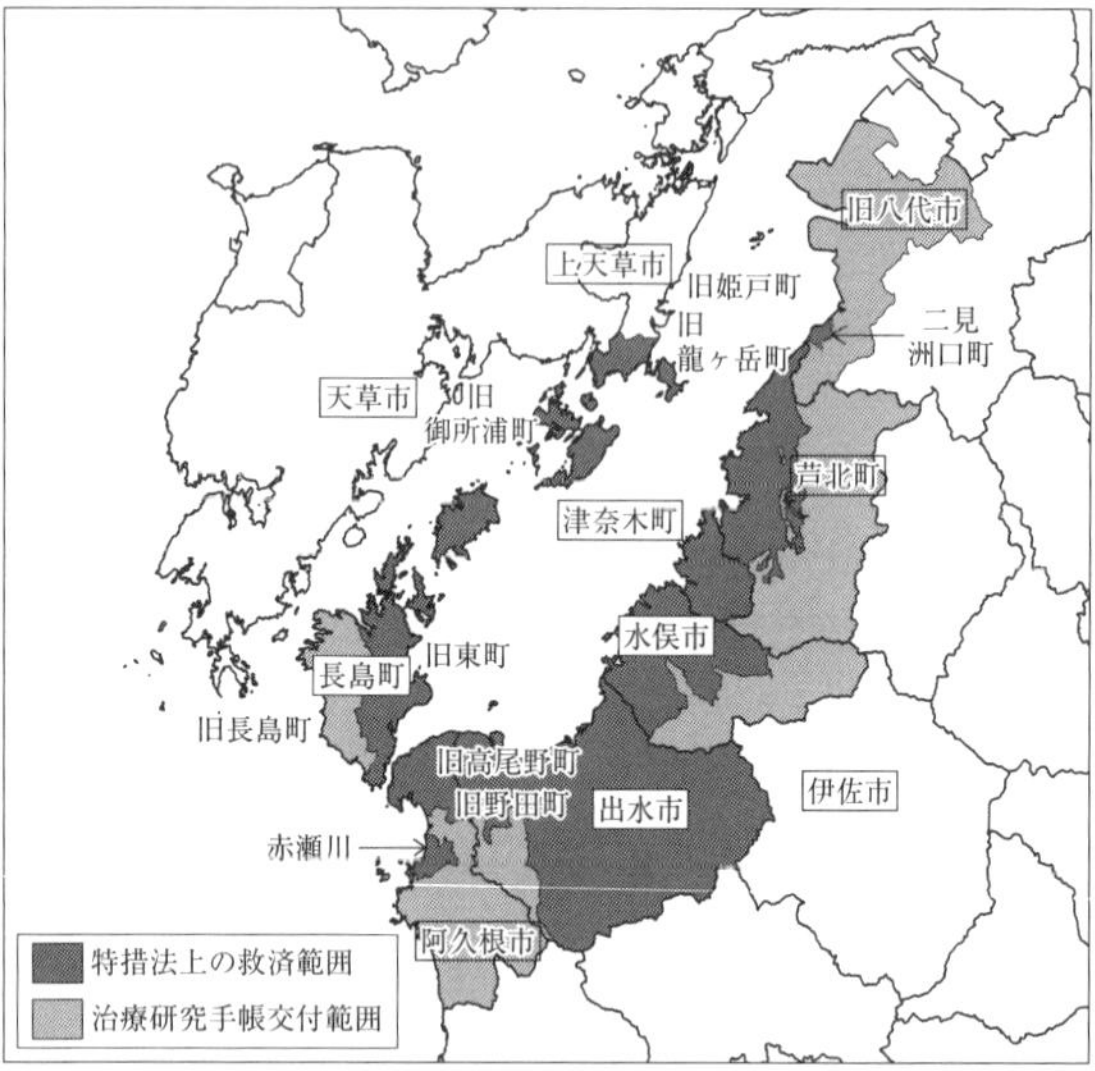

水俣病に認定申請して一年が経過すると、水俣病治療研究事業の制度によって、一定期間医療費の補助を受けることができるようになっていますが、その地域は、図5-20のうち、灰色（濃い灰色と薄い灰色の両方）で示された地域に限定されています。実際には八代海対岸の天草市の住民の多くも健康障害を抱えていますが、その対象とはなりません。

また、1996年の政治解決の際、医療手帳および保健手帳を支給する制度が成立しました。そのときに地域的に救済範囲が決められ、2009年に成立した水俣病特措法の救済対象地域には、出水市高尾野町下水流と上天草市のなかで旧龍ヶ岳町高戸と樋島が追加され、その地域に一年以上居住していることが原則的な条件とされました。その救済範囲が、地図で濃い灰色で示された地域です。

ここで注目してほしいことがあります。阿久根市のなかに飛び地のようにぽつんと救済対象地域になっている場所（赤瀬川地区）があることです。また、八代市については、南端の地区（二見洲口町《ふたみすぐちまち》）のみが含まれていますが、他の地域は含まれていません。このように、特措法の救済地域は、過去、ハンター・ラッセル症候群の複数症状をかかえる重症の症状により、昭和52年判断条件に該当するとして水俣病と認定された人が居住していた場所でした。

当然、汚染時期に周辺地域の人々は同様の食生活をしていたと考えられますから、それを調査して地区を指定すべきところです。しかし、国の一貫した方針は「調査をしない」ことでした。このように、必要な調査をすることなく、その存在を認めざるをえなかった患者の居住地域のみを指定地域にしたのです。この飛び地現象一つをみても、水俣病に関する行政施策制度が根本から間違っていたことがわかります。

水俣病特措法の施行時でさえ、熊本県では、御所浦町より西側の天草市や龍ケ岳町より北側の地域は救済対象外でしたし、鹿児島県においても、長島町の東側（旧東町《あずまちょう》）のみが救済対象で、西側（旧長島町）は救済対象外でした。

私たちがおこなった２００９年の検診範囲（図5－13）は、この図5－20より広範な地域に及んでいますが、八代海の北部地域（天草市、八代市など）や南部地域（出水市、阿久根市、長島町）の人々の症候が、水俣市周辺地域とほぼ同様であったことをみても、この線引きが理不尽なものであることは明らかです。

しかし、２００９年の大検診を含む広範な地域の検診によって、実際には、天草諸島全域、長島町全域、阿久根市にも汚染が広がっていたことが明らかとなったのです。

メチル水銀による健康影響はいつまで続いたのか？

以上のような地域的な広がりだけでなく、何年までメチル水銀汚染が続いていたのか、という問題があります。１９６８年にチッソ水俣工場からの水銀排出は止まったのですが、海洋汚染はそう簡単になくなるものではありません。２００５年の報告では、１９９８～２００４年の調査でも、ベラ、キス、カサゴなど、少なからぬ魚で暫定規制値を超えていました[111]。

その後の汚染については、複数の魚の可食部分を混ぜて水銀値を測定するという、通常はおこなわない方法で水銀値を測定するようになり、正常範囲内であったと発表しているのです。ですから実際に一個体ずつ調べたときに、総水銀の暫定規制値である０・４ppmを超えている魚がいる可能性があります。水俣湾沖の恋路島のサンゴの写真などを紹介し、水俣湾はきれいになったとさかんに喧伝されたりしていますが、水俣湾内の水銀を含んだヘドロがなくなったわけでは決してないのです。

以上は自然界汚染の状況ですが、人体曝露については、臍帯《さいたい》（へその緒）に含まれるメチル水銀値のデータがあります。臍帯では、頭髪水銀の測定とは異なりメチル水銀を直接測定します。１９９６年に調査された長崎県対馬、福岡市、東京都葛飾区の住民１１５名の調査では、平均値が０・０８３１ppm、25～75％値が０・０５７１～０・１２２ppmでした[112]。原田教授による水俣病症状のない

図 5-21　1968年5月18日以降に出生した住民の感覚障害

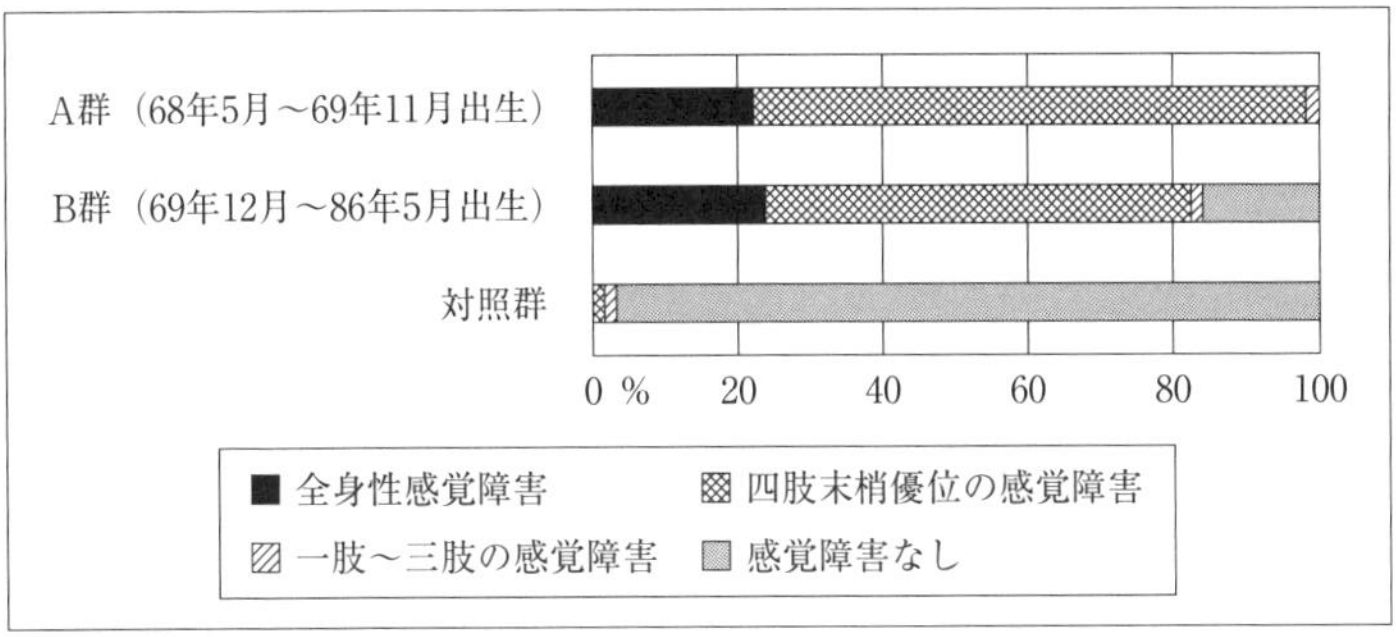

出所）［114］

人の測定値の上限は０・１ppm未満でしたが、[112] １９７０年代までの出生者では、１９７４年水俣市月浦出生者で０・４３ppm、１９７７年出生者で０・２９ppmというデータがあります。[113] このように、水俣周辺地域では、１９６８年以降もメチル水銀の曝露が続いているのです。

健康障害については、２００５～10年の間、私たちが検診をおこなったデータがあります。チッソのアセトアルデヒド工場の操業停止（１９６８年5月18日）後に出生した１１７名について、水俣病特措法の対象となった１９６９年11月末までの出生者（A群54名、年齢39・１±１・６歳）と同年12月以降の出生者（B群63名、年齢34・６±４・４歳）に分けて分析しました。１１７名中１０７名（91％）に水俣病の家族歴があり、魚の入手経路を回答した１０９名中、漁業や鮮魚商等に従事している家族からが47名（43％）、もらい魚30名（28％）で、買い魚はわずか14名（13％）、というように、魚介類摂取量の多い人たちでした（対照群は62名、年齢36・５±４・６歳）（図５－21）。

その結果では、図５－21のように、高率に全身性または四肢末梢優位の感覚障害を認めました。このときの受診者のなかで四肢末梢に感覚障害を認めた最年少者は1983年生まれでした[111]。1968年以降に生まれた人でも、特に魚を多食した人では症状があり、その症状と神経所見は、1968年以前に生まれた人と類似しているのです[107]。

このように、1980年以降に出生した住民にも健康影響が認められます。しかし、健康調査がほとんど実施されていないために、健康障害の有無は確認できておらず、メチル水銀曝露による健康影響がいつまで続いているのかについては、正確にはわかっていないのです。

ノーモア・ミナマタ訴訟の和解

ノーモア・ミナマタ訴訟では、先述した近藤医師が国側証人として出廷する予定でしたが、2008年に亡くなり、その代わりに、2009年12月、国立水俣病総合研究センターの臼杵扶佐子医師が意見書を提出し[115]、2010年早々には国側の証人として尋問を受ける予定となっていました。ところが、同年1月に和解の方向に進むことが決まり、臼杵医師の尋問はなくなってしまいました。

これまで国の主張については見聞きしていましたが、国側医師の意見を直接聞く初めての機会だったので残念でした。しかし、臼杵医師の意見書は、国側医師（の一人）が水俣病をどのように認識し、その病態や診断方法をどのように誤解しているかについて、私が理解するうえで非常に役に立ちました。和解が決定したとはいえ、この意見書に対してきちんと反論しておく必要があると考え、私は、同年2月25日に、「水保病の診断に関する意見書[116]」を熊本地裁に提出しました（その一部について、第7章でも述べていきます）。

この和解では、熊本地裁2334人、大阪地裁283人、東京地裁177人の原告が、判定委員会での検討を通じて、救済されることになりました。同時に、水俣病特措法に基づき、裁判の被告以外の患者についても5万3156人が何らかの救済対象となりました。

水俣病特措法の問題点

ノーモア・ミナマタ訴訟の和解が決定する半年前の2009年7月15日、水俣病特措法が成立し、メチル水銀曝露を受け四肢末梢優位の感覚障害や全身性感覚障害などのある患者の救済がなされることになりました。

しかしながら、これまで述べてきたように、水俣病被害者が地域的にも年代的にも広がっていたにもかかわらず、救済対象者の居住地域や出生年代などが限定されてしまいました（図5－20）。

そして、水俣病特措法は救済措置の受付期限について、「新たに救済を求める方については、平成23年（2011年）末までの申請の状況を、被害者関係団体とも意見交換の上で十分に把握し、申請受付の期限を見極めることとします」としていました。

これまでもそうでしたが、水俣病の多様な症状が知られていなかったため、後になって、自分が水

表5-2　水俣病認定・救済状況（単位：人，2022年4月末時点）

	熊本県	鹿児島県	合計
水俣病認定（～2022年4月）	1,791	493	2,284
政治解決：水俣病・医療手帳（1995年12月～1996年7月）	8,834	2,706	11,540
ノーモア・ミナマタ訴訟和解	（県別は非公表）		2,794
特措法：水俣病・被害者手帳（2010年5月～2012年7月）	37,613	15,543	53,156
合計	48,238	18,742	69,774

保病であったことに気づく人はまだまだいたのです。私たちは、２０１２年６月にも１３９５名を対象とした検診をおこないましたが[117]、この時期でもこれだけ多くの受診者が存在したわけですから、必ず救済漏れが生じることがわかっていました。そのため特措法の締め切りを急がないように要請したにもかかわらず、２０１２年７月31日に締め切られてしまったのです。

水俣病の認定・救済状況は表５－２に示すとおりです。特措法では５万名を超える人々が救済対象となりましたが、救済すべき患者はもっと多数にのぼるといえます。

熊本県は、２０１５年８月19日、特措法判定結果の居住市町村別集計を公表しました。その結果から、地域別の特措法該当数と過去の救済数と、２００８年末の40歳以上の人口に占める割合を算出しました。この表５－３の①～④は特措法該当者数に関する熊本県の資料による数字であり、⑤～⑨は２００８年末現在の水俣病に関する行政処分数です。実際には、⑦の数字に転出者、死亡者が含まれ、⑧の人口も流動しており、該当者の少数に２００８年末で40歳未満のものも含まれているなどの要因のため、津奈木町で⑨の値が１００％を超えているように、これらは正確な値ではありません。しかし、対人口比で相当数の人が対象となったことがわかります。

表 5-3　市町村別，特措法救済該当率，過去の救済人口と地域人口比の推定

市町村名	①救済該当者数	②救済非該当者数	③合計	④該当率	⑤認定者	⑥医療手帳交付者	⑦＝①+⑤+⑥	⑧2008年末40歳以上人口	⑨＝⑦／⑧
水俣市	7,661	963	8,624	88.8%	1,007	1,582	10,250	18,204	56.3%
芦北町	7,259	945	8,204	88.5%	346	1,795	9,400	14,059	66.9%
津奈木町	2,614	189	2,803	93.3%	353	1,624	4,591	3,580	128.2%
上天草市	1,600	363	1,963	81.5%	4	23	1,627	21,325	7.6%
天草市	3,289	955	4,244	77.5%	54	674	4,017	62,195	6.5%
八代市	75	221	296	25.3%	7	114	196	82,942	0.2%
その他	0	105	105	0.0%	7	1,413			
県外	29	341	370	7.8%					
複数市町村等	289	1,062	1,351	21.4%					
合計	22,816	5,144	27,960	81.6%	1,778	7,225			

出所）［45, 118］より作成

カナダの水銀汚染

２０１０年３月に、原田教授が長年通っていたカナダの水銀汚染地域に出かけることになりました。カナダでは１９５０年代からドライデン市のパルプ工場で使用されていた水銀が流され、下流域の湖沼や河川が汚染されたために、１９７０年頃から魚の汚染が明らかになっていました。そして１９７５年には、原田医師らが地域の住民に水俣病が発生していたことを確認しています[119]。

私は、これまで日本でおこなってきた、自覚症状や神経所見や感覚定量検査と同じ手法で、被害地域の住民を診察しました。その患者のデータをまとめたところ、日本の水俣病患者と症候が類似していることを見出し、日本の水俣病と同様に、定量的感覚検査で全身の表在感覚が障害されていることがわかりました。その結果は、英文雑誌に掲載され[120]、以後わずかながら、カナダ国内での汚染地域対策も進みました。汚

染地域の住民たちは、その後水俣を訪問し、私たちのクリニックのリハビリテーション施設などを見学し、地元にもこのような施設が必要であると口々に話していました。そして、地元の人々と支援者らの粘り強い働きかけにより、2021年7月、地域にケア・ホームを建設することにカナダ政府が合意しました。

原発事故後の放射線障害と水俣病

2011年3月に、ノーモア・ミナマタ（第1次）訴訟裁判原告について判定委員会で審査がおこなわれ、和解が進行していました。そのようなさなかの3月11日、東日本大震災とそれに引き続いて東京電力福島原子力発電所の事故が起こりました。このとき頭に浮かんだのは、放射線被曝（曝露）の健康障害について、水俣病の教訓を生かすことでした[121]。

しかし福島では、小児甲状腺癌はチェルノブイリの経験から調査対象となったものの、その他の健康障害を系統的にフォローする体制はとられていません。放射線による健康被害が差別につながる懸念から、被害者自ら、さらには事故以前には放射線リスクを訴えていた専門家でさえも、調査をおこなう前から健康被害を否定するという現象が起こり[122]、それは今も続いています。

原発事故後の放射線被曝については、放射線が身体の外から作用する外部被曝と、体内に蓄積された放射能による内部被曝という異なる曝露様態があり、内部被曝については総被曝量の評価の困難さという問題もあります。また、数ミクロンから数十ミクロンの大きさで、多数の核種の放射能を含む高線量の放射性微粒子が東日本一帯に拡散され、一時期は、病院のレントゲン写真にそれらが映り込むという現象が起きたりしました。チェルノブイリでは、この放射性微粒子の拡散が問題視され調査もされたのですが、福島の原発事故ではその情報が非常に少ないだけでなく、放射性微粒子という言葉自体がメディアなどでも伝えられておらず、今現在も語られることはまれです。

「水俣病の教訓」という言葉がよく使われます。本来の教訓とは、水俣病で起きたことの問題点を認め、将来同じ過ちを繰り返さないためのものであるはずです。しかし、環境省の政策をみていると、水俣病を過小評価する目的のために、「調査しない」ことを旨としているといわざるをえません。私は、この政策が放射線障害にかかわる政策に持ち込まれるのではないかと危惧していましたが、実際の原発事故後の対応に、水俣病と同じ構図がみえるのです。[123]

曝露（被曝）と健康障害の検討における疫学の役割

放射線障害では、発癌性だけでなく、神経系、内分泌系、免疫系、循環器系、血液疾患、泌尿生殖器など、多様な健康障害の増加が想定されます。それらは、曝露を受けた人々でモニタリングされなければなりません。広島の被爆者については、一人ひとりのデータが登録され、健康影響をフォローアップするという疫学調査がなされてきました。

図 5-22　医学における帰納法と演繹法

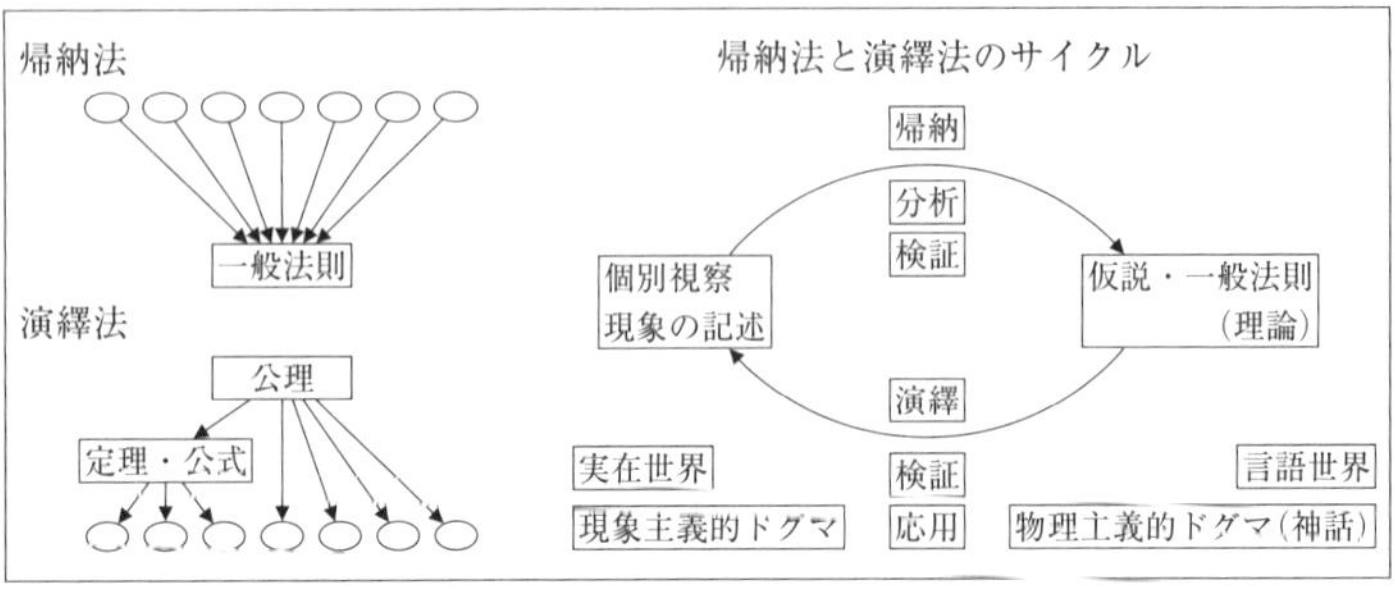

出所）［124］

医学というのは、人体や病気についてすでに知られている知識やメカニズムなどを新たな病態の理解のために利用する演繹法と、実際の健康な、あるいは病気の状態の人体に関する観察データから、人間や病気の特徴を探っていく帰納法という二つの方法を用いる営みです（図5－22）。この演繹法と帰納法を適切に組み合わせて、人体の働きや病気を理解していきます。ですから、すでに知られている知識や理論に頼るだけでなく、人間の健康や病気の状態そのものをみていくことが重要なのです。

また、化学物質や放射能・放射線による健康影響は、細胞実験、動物実験など、ミクロに向かう方法だけで、そのメカニズムや病態を解明し尽くすことはできません。それは生物、人体の構造というものがあまりに複雑だからです。そのため、健康影響を研究するもう一つの道筋として、疫学というマクロの方向に向かう統計的手法が用いられます（図5－23）。疫学研究のためには、被曝や曝露を受けていた人々を登録して経過をみていくのが最も精密なやり方になります。たとえそれができなくても私たち医師団がおこなってきた調査をみてもわかるように、その時点で可能な調

図5-23　医学の研究対象の広がりと発展

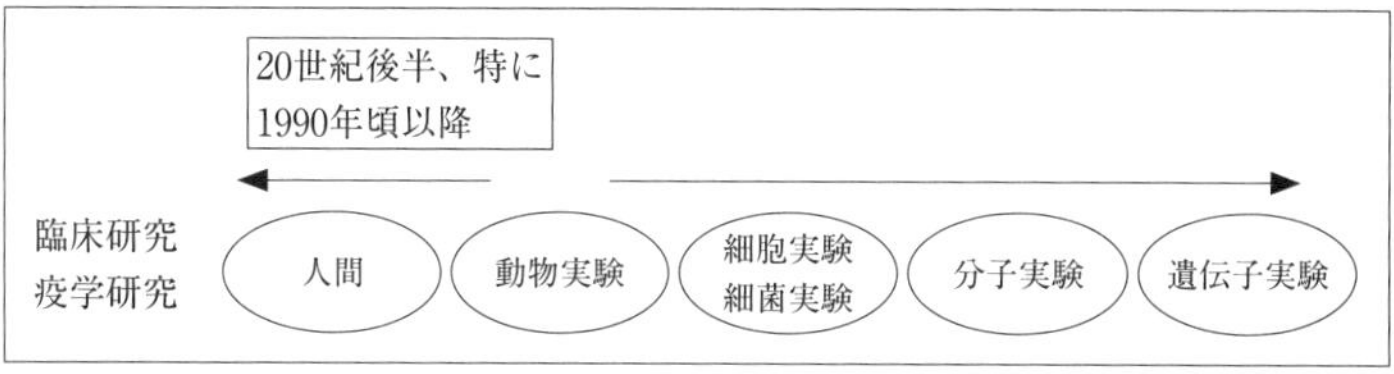

出所）［124］

査がなされるべきです。

　しかし、先述したとおり、福島においては、小児甲状腺癌以外ではそのような調査はなされていません。そして、放射線の健康影響を検討する国際会議などで、疫学の役割を過小評価する専門家もおり、この分野では、水俣病と同じような問題を、すでに国際的レベルでかかえているという印象を受けました。

　メチル水銀の健康影響は、現在世界各国で研究がなされていますが、実際の人体被害については、疫学研究が主体となっています。これは、毒物学（トキシコロジー）の教科書にも書いてある常識です[125]。近年は、日本の医療現場でも、個別の診断、治療において疫学データを基礎としたエビデンスが重視されるようになっています。

　椿教授は、カーランドから疫学の重要性を学んでいながら、のちにそれを手放していきます[126]。１９８５年、熊本地裁での証言で、椿教授は、「その方法（疫学のこと）で欠陥がございまして、というのは、汚染地区でない人と汚染地区の人とは、元々が違うわけですね」と、疫学を否定する意見を述べています[50]。

　しかし、疫学研究においては、二つのグループの性格が異なりうることも前提としてあり、誤差や交絡要因（曝露と関連して結果に影響を及ぼしうる他の因子）がありうることも前提です。そのうえで疫学研究は、二つのグループが異なることについて曝露で説明できるのか、あるいは、当該曝露以外の差異で説明すべきなのかを検討することができるのです。椿教授のこの証言は、疫学に対する理解不足である可能性もありますが、自らの不作為に対する言い訳にも聞こえます。

もし椿教授が欠陥と主張する誤差や交絡要因が存在しない調査方法があるとしたら、それは、まったく同じ性格の二つのグループの片方に汚染物質を投与するという、人体実験のようなものになってしまいます。その代替として疫学が広範に用いられているのです。椿教授の主張にしたがって疫学を放棄したとして、それに代わる方法はありません。

行政に追従したことが椿教授の政治的誤りとしたとき、水俣病の医学における疫学否定の立場は、椿教授の学問的誤りということができます。国側証人となっている神経内科専門家らの個別鑑別診断に固執する姿勢をみるとき、このような先達の影響があるように思います。

自分の病気のなかで

私は2011年3月の原発事故以降、放射線被曝による健康障害に対して何かをしなければという思いで、福島市、飯舘村、いわき市などを訪問し、東京や熊本などで放射線被曝関連の講演やシンポジウムに参加していました。しかし、２０１２年の秋になり、自分の病気のために、それらを中断せざるをえなくなりました。

２００４年10月の水俣病関西訴訟の最高裁判決の半年後、私は耳下腺腫瘍の診断を受け２００５年５月に手術を受けていました。その後、２０１２年11月下旬になって再発し、前回とは違う医療機関で同年12月に２回目の手術を受けましたが、そのときは手術の後遺症を考慮して完全切除をしませんでした。その後、残存腫瘍が徐々に増大したため、２０１４年７月に３回目の手術と放射線療法を受けることになりました。ここで私は、もう一度、自分の生活と生き方を見直さざるをえなくなりました。残った自分の時間を有効に使うために、再びエネルギーをクリニックの臨床と水俣病に注ぐことにしたのです。

1万人の検診のまとめ

水俣病特措法が締め切られた後も、水俣病検診を希望する患者住民は後を絶ちませんでした。２００４年10月の最高裁判決以降２０１６年３月まで私たちがおこなってきた水俣病検診受診者１万１９６名のデータを朝日新聞社と医師団が共同でまとめ、その記事が２０１６年10月３日と10日に、『朝日新聞』の一面に掲載されました[127、128、129]。

水俣病検診群のデータを、７種類の基準（①広域での居住地域、②汚染地域内での居住地域、③救済期限前後、④感覚障害の有無、⑤対象地域居住歴の有無、⑥漁業等への従事の有無、⑦年代別）で分類し、コントロールデータと比較しました。比較したデータはA症状が「いつも」ある割合（有症状率）、B症状が「いつも」または「時々」ある割合（有症状率）、C神経所見を認める割合（陽性所見率）でした。

①広域での居住地域を1熊本県（5341名、年齢61・0±10・7歳）、2鹿児島県（2279名、年齢61・3±10・6歳）、3その他の九州各県（346名、年齢61・2±9・1歳）、4九州以外の西日本（650名、年齢61・1±8・3歳）、5東日本全体（610名、年齢61・1±8・4歳）で比較したところ、各地域でA（図5－24）、B（図5－25）、C（図5－26）のパターンはほぼ同じで、コントロール（143名、年齢61・1±10・4歳）と比較して大きな差がみられました。このことは、すべての地域で、受診者が全体としてほぼ同等のメチル水銀曝露による健康影響を受けていたこと、遠隔地に転居後もその影響が残っていたことを意味しています。

②八代海沿岸居住者に限定して、八つの地域に分類しました。

1南部外海部（長島町のうち旧長島町、阿久根市の脇本以外の地区、296名、年齢63・6±9・2歳）
2中央部（上天草市旧龍ヶ岳町、天草市旧御所浦町、1099名、年齢63・7±10・9歳）
3東部（水俣市、芦北町、津奈木町、2159名、年齢63・7±11・9歳）
4南部（出水市、阿久根市のうち脇本地区、長島町のうち旧東町、1939名、年齢63・5±11・7歳）
5西部（旧御所浦町を除く天草市、1216名、年齢63・5±9・9歳）
6北西部（旧龍ヶ岳町を除く上天草市、273名、年齢63・5±7・3歳）

図 5-24　1万人検診の居住地別，A「いつも」ある症状の頻度（有症状率）

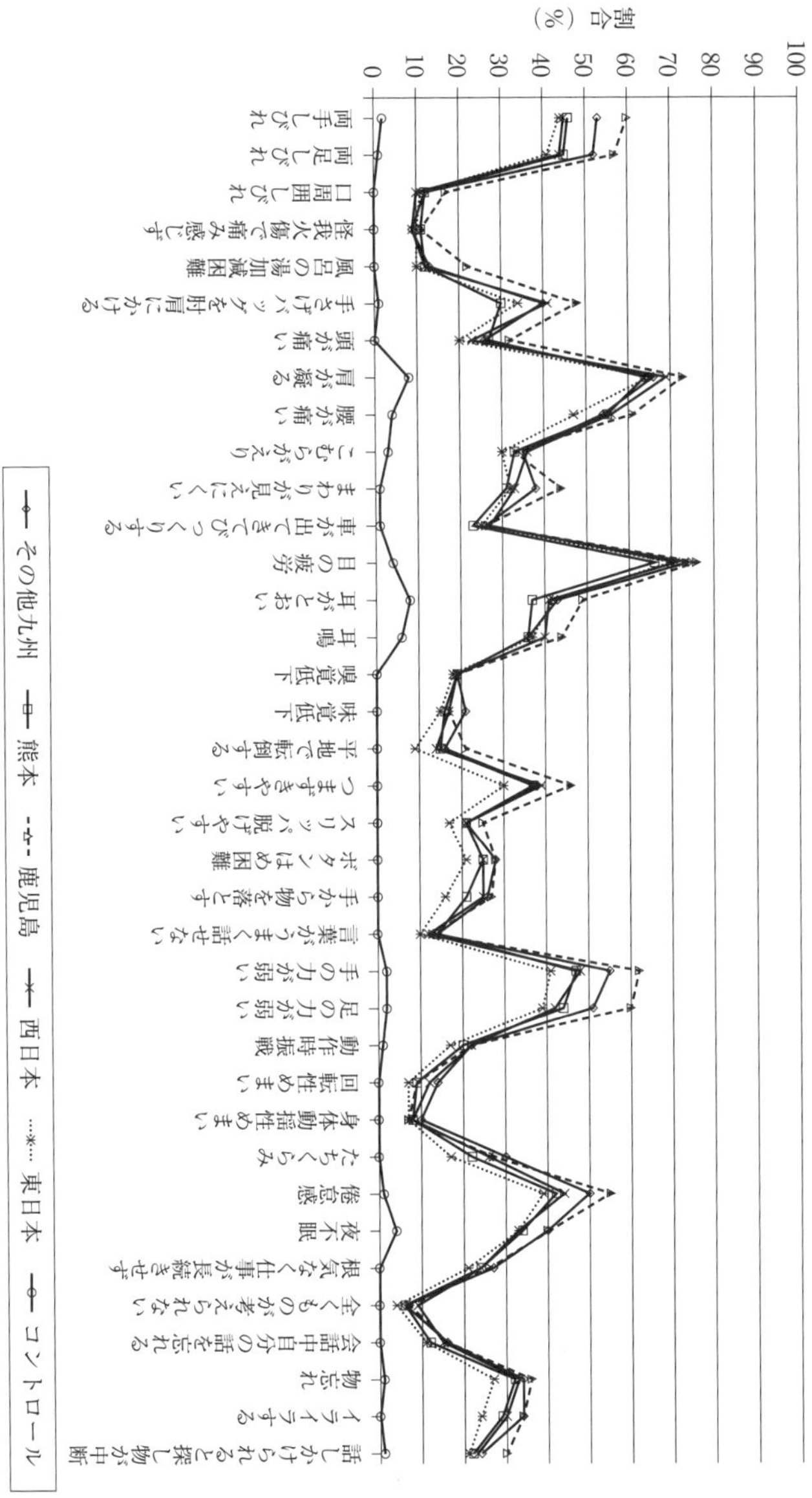

注）本来棒グラフで示すべきものだが，みづらくなるため折れ線グラフで示した

出所）[129]

図 5-25　1万人検診の居住地別，B「いつも」または「時々」ある症状の頻度（有症状率）

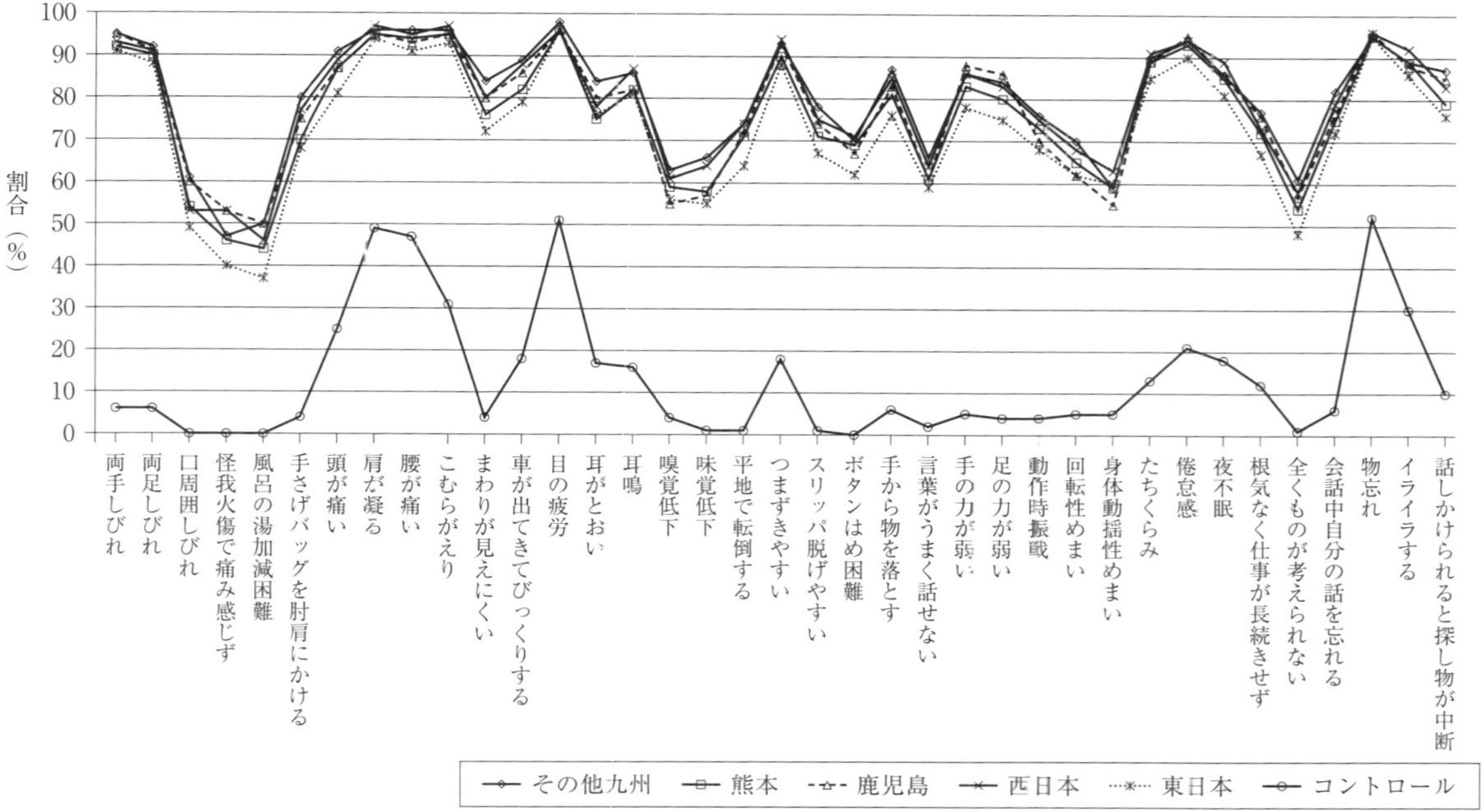

注）本来棒グラフで示すべきものだが，みづらくなるため折れ線グラフで示した
出所）［129］

図 5-26　1万人検診の居住地別，C神経所見を認める割合（陽性所見率）

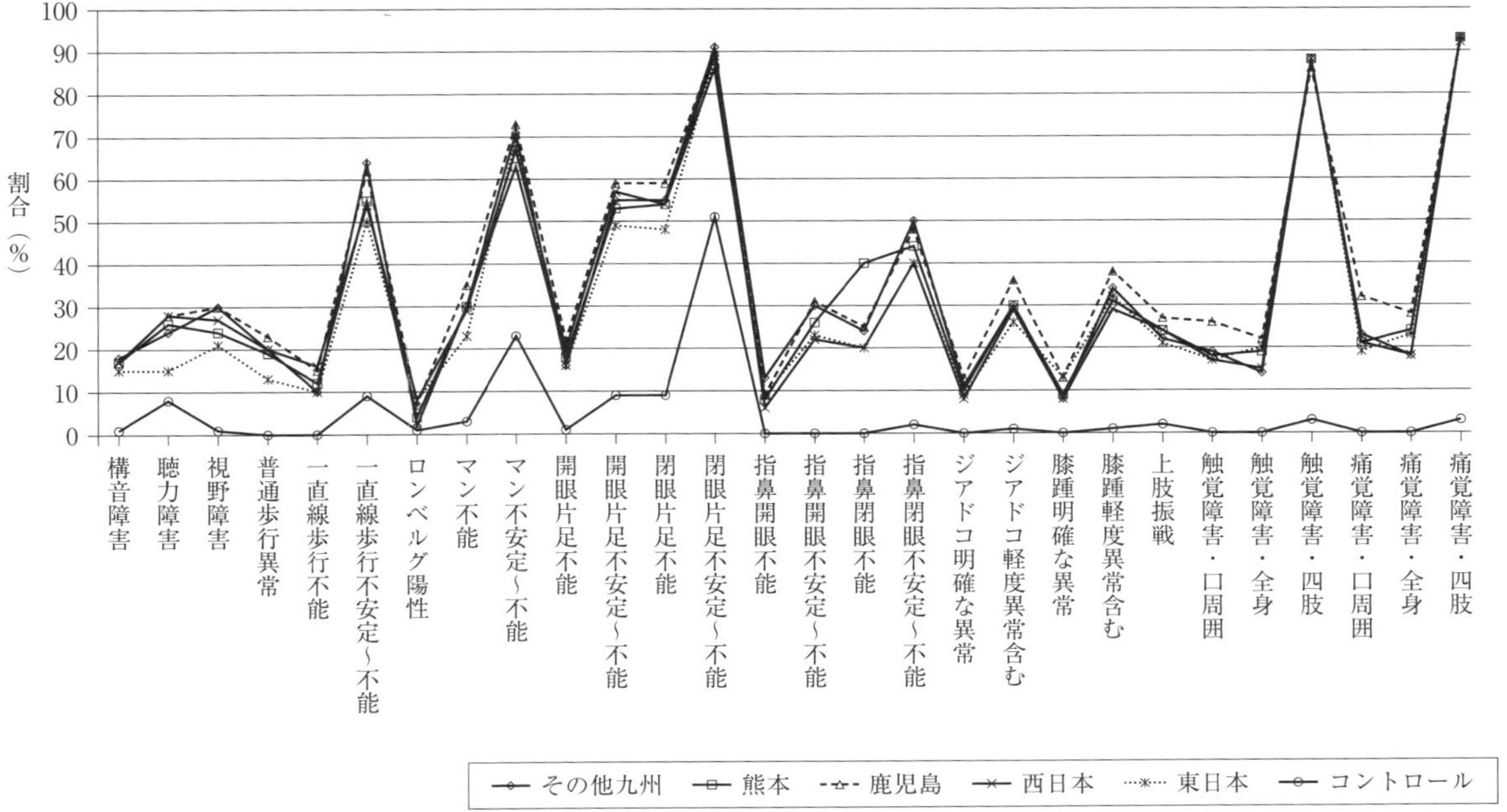

注）本来棒グラフで示すべきものだが、みづらくなるため折れ線グラフで示した

出所）［129］

7北東部（八代市、宇城《うき》市、氷川町、136名、年齢63・4±7・7歳）
8山野線沿線（伊佐《いさ》市、湧水町《ゆうすいちょう》、39名、年齢63・8±7・4歳）

この8地域で、2〜4の地域は救済対象内地域、1と5〜8は救済対象外地域でした。A、B、Cのパターンは地域的な差はあったもののほぼ同じで、コントロール（119名、年齢63・9±9・1歳）と比較して大きな差がみられました。このことは、海浜部だけでなく、山間部も含めて、八代海沿岸の受診者がメチル水銀曝露による健康影響を受けていたことを意味しています。

②、③、④、⑥、⑦の分析については、紙面の関係でグラフは省略しますが、以下のサイトからファイルをダウンロードすることができますので、ご覧ください（https://www.kyouritsu-cl.com/up_file/1612/td01_file1_07154800.pdf）。

③2012年7月末の1救済期限前（8330名、年齢62・3±11・8歳）と2救済期限後（1370名、年齢62・5±9・9歳）を比較したところ、A、Bは救済期限後の有症状率がやや高いか同等で、Cの有所見率はほぼ同等、その出現パターンは類似し、コントロール（133名、年齢62・3±9・8歳）と比較して大きな差がみられました。このことは、2009年から2012年の水俣病特措法では、汚染地域の被害者を十分救済しきれなかったことを示しています。

④感覚障害の1有（8902名、年齢63・0±9・5歳）、2無（384名、年齢62・9±11・4歳）で比較したところ、A、Bはやや感覚障害のあるもので有症状率がやや高いものの、その出現パターンは類似し、いずれもコントロールと比較して大きな差がみられました。Cは、感覚障害のあるものの

ほうが、感覚障害以外の神経所見の有所見率が高かったのですが、その出現パターンは類似し、いずれもコントロール（133名、年齢62・3±9・8歳）と比較して大きな差がみられました。このことは、感覚障害を認めない群にもメチル水銀の影響が存在したことを示唆しています。

⑤救済対象地域居住歴を確認することのできた3656名について、救済対象地域居住歴の1有（8902名、年齢65・4±10・5歳）、2無（1619名、年齢65・5±11・2歳）で比較したところ、A（図5－27）、B（図5－28）、C（図5－29）の頻度とパターンは酷似しており、コントロール（107名、年齢65・5±8・3歳）と比較して大きな差がみられました。このことは、救済対象地域の線引きが意味をなしていないことを意味しています。

⑥漁業等への従事の1有（3563名、年齢63・4±12・1歳）、2無（4721名、年齢63・7±12・1歳）で比較したところ、Bでやや有症状率が高かった他は、A、B、Cの頻度とパターンはほぼ同じで、コントロール（119名、年齢63・9±9・1歳）と比較して大きな差がみられました。このことは、本人または家族が漁業等に従事していたか否かによる健康障害の差はあまりないことを示しており、本人または家族が漁業等に従事していなかったにしても、八代海沿岸で魚介類を摂取してきた人については、漁業従事者と同程度のメチル水銀による健康障害を受けている可能性があることを示しています。

⑦年代別の比較では、1、1969（S44）年12月以降出生（175名、年齢38・3±4・4歳）、2、30～50代（3914名、年齢51・4±5・6歳）、3、60代（3009名、年齢64・3±2・9歳）、4、

図 5-27　救済対象地域居住歴有無別，A「いつも」ある症状の頻度（有症状率）

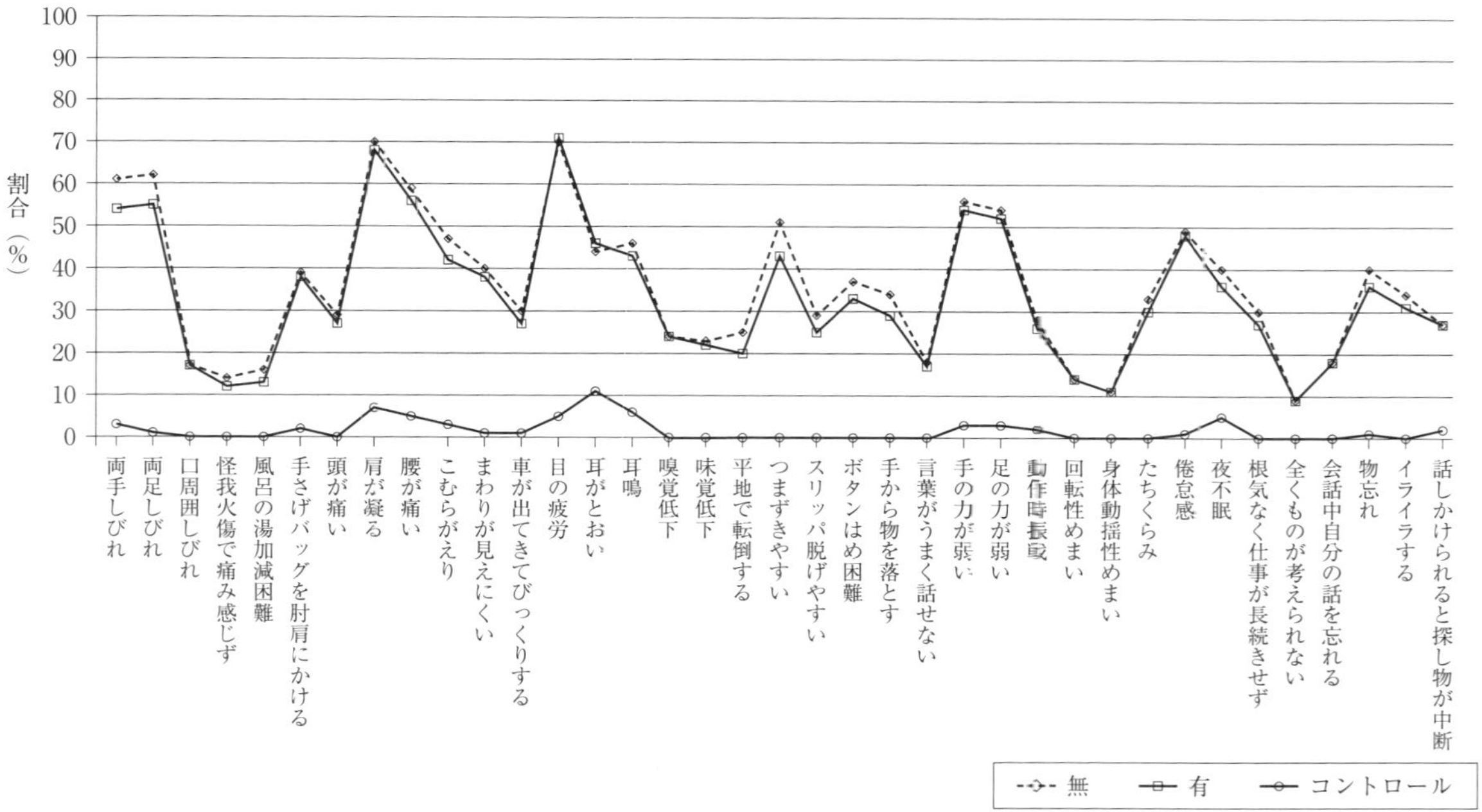

注）本来棒グラフで示すべきものだが、みづらくなるため折れ線グラフで示した
出所）[129]

図 5-28　救済対象地域居住歴有無別，B「いつも」または「時々」ある症状の頻度（有症状率）

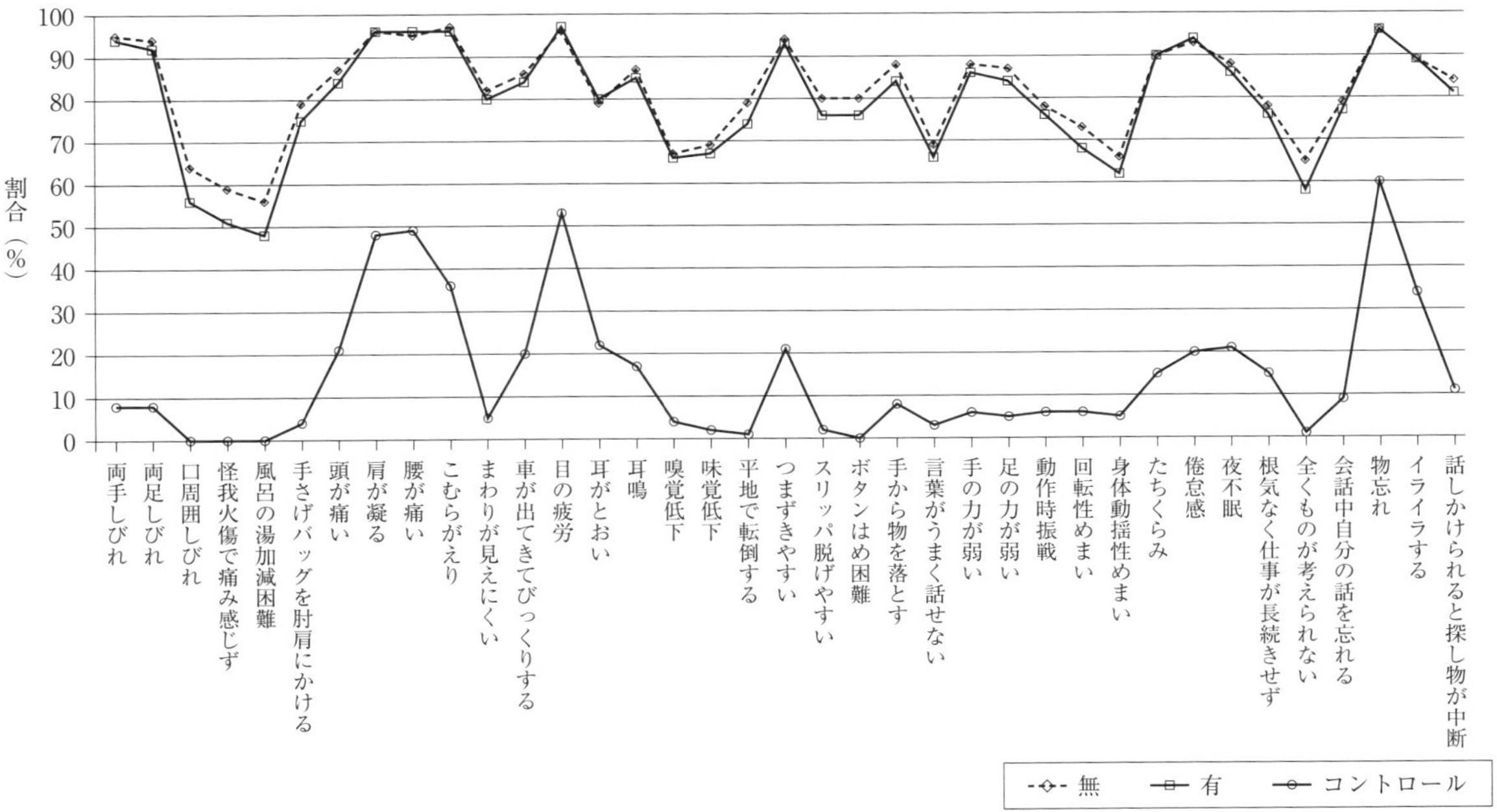

注）本来棒グラフで示すべきものだが、みづらくなるため折れ線グラフで示した
出所）[129]

図 5-29　1万人検診の居住地別，C神経所見を認める割合（陽性所見率）

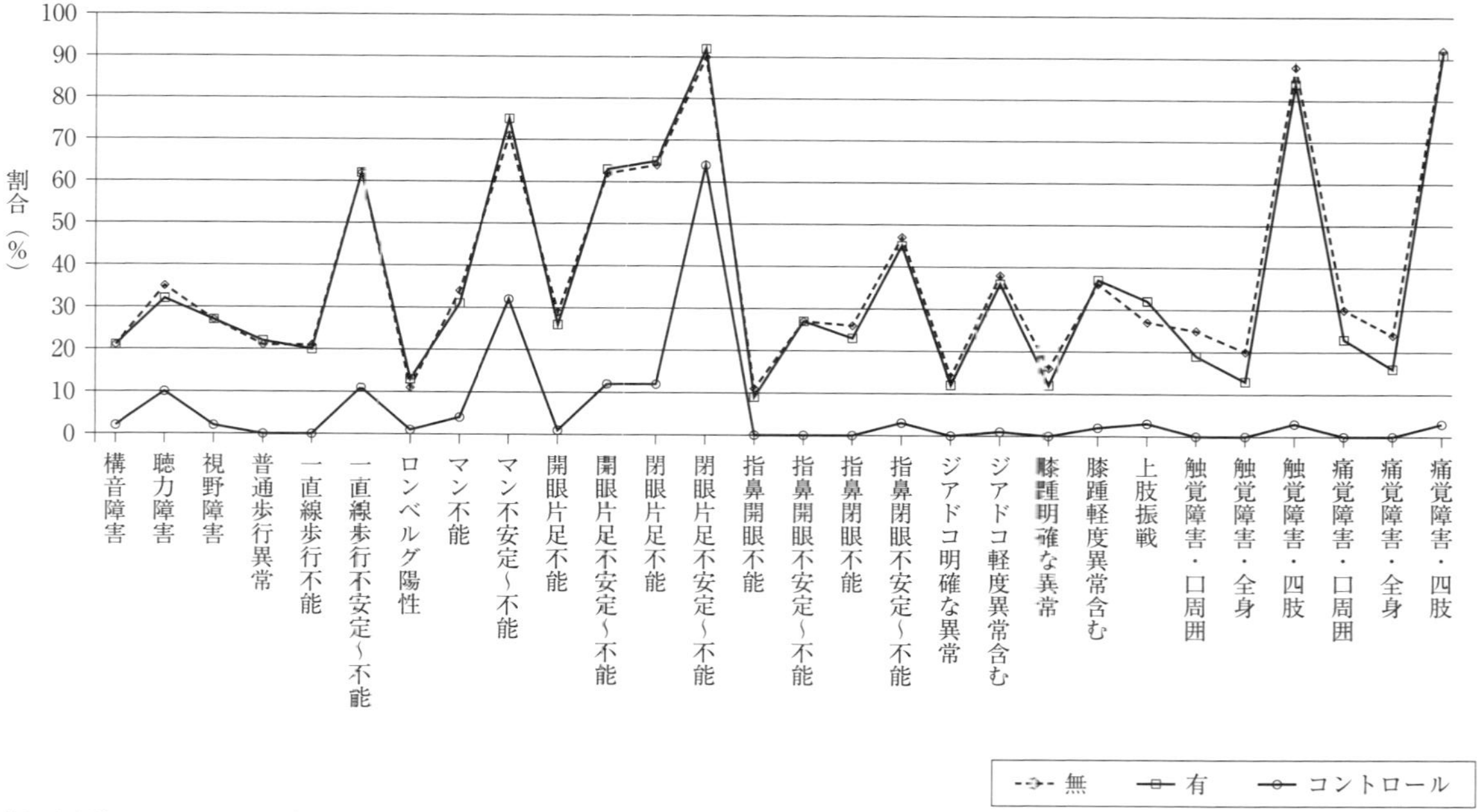

注）本来棒グラフで示すべきものだが、みづらくなるため折れ線グラフで示した
出所）[129]

70代（2223名、年齢74・2±2・8歳）、5、80〜90代（875名、年齢83・6±3・4歳）に分類したところ、A、B、Cのいずれも、年齢を重ねるにつれ、有症状率と有所見率が上昇しました。コントロール（214名、年齢52・7±15・0歳）と比較して、水俣病検診群では、「S44／12以降出生」群での2項目を除いて、すべての群のすべての検診項目で、有意差を持って神経所見の陽性所見率が高い値でした。

このように、高齢者で有症状率と有症候率が高かったことは、メチル水銀の曝露がより大きかった可能性、メチル水銀中毒症状が進行している可能性、加齢による身体機能低下や他疾患の合併による影響が加わっている可能性が考えられました。コントロールの平均年齢が52・7歳でしたが、ほぼ同年代の「30〜50代」群、平均年齢が14歳若い「S44／12以降出生」群でこのコントロール群よりも症状が高率にみられたことは、昭和44年代後半から昭和50年代にかけて出生したより若年の居住者にもメチル水銀の影響があることを示しているといえます。

このように、多数例の分析によって、被害の実態と、メチル水銀の毒性がこれまで考えられていた以上に広く存在することが明らかとなりました。

ノーモア・ミナマタ第2次訴訟と有病率調査

多数の患者が水俣病特措法による救済の道から閉ざされるなかで、2013年6月20日、ノーモア・ミナマタ第２次訴訟が熊本地方裁判所に提訴されました。水俣病特措法には、対象地域外の人々や１９６８年以降に出生した人々が救済から外されたことなどの問題点がありました。その状態を反映して、この訴訟の原告は、天草などの指定地域外の人々が多くを占めています。

通常、神経内科の領域では、人口の何割をも占めるような病気はありません。しかし、水俣病のような広範な汚染による健康障害においては、疫学調査による有病率から算出される蓋然性確率（曝露寄与危険度、寄与割合）を診断のうえで考慮することとなります。蓋然性確率とは、その人口のなかである症状（たとえば「四肢末梢の感覚障害」）が存在したとき、ある病気（ここでは「水俣病」）である確率を示すものです。

蓋然性確率は、

（汚染地域の有症率－非汚染地域の有症率）／汚染地域の有症率

の計算式で求められます。たとえば、図５－30では汚染地区で20％、非汚染地区で１％の感覚障害が存在します。そうすると、感覚障害の原因が汚染によるものである確率（＝蓋然性確率）は、（20－１）／20＝19／20＝95％ということになります。

八代海沿岸の汚染地域で相当量のメチル水銀の曝露を受けた人に四肢末梢の感覚障害が存在したとき、それが水俣病である確率は、この計算式によると90～99％となりました。

図5-30　蓋然性確率の考え方

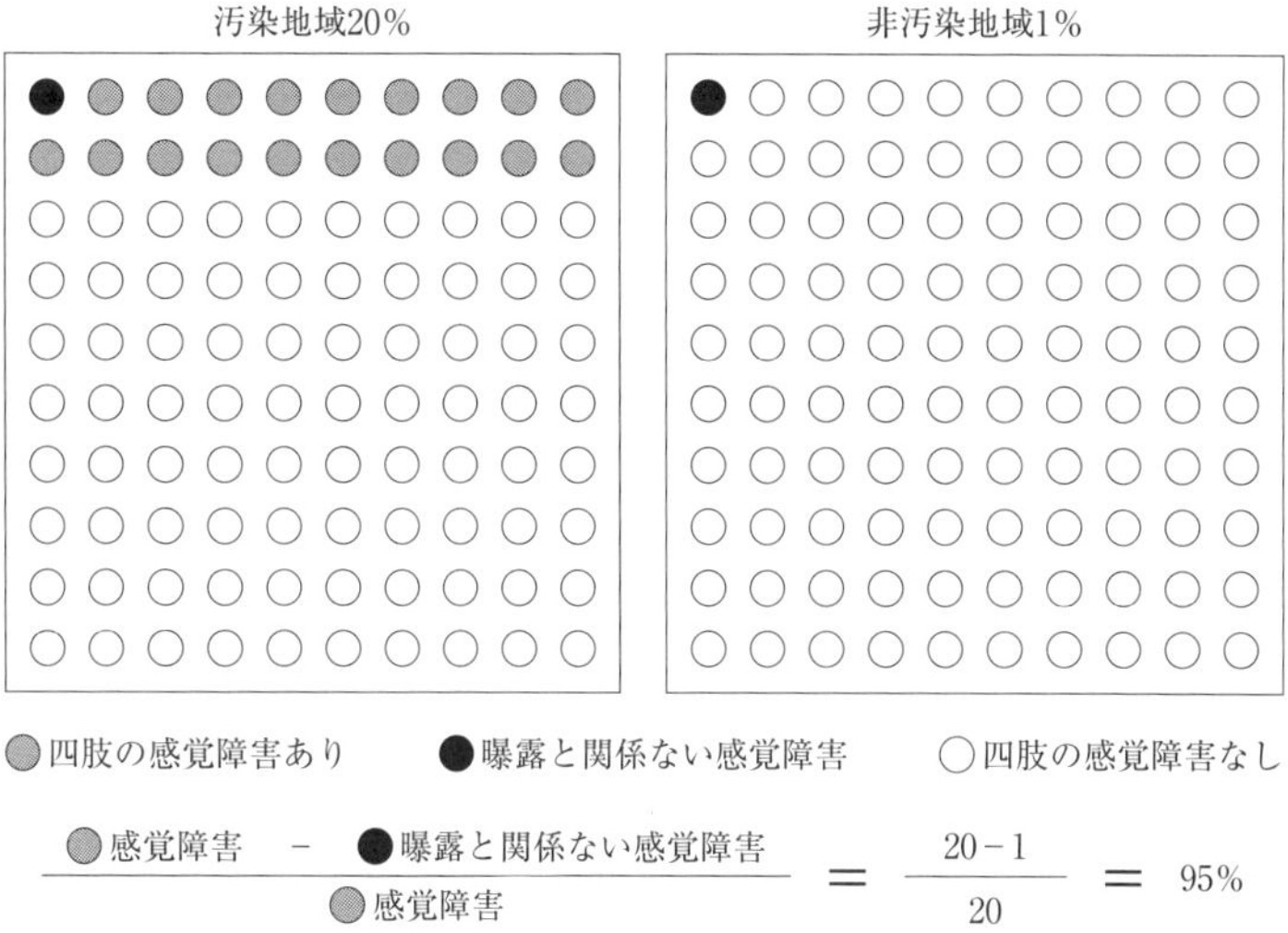

しかし、八代海のより遠方の地域での健康障害の発生率は、対人口比では検討されていませんでした。そこで、より多く住民や患者が検診を受けてきた地域を選択し、調査をおこなうことにしました。まずは2015年10〜11月に八代海西岸の天草市宮野河内地区、同年11月には汚染のないコントロール地区の調査をおこないました。そして2016年10月に八代海の北に位置する上天草市姫戸地区、2017年11〜12月に八代海の南に位置する出水郡長島町北方崎と小浜で同様の調査をおこないました。その結果、どの地域でも対人口比での蓋然性確率が、80%前後〜90%以上というデータが出ました[130]。調査をしていくなかで、汚染のひどい時期では、長島町の西岸でも手づかみで魚を取ることができたという話も聞きました。

このように、八代海全域で、魚介類の汚染が存在し、人体に対する明らかな健康影響を与えてきたのです。そして、時代とともに汚染が軽減されてはきているのですが、いつの時点から、メチル水銀の健康影響が少なくなっているのかということも、調査をおこなわない限り、断定することは困難なのです。

求められる情報を集め、分析する

以上、私がこれまでの36年間にわたっておこなってきた調査・研究についての概略を、時系列で述べてきました。

メチル水銀中毒症は、その発症メカニズムも症候も、これまでに知られていた病気とは異なる特徴を持っています（次章でその一部について述べます）。メチル水銀は、中枢神経全体に影響を及ぼし、運動や感覚など脳機能の身体的な部分だけでなく、知能や感情など精神の領域まで影響を与えます。ですから、もしも、公衆衛生学が正しく機能して広範な疫学調査がおこなわれ、神経内科医や神経科学者が脳科学のあらゆる手段を用いて脳機能等を含む水俣病の詳細な調査研究をしていたならば、もっと広い領域にまたがる、より精密な研究ができたことでしょう。きっと、神経内科学、神経科学、認知科学、毒性学、公衆衛生学の各領域の進歩につながる数々の発見があったに違いありません。

それは、この20年以上の間私がずっと考えてきたことですが、同時に、夢のまた夢であることもわかっていました。病気の解明と医学の進歩という貴重なチャンスを行政が抑え込み、医学界がそれに歩調を合わせてきた、その現場に居合わせたわけですから。それでも私は、町医者としての日常臨床をおこないながら、自分が可能な方法で、水俣病の情報を記録・分析してきました。

まだまだできたことはあったかもしれません。ただ、少なくとも、水俣病をなきものにされることは許さずに済んだと思っています。

第6章　知られざる水俣病＝メチル水銀中毒症の病態

これまで、当初は水俣病の原因や実態の解明に取り組んでいた大学の医学者たちが行政とかかわるなかで変節を遂げ、水俣病の病態解明、診断、治療、救済から遠ざかる一方で、汚染による健康被害の実態解明、病態の解明、診断基準の作成、治療とリハビリテーション、救済を進めてきた、私たちの取り組みをみてきました。

私も１９８６年から医師団の一人として水俣病の臨床と研究を積み重ねてきましたが、裁判を通して提示される国側の医師証人らの見解をみるにつけ、彼らが、水俣病がどのような病気であるか正しく理解していないという思いを強くしています。

水俣病は、他の神経疾患とは、その発症メカニズムも、責任病巣（症状の原因となっている解剖学的部位）も、その結果現れてくる病態も大きく異なっているのです。これは、メチル水銀という物質そのものが持つ独自の性質によるものです。知識というものは時に先入観を抱かせます。いくら他の神経疾患の知識が豊富であったとしても、メチル水銀曝露を受けた人々を、新たな病気を診るつもりで観察することなしに、その病態を理解することはできないのです。また、同じ水俣病でも、重症の病態にとらわれすぎていると、軽症の水俣病のことが理解できなくなります。

振り返ってみると、多くの医学者が、メチル水銀に騙されてきました。徳臣医師は、十分な調査もしないままではありましたが、劇症水俣病が減ったことで、水俣病は終息するだろうと本気で思ったのかもしれません。椿教授も患者を実際に診るまでは、中毒性疾患だから、後で発症、悪化してくることはないだろうと考えていましたし、今もそう主張する「専門家」もいます。なかには、かなり無理があるのですが、中枢神経がやられるのだから症状が動揺することはないと言い張る「専門家」もいます。

たとえば、メチル水銀中毒症以外に、大脳皮質の障害で四肢末梢の感覚障害を認める病気はほとんどないため、四肢末梢の感覚障害をみたとき神経内科医は末梢神経障害を想定します。そのような理由から、しばらくの間、メチル水銀中毒症による感覚障害が末梢神経障害によるものと考えられていた時期がありました。いまだに神経内科の教科書の多くにはその記載がありませんから、現在の神経内科医のなかにも、水俣病の感覚障害は多発ニューロパチーであると考えている人が少なくないと思われます。

そこで、この章では、水俣病＝メチル水銀中毒症の実態を、これまでの研究成果をもとに描いていきます。

劇症水俣病、ハンター・ラッセル症候群はメチル水銀中毒症の典型例ではない

繰り返し述べてきましたが、水俣病は劇症・重症のみではない、ということをまず最初に確認しておきたいと思います。

１９５６年に水俣病が正式に発見されて以後、[1]昭和30年代に発見された患者たちは、著しい精神運動障害で発症したため、これらが水俣病の典型例と理解されがちです。しかし、これらの重症・劇症例は山の頂点であり、被害のすそ野は広大で、より多くの中等症〜軽症の患者が存在しています。このことは、いまだに、一般の医師のみならず神経内科の専門家によっても、十分に理解されていません。

その原因は、第2章で記したように、熊本大学第一内科の徳臣医師が劇症・重症水俣病以外の臨床と研究を怠ったこと、椿教授の１９７４年の『神経研究の進歩』誌掲載の「水俣病診断困難」論文の後、新潟大学、熊本大学、鹿児島大学の各神経内科グループが、水俣病の臨床研究から離れ水俣病の研究をストップしたことにあります。

水俣病という病気は重症例に限定されなければならない、という行政の意向が大前提になっているとしか考えられません。椿教授が制定にかかわった昭和52年判断条件の存在が医学を歪めてしまったのです。

水俣病の多様性

劇症・重症例の存在によって、初めて水俣病の原因がメチル水銀と特定され、その最悪の症候が認識されたことは間違いなく重要です。曝露がより少ないとき、メチル水銀の毒性はみえにくくなります。もし水俣病の劇症・重症例の発見がなかったら、多数の人々の健康障害を引き起こしながら、原因不明の風土病とされていたかもしれません。

しかし、最初に発見された症例が、劇的で悲惨な症状を示し、専門家も含めて、劇症例を典型として頭にインプットしてしまったことで、水俣病についての一つの先入観が生まれます。劇症水俣病をみて、「水俣病は悲惨だ」と感じたとします。その感性はある意味大切です。それでは、そう感じた人たちが、より軽症の患者さんを診たときに、どう感じるのでしょうか。

水俣周辺地域では、ハンター・ラッセル症候群の視野狭窄や体幹失調などがある人も、仕事ができない人から、なんとか身体に無理を重ねて仕事をしてきた人、自立して生活できていた人までさまざまです。また、感覚障害が主症状で、いつもこむらがえりや手足のしびれなどの苦痛を持ちながら、自力で暮らしてきた人も大勢います。

第7章で詳しく説明しますが、水俣病裁判で、国側証人の医師が、「日常生活動作に影響がみられない神経所見はその存在が疑わしい」と発言しています。その医師は、個々人の患者の日常生活動作を詳しく検討しているわけでも研究しているわけでもありません。劇症や重症水俣病からみるとそれよりも軽症の水俣病などは、「なんだ、こんなものか」と思ってしまっているのでしょうか。どうして、健康な人と比較せず、重症水俣病患者と比較するのでしょうか。他の病気でそんなことをするでしょうか。神経内科医は、脳卒中の急性期治療をする場合も、軽症の片頭痛患者にも、きちんと丁寧に診断と治療をするはずです。

加えて、病気そのものだけでなく、病気を理解されない苦しみというものがあります。軽症であれ重症であれ、自分には責任のない病気になった当事者の苦痛を、医師としてどう考えているのでしょうか。

重症な中毒症例をみたとき、それより多数存在するに違いない軽症の患者はどうなっているのだろうかと考え、診察をおこない研究をするのが当たり前の医師、医学者の思考プロセスです。徳臣教授と異なり、立津教授は明らかにそのような立場に立っていました。医師の思慮がたりなければ、重症例のすそ野は無視されることになるのです。

メチル水銀の曝露から発症までの期間は？

重症・劇症の患者のみが水俣病とされるもう一つの要因として、メチル水銀の中枢神経毒性のあり方が指摘できます。メチル水銀の毒性は、曝露を受けて数日後に現れたりすることはありません。大量の曝露を一度に受けた場合と、より低濃度の曝露を長期に受けたときで、その影響の現れ方が異なります。まず、大量の曝露を一度に受けた例をみていきます。

　魚介類に含まれているメチル水銀は消化管から吸収されて体内にはいりますが、皮膚からも吸収されます。特にメチル水銀そのものが消化管や皮膚から直接吸収されると、魚介類からの摂取よりもはるかに大量のメチル水銀が速やかに体内に移行することになります。

　１８６５年にロンドンの聖バーソロミュー医科大学病院から世界で最初に報告されたメチル水銀中毒症の死亡症例２人のうち、１人はメチル水銀の製造にかかわり始めてから３か月、もう１人は１か月で発症しています[131、138]。

　イラクでは、１９７２年にメチル水銀殺菌剤で処理された小麦の摂取により６５３０名が入院し、４５９名が入院中に死亡しました。このときも、多量のメチル水銀の直接曝露（摂食）による中毒でしたが、曝露中止から発症までの平均潜伏期間は16〜38日と報告されています。摂食期間は平均43〜68日間とされていますので、摂食開始からの期間は平均２か月以上ということになります[132]。

　魚介類摂取では、これらの直接曝露と比較すると、メチル水銀は少量ずつ体内に吸収されていくと考えられます。魚も、高濃度水銀曝露を受けると死んでしまうためか、魚肉の濃度として10ｐｐｍ未満がほとんどです[133、134]。

　イラクでの急性発症例では、体内蓄積量が25mgになると発症するとされました。メチル水銀の体内蓄積量は図６－１に示した数式で計算されます。もし、５ｐｐｍの魚（日本の暫定規制値０・４ｐｐｍ

図6-1　摂取量および生物学的半減期によるメチル水銀の体内蓄積量

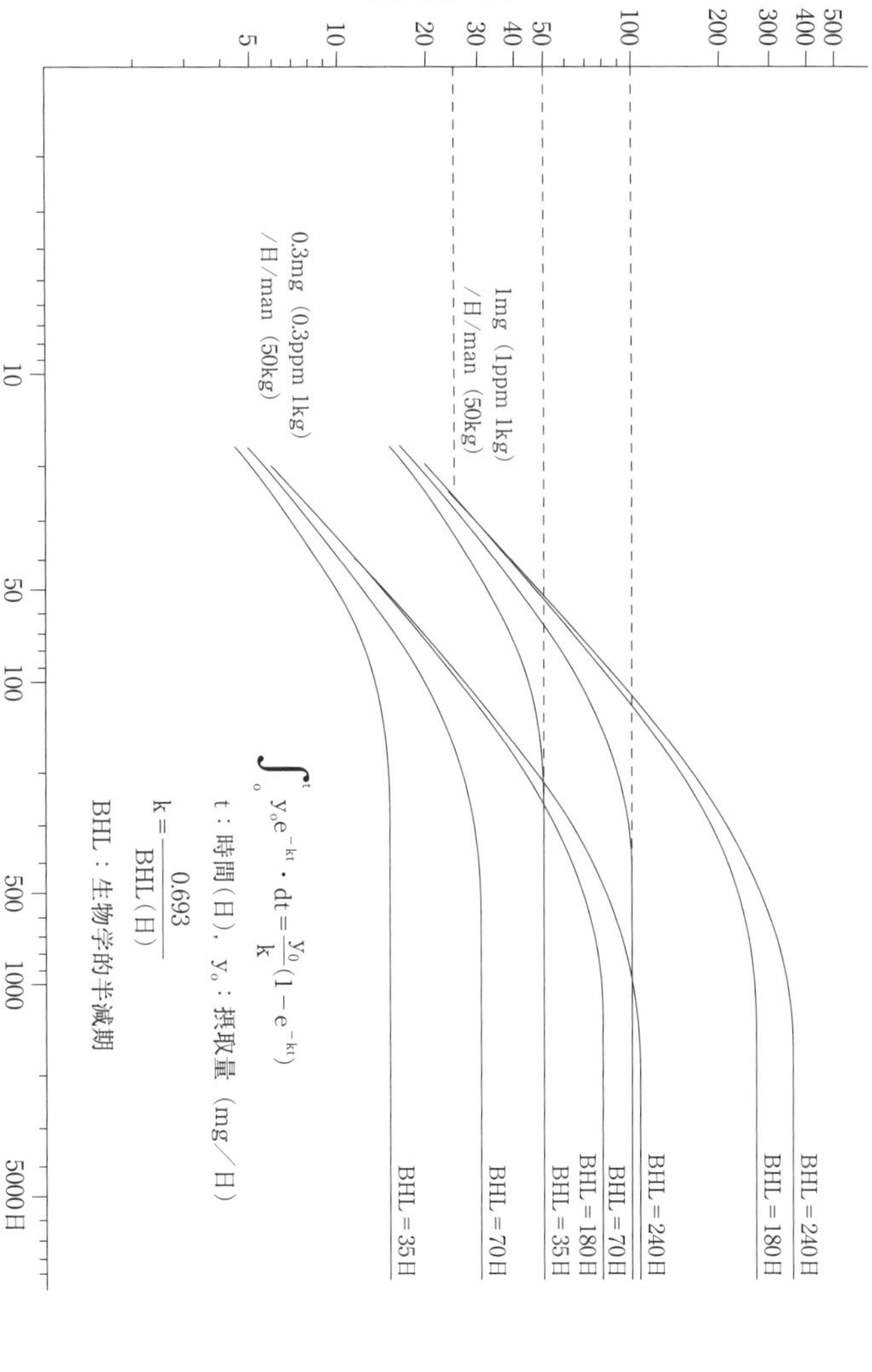

出所）［135］

の10倍以上）を1日200g食べたと仮定して、25mgに達するのには約28日かかります。気をつけないといけないのは、ここでの計算で用いられる半減期はメチル水銀の血中半減期の約70日だということです。[135]血中半減期が70日でも、脳内半減期がもっと長ければ、体内蓄積量と発症量は異なってくることになります。

このようなメチル水銀の体内蓄積のモデルは理解できるものです。しかし、体内蓄積量によってメチル水銀中毒症の発症が規定されるという考え方が必ずしも正しくないことが、その後の研究でわかってくることになります。

イラクの中毒事件に関連した情報についてここで述べておきます。この事例では、水俣病と同じく、感覚障害が最も敏感な神経所見とされ、短期間の曝露による血中水銀濃度と感覚障害や失調などの症状出現との関連が研究されました。[132]バキルらは、イラクの症例における感覚障害の原因について、電気生理学的な検討では末梢神経に異常がなく、中枢神経障害を示唆していると述べており、[136]これは、後の項で述べる私たちの知見と一致します。また、重症度もさまざまで、軽症例では感覚障害だけの症例も報告されています。[137]

メチル水銀が中枢神経障害を引き起こすのには時間がかかる

1996年8月14日、ダートマス大学の化学の教授であったヴェッターハーンは、ゴム手袋をした手にジメチル水銀溶液をこぼし、5か月経過した1997年1月20日になって進行性の神経障害を発症して入院、劇症水俣病と同様の症状を示して、同年6月8日に死亡しています[139]。

ジメチル水銀は体内でメチル水銀に変化します。この事故では、ヴェッターハーンの頭髪の水銀値を測定し、曝露後の経時的な水銀濃度の推移が明らかにされています。頭髪水銀値は曝露後40日頃に最高値となり1000ppmを超えていますが、その時点では無症状でした。その後、頭髪水銀濃度は低下し、発症した150日頃には頭髪水銀値は400ppmにまで低下していました。それから頭髪水銀値も低下していく（当然のことながら血中水銀値はそれよりも早く低下している）のですが、神経症状は逆にどんどん重症化し、死亡するにいたっています[139]。

図 6-2　ダートマス大学の事故症例の曝露後の日数と頭髪水銀値の関係

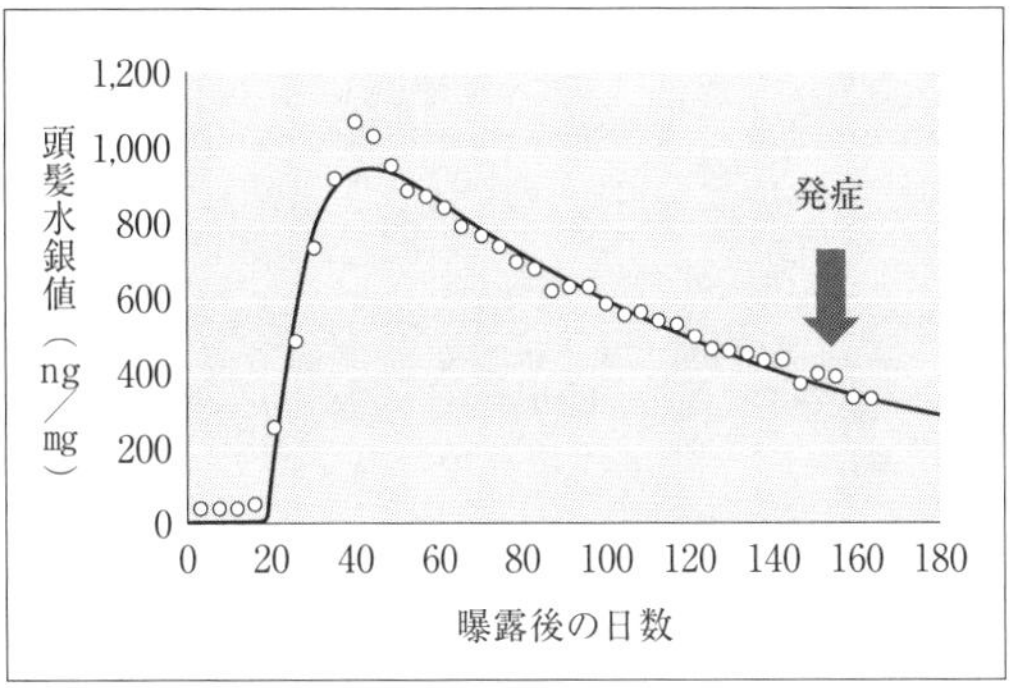

出所）［135］

頭髪水銀は、血中水銀の約250倍の濃度があり、その時点の血中水銀とほぼ平行すると考えられていますから、血中濃度と中枢神経障害の顕在化との間には、大きな時間差（タイムラグ）があることを意味しています。メチル水銀を投与された動物実験では、脳への蓄積は数日間増加し、脳からの排出にも時間がかかります[140]。熊本大学の武内教授は、脳内半減期を約240日としていました。[141]

ヴェッターハーンの死亡後の病理解剖所見では、大脳皮質の神経細胞が消失し、大脳皮質では、3・1ppmの水銀が検出されました。[139] これは死亡時の全血中水銀濃度のほぼ6倍で、水銀曝露がない場合の水銀濃度0・002〜0・05ppm（解剖例での大脳皮質）と比較すると、60〜1500倍の濃度ということになります。

この事例から、①血液から脳内へのメチル水銀の移行に時間がかかる、②メチル水銀が蓄積して毒性を発揮し始めるのに時間がかかる、③脳内から血中へのメチル水銀の排泄は、血中から体外への排泄と比較して非常に緩やかである、ということがわかります。

曝露直後に体内蓄積量が最大の状態で発症せず、時間が経つにつれて体内蓄積量が減っていくなかで発症しているわけですから、メチル水銀の体内蓄積量が中毒症の発症を規定するという、イラクでの発症閾値の考え方の前提が間違っていることを示しています。メチル水銀の総投与量、体内蓄積量、半減期、発症閾値など、従来の曝露と発症の考え方を全面的に見直さなければならないのです。

それでは、より低濃度のメチル水銀曝露の場合はどうなるでしょうか。脳には非常に多数の神経細胞が存在するので、多数の神経細胞が傷害されれば症状は強く、少数の細胞の傷害だと症状は軽くなります。問題は、どれくらい曝露を受けるといつ頃どのような症状が出て、どう変化していくのか、ということです。当然のことながら、低濃度の曝露の場合、症状発現にいたるまでの時間がより長くなることは想像に難くありません。

脳細胞は、ごく一部を除いて再生しないといわれていますが、メチル水銀曝露が比較的小さく、障害される細胞の割合が低ければ、周囲の残った脳細胞が機能を代償するために、本人が異常を自覚しなかったり、症状が軽かったり、症状が出ても改善したり、後になって症状が出現、あるいは悪化したりすることがありうるのです。

最新の技術を使ったとしても生きた脳のなかの状態をリアルタイムで観察することはできませんから、実際にメチル水銀に曝露された人の症候を観察することになります。継続的な調査をする以外に、発症潜伏期間を推定する方法はありません。そうして、より軽症の患者が多数存在したことが、後々わかってくることになります。第5章で紹介したように、明確な曝露から数十年して発症したという人も少なくないのです[107]。

1956年当時見つかった劇症あるいは重症水俣病でさえも、メチル水銀の曝露後直ちに発症したとは限りません。メチル水銀の毒性は、気づかれないことが多いのです。第1章の最後の項で提起した、水銀使用開始から最初の水俣病患者の確認までの24年間については、地域住民に健康影響が潜在化していたと私は考えます。そして、第2章で紹介した第三水俣病も実際に存在していた可能性が高いと考えています。

メチル水銀毒性の時間差がもたらす量—反応関係の複雑さ

前項で紹介したヴェッターハーンの悲劇的な事例は、貴重なデータをもたらしました。このように頭髪・血中濃度と症候の間に大きなギャップがみられることは、この病気の病態を解明していくうえで、他の中毒性疾患とは異なる問題をもたらします。毒性学では、量–反応関係というものが重視され、どのくらいの曝露量で、どのような健康障害が出現しうるのかが研究されます。必ずしも量–反応の関係が、時間軸で平行関係にならないため、調査結果の解釈に慎重を要します。少なくとも、一時点での頭髪あるいは血中水銀値では、その人が受けてきたメチル水銀曝露量も正確には推定できず、健康障害がないと断定することはできないのです。

八代海沿岸地域では、1960~62年に一部の地域住民の頭髪水銀値が測定されていますが、それ以降はまとまった調査はなされていません。そもそも数値としての曝露データがない人がほとんどです。データが存在した場合、高い値が示されていれば高い時期があったことはわかりますが、低い値が示されていたとしても、一貫してメチル水銀の曝露を受けていなかったとはいえません。

いずれにしても、ほとんどの例でメチル水銀総曝露量や体内蓄積量の正確な数値的把握は不可能といえます。したがって、診断の際には患者や住民本人の申告による魚介類摂取のおおまかな頻度と量を参考にすることになります。そして、第5章で紹介したように、そのようなデータにおいても、一定の量－反応関係を観察することができました[107]（図5－14）。

メチル水銀の発症閾値について

第2章で示したようにIPCSクライテリア1は、新潟とイラクのメチル水銀中毒症事件のデータにより、メチル水銀中毒症の最小発症濃度を、頭髪水銀値で50～125ppmとしました[68]。イラクの中毒事件については、IPCSの報告書では、シャーリスタニーの研究をもとに頭髪水銀120ppmを最小発症濃度としています[142]。しかし、イラクのデータは、急性期のものに限定されており、その後の経過をみた研究が発表されていませんから、この120ppmを鵜呑みにすることはできません。

新潟のデータについては、第2章で述べたとおりです。実際は、新潟では頭髪水銀値10ppm未満での認定患者も存在しており、IPCSの根拠となった新潟のデータは、スウェーデン・レポートにおける、椿教授が私信で報告したデータのみです。新潟で調査されたデータ全体を報告していれば、IPCSは異なったガイドラインを出していたに違いありません。

椿教授は、頭髪水銀値40・0～59・9ppmの人々の6割に四肢末梢の感覚障害を認めたことも報告しています[143]。水俣や新潟で頭髪水銀値が10～20ppm以下であった症例でも神経障害の存在が確認され[144,145]、海外の論文でも50ppm未満の頭髪水銀値での健康障害が確認されています[146,147]。

日本では、中央公害対策審議会が、ＩＰＣＳの勧告を根拠として、メチル水銀中毒症の発症閾値が存在し、それが50ｐｐｍであると答申しており[148]、国はこの主張を繰り返しています[149]。発症閾値とは、それ以下の濃度であれば、健康障害を生じないという値です。

しかしながら、日本におけるメチル水銀による健康被害を受けた人々が少なくとも約7万人存在し、そのうち頭髪などの水銀曝露の検査を受けた人はごくごくわずかにすぎません。しかも、頭髪水銀がたとえば10ｐｐｍであったとしても、それが1回だけピーク値を迎えた場合と、1年間10ｐｐｍが持続するような慢性的な曝露を受けた人とでは、受けた曝露が大きく異なります。

また、慢性的な曝露を受けたとしても、曝露の総量だけでなく、その期間によっても病態は異なります。川崎靖氏によるサルに対する慢性的なメチル水銀投与の実験では、投与されたメチル水銀濃度で5匹ずつ四つのグループに分けて（濃度が高いほうからH_2群、H_1群、L_2群、L_1群）調べられました。H_2群ではメチル水銀の毒性で死んでしまうサルが多く、H_1群ではより長生きをした状態で屠殺され、結果的にH_2群とH_1群でのメチル水銀の総投与量はほぼ同じ量でしたが、検査された病理組織像では、H_2よりH_1で広範な組織障害が認められました[150]。

さらに、ダートマス大学の症例で明らかなように、血中または頭髪水銀、脳内へのメチル水銀の移行、脳内の毒性の発現、そして発症との間には、時間的なずれがあります。

これらのことは、量－反応関係をいう際に、「量」を規定するものを定義することができず、「反応」を推定あるいは確定することも必ずしも容易ではないことを示しています。量－反応関係を検討する試みは存在しうるものの、そこから発症閾値を数値的に決定することはほとんど不可能、すなわち閾値は存在しないというのが正しい見解です。２００６年に出版された『応用疫学：理論から実際（第2版）』にも、「メチル水銀の閾値または無影響レベルは認められていない[151]」と記されています。

水俣病で最もよくみられる四肢末梢の感覚障害

水俣病の神経症状で最もよくみられる神経所見は、四肢末梢優位の感覚障害と呼ばれる、手足の末端ほど感覚が鈍くなる症状です。神経内科では、このような四肢末梢優位の感覚障害をみると、末梢神経障害のなかでも多発ニューロパチーを疑います。そのため水俣病を診た初期の医師たちは、これを末梢神経の障害によるものと考えました。

中枢神経細胞は通常再生せず、末梢神経線維は障害を受けても再生可能といわれます。中枢神経も末梢神経も、大脳前頭葉→脳幹・脊髄→末梢神経→筋肉と電気刺激が伝わる運動系の神経と、末梢受容体（感覚を感知する器官）→末梢神経→脊髄・脳幹→大脳頭頂葉と電気刺激が伝わる感覚系の神経があります。運動系の神経のなかで、大脳・脳幹・脊髄の経路を錐体路と呼びます。

水俣病以前のメチル水銀中毒症の症例から、メチル水銀が末梢神経ではなく中枢神経を障害することはわかっていたものの、感覚障害の原因が末梢神経と中枢神経のいずれの障害によるものかははっきりしていませんでした。ハンター・ラッセル症候群として有名になった４症例は１９３７年にイギリスの種子消毒機で用いられたメチル水銀による中毒で、全例が手のしびれなど感覚の異常を自覚していましたが、医師がみた感覚障害の程度はさまざまでした[12]。

そのうちの4番目に紹介された症例は1950年に死亡して解剖され、大脳後頭葉の視覚領域が萎縮し、大脳の感覚野である大脳中心後回の左側に軽度の萎縮が認められました。ハンターらは、大脳中心後回の病変は感覚障害の原因ではなく、一過性の末梢神経障害によるものと解釈していました[12]。ところが、この症例では、初診時には、位置覚と二点識別覚と立体覚に異常があり、触覚と痛覚に異常はありませんでした。実は、このような障害のされ方は、末梢神経障害ではあまりみられないパターンで、中枢神経障害を示唆するものであり、ハンターらの考察が間違っていた可能性が高いといえます。

熊本大学第一内科の最初の報告は、28歳の女性です。症状は、以下のように手指のしびれから始まっています。「(昭和)31年7月13日両側の第2、3、4指にしびれ感を自覚し、15日には口唇がしびれ耳が遠くなった。18日には草履がうまくはけず歩行が失調性となった。又その頃から言語障碍が現れ手指震顫《しんせん》を見、時にChorea様(舞踏病様)の不随意運動が認められた」。

この患者は、ハンター・ラッセル症候群のすべての症状を示し、9月1日になると四肢に触れても反応を示さなくなり、同2日には狂躁状態となり、同3日に死亡しました[2]。この患者の剖検(死後の解剖)結果は、視野狭窄をきたす鳥距野、小脳失調をきたす小脳虫部の障害が＋＋＋(報告では、異常の程度を軽いほうから重いほうへ、＋から＋＋＋で表現してあります)、運動障害をきたす前頭葉中心前回が

＋＋、感覚障害をきたす頭頂葉中心後回が＋の異常でした[152]。この第一内科の最初の劇症・重症例8例は、全員、手指、口唇、上下肢のいずれかにしびれの症状を持っていました[2]。

重症では、ハンター・ラッセル症候群の複数症状がそろっていますが、より軽症になってくると、視野狭窄も運動失調もみられず、皮膚表面の触った感じや痛みが弱くなる感覚障害だけが神経所見としてみられるようになります。視野狭窄や運動失調のある患者などでは、感覚障害を伴うことがほとんどで、ハンター・ラッセル症候群のなかの障害されるものが多ければ多いほど、感覚障害も重症となる傾向にあります。私たちが主に診察してきた慢性水俣病の患者たちも、上下肢、口唇のしびれや感覚障害が一番よくみられる症候です。

水俣病の四肢末梢優位の感覚障害は他の神経疾患とは原因も症状も異なる

先ほど述べたように、神経内科の医師たちは、四肢末梢優位の感覚障害をみたときに、多発ニューロパチーという末梢神経の障害をきたす病気を思い浮かべます。ところが、水俣病による四肢末梢優位の感覚障害は、末梢神経障害によるものではなく、主として大脳頭頂葉にある体性感覚皮質の障害によるものです。多発ニューロパチーの場合は、四肢の腱反射が低下するのですが、水俣病の場合、腱反射は低下しません。

このように水俣病の感覚障害の責任病巣が中枢神経（大脳頭頂葉皮質）にあるのか末梢神経にあるの

かは、長い間論争になっていました。ハンターらが報告したメチル水銀中毒症の剖検例では、末梢神経の病変はみられていません。[153]初期の重症水俣病患者の剖検例で最初に末梢神経について記載された1959年の論文では、「末梢神経に大きな変化はない」としています。[154]

その後、1970年代になり、四肢末梢の感覚障害の所見から、これらが多発ニューロパチーであるという末梢神経説が台頭してきます。しかし、そのような報告例における末梢神経の障害を完全に否定するわけではありませんが、それらは、動物実験データであったり、[155]コントロールとの比較のない水俣病患者の剖検例であったりしました。[156]このあたりの経過は、鶴田《つるた》和仁《かずひと》医師が「水俣病における感覚障害の文献的考察」[157]に詳述しています。

この論争に決着をつけたのが、1985年の永木《ながき》譲治《じょうじ》医師の研究です。永木医師は、水俣病認定患者8名と対照となる健常者8名について、腓腹《ひふく》神経（下腿を走行する感覚性の末梢神経の一つ）の伝導検査と組織定量検査をおこない、いずれの検査でも異常を認めなかったと報告しました。[158]このことによって、水俣病の感覚障害の主たる責任病巣は末梢神経ではないということが確立しました。

水俣病における四肢末梢優位の感覚障害は、末梢神経障害と比較して、正常との境界が必ずしも鮮明ではなく、体調などによってその範囲が変動したりします。鶴田医師も、「水俣病の感覚障害を解釈する上で、『末梢神経障害』のフィルターをとおして見た場合、『説明のつかない症状』であったり『心因性と思われる症状』であったりする可能性がある」[157]と指摘しています。

より重症になると全身の感覚が低下する

熊本大学第一内科による初期の成人の水俣病症例でも、全身のしびれの自覚とともに、診察における全身性の感覚障害が報告されています[3]。私は、水俣で診療を始めた当時から現在まで、全身の触覚や痛覚が障害される全身性感覚障害の症例をずっと日常的に経験しています。ところが、メチル水銀に汚染された魚介類を摂取した患者を診たことのない神経内科医は、この全身性感覚障害を知らない可能性があります。

図 6-3　身体各部の体性感覚と大脳頭頂葉皮質の担当領域の関係（ホムンクルス）

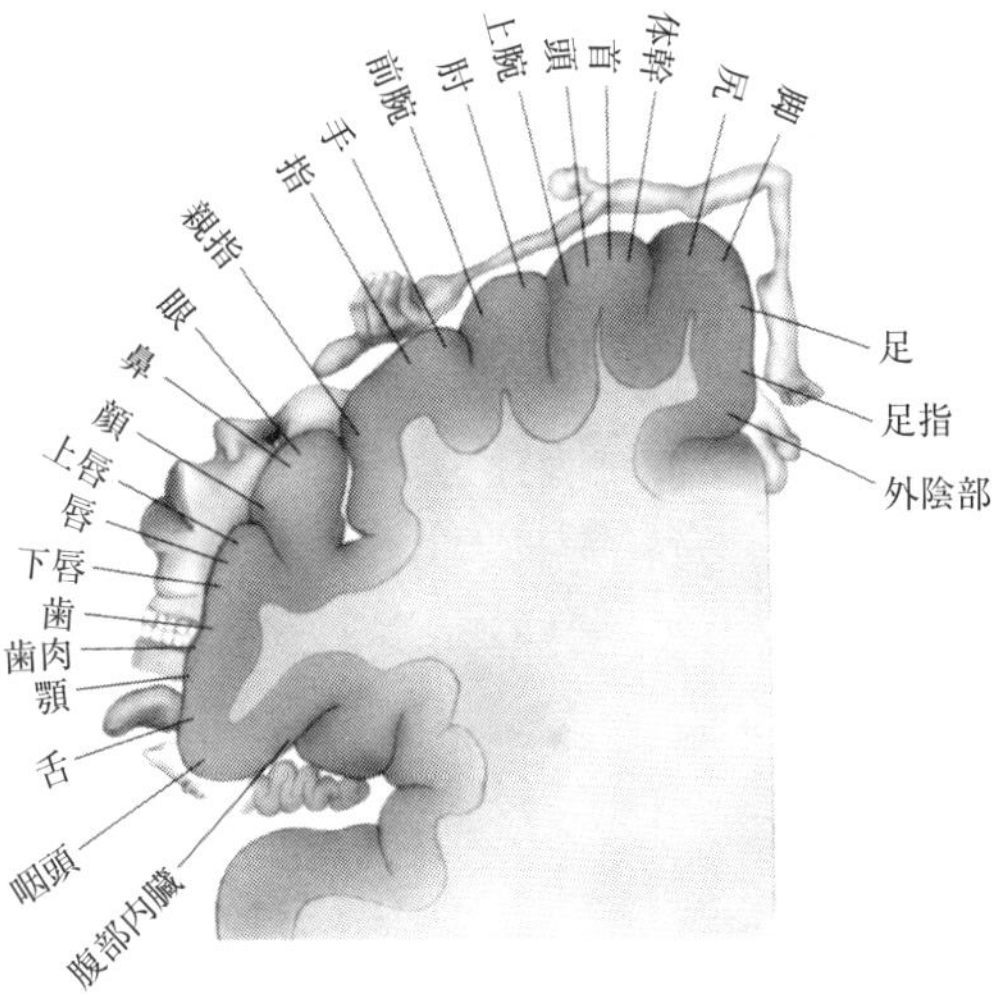

出所）［159］

　メチル水銀中毒症で全身性感覚障害が出現しうる理由は、専門家でなくとも、すぐに理解できます。大脳皮質は、手足、体幹、顔面など体の部位に応じて、大脳皮質の担当領域が決まっています（図6－3）。水俣病の重症者は、大脳皮質の神経細胞が脱落しますから、その領域の感覚が低下するのは当然のことです。水銀は大脳皮質の身体各部の担当領域に等しく沈着し傷害をもたらすのですから、全身の感覚が障害されうることに何の不思議もありません。ただ興味深いことに、曝露が少ないと、四肢末梢のみで感覚障害が出現するのです。

熊本、鹿児島、新潟の各大学で水俣病の認定審査にかかわった神経内科医のなかに、全身性感覚障害の存在を認知していたものも少なからずいたはずですが、それらの事実は、封じられてきました。水俣病をネグレクトしたために、この重要な医学的事実は、神経内科の教科書には記載されていません。

すでに述べてきたように、全身の触覚や痛覚が障害される病気はきわめてまれで、あるとすれば、先天性無痛症（遺伝性感覚自律神経ニューロパチー）[160]と急性自律性感覚性ニューロパチー[161]という非常に珍しい病気です。しかし、これらの病気と水俣病とでは、同じ全身性感覚障害でも病態がまったく異なっています。

先天性無痛症の場合は、もともと痛覚がないので、骨折や裂傷などのけがをしたり、骨や関節に過大な負担がかかっても、痛みを感じません。そのことによって、命にかかわる感染症を引き起こしたり、骨関節機能が損なわれたりして、命を縮めることになったりします。急性自律性感覚性ニューロパチーは免疫系の異常が原因と推定されていますが、急速に全身の感覚が失われるため、私たちが日常的に経験している水俣病とはまったく違うものです。

そのようなまれな多発ニューロパチーでの末梢神経障害による全身性感覚障害と、水俣病での大脳皮質障害による全身性感覚障害とでは、感覚障害の病態はまったく異なっています。末梢神経が高度に障害されると、入力信号そのものが高度に減弱あるいは消失してしまうため、感覚障害も高度なものとなります。ところが、現在生存している水俣病患者の場合は、末梢神経障害を示す症候はほとんどなく、大脳皮質の細胞もかなりの部分が生き残っており、廃絶しているわけではありません。

水俣病でも重症者では、大きなけがで痛みを感じない症例はあるのですが、多くの症例では、感覚障害は、よりマイルドになってきます。のちに述べますが、神経内科の名誉教授でもこのことを理解していない人がいます。それくらい、水俣病の感覚障害の病態は、神経内科専門医にさえ知られていないのです。

感覚定量化が、全身性感覚障害の病態を明確にした

感覚を定量化（数値化）する検査に用いる道具のなかに、第5章で紹介したフォン・フライの触毛（図5-8）があります。ゼンメス・ウェインシュタイン・モノフィラメントとも呼ばれます。細いもの（圧力として0・007g）から太いもの（圧力として300g）まで20種類のナイロン繊維を皮膚表面に当てて、どれくらいの細さでそれを感知できるかを検査するもので、この感覚は「微小触知覚」と呼ばれています。この触毛を用いると、口唇や口周囲、次に胸部や手指、足趾という順序で皮膚の

図 6-4　水俣病認定患者，被曝露者の部位別感覚閾値の結果

A. 水俣病患者の触圧覚閾値

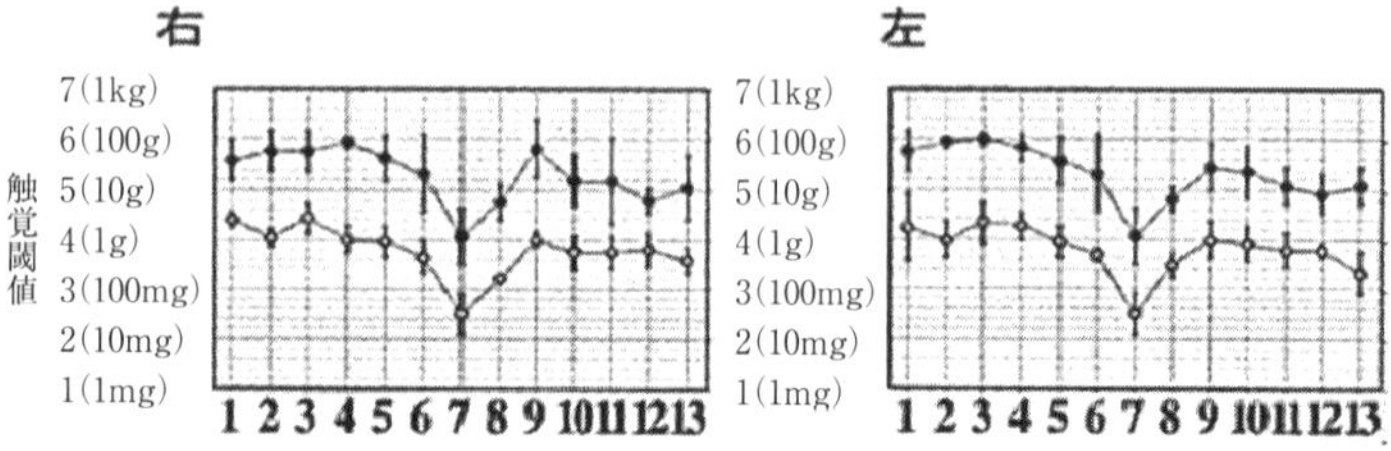

B. 慢性メチル水銀中毒患者の触圧覚閾値

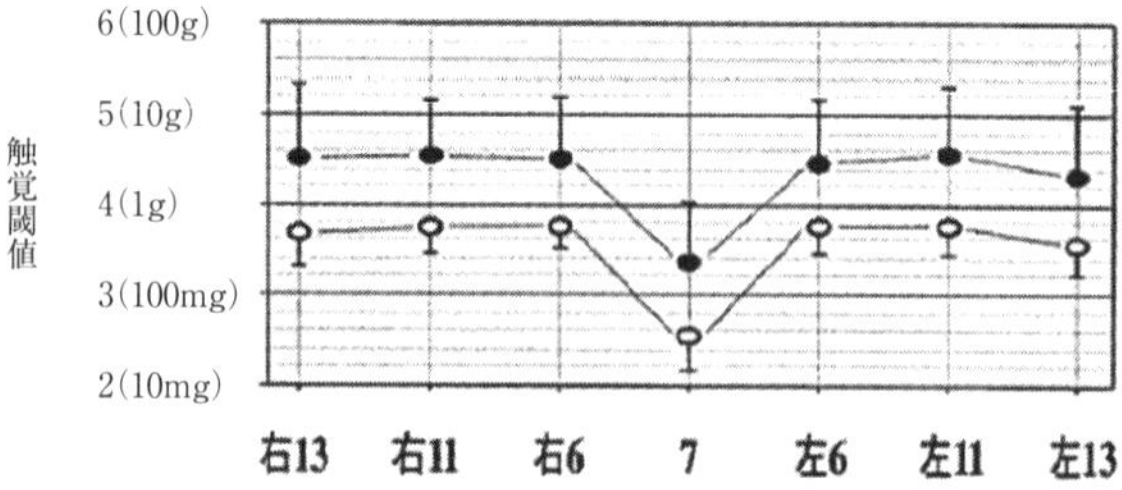

C. 検査部位

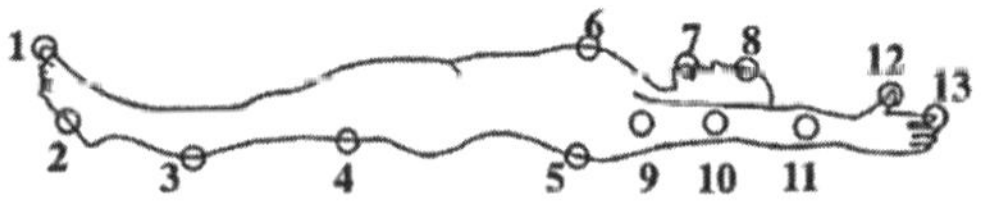

出所）［91］を改変

感覚が敏感であるということがわかります（興味深いことに、それにもかかわらず、正常の人の大多数は、筆でなでることによる触覚検査では、胸部と四肢の感覚は同程度と答えます）。

最初にこのフォン・フライの触毛を使った研究をおこなったのは、熊本大学解剖学教室（神経内科などの臨床系の講座ではありません）の浴野成生教授と二宮正医師でした。[91] 図6－4で、●で示される水俣病患者（ここでは、認定患者）や慢性メチル水銀中毒患者（ここでは、曝露を受けた未認定患者）の数値は、○で示されるコントロール（対照）群と比べると、全身でほぼ等しい程度に高くなっており、これは、全身でほぼ同程度に感覚が障害されていることを示しています。もし、末梢神経障害による感覚障害であれば、患者とコントロールの差は、身体の先端（手指、足趾）ほど大きくなるはずなのですが、そうなっていません。このことは、感覚障害が、末梢神経障害のためではなく、大脳頭頂葉皮質の異常で起こっていることを示しているのです。

私たちも、同様の検査をおこない、筆によって診察した四肢末梢優位の患者も、全身性感覚障害の患者も、フォン・フライの触毛で検査すると、全身でほぼ同程度に感覚が低下していることがわかりました。[90]

図6－5は、筆による表在感覚障害の診察結果と、その人に対するフォン・フライの触毛による感覚定量結果との関係を示したグラフです。横軸は体の部位、縦軸は触覚の敏感度を数値化したものです。縦軸は、3・0が0・1g、4・0が1g、5・0が10gを表し、1目盛りが10倍の対数表示になっています。黒い棒グラフは、筆による触覚検査で全身性の感覚障害を示した人、斜線は四肢末梢

図 6-5　筆による触覚障害タイプと微小触知覚の触覚閾値

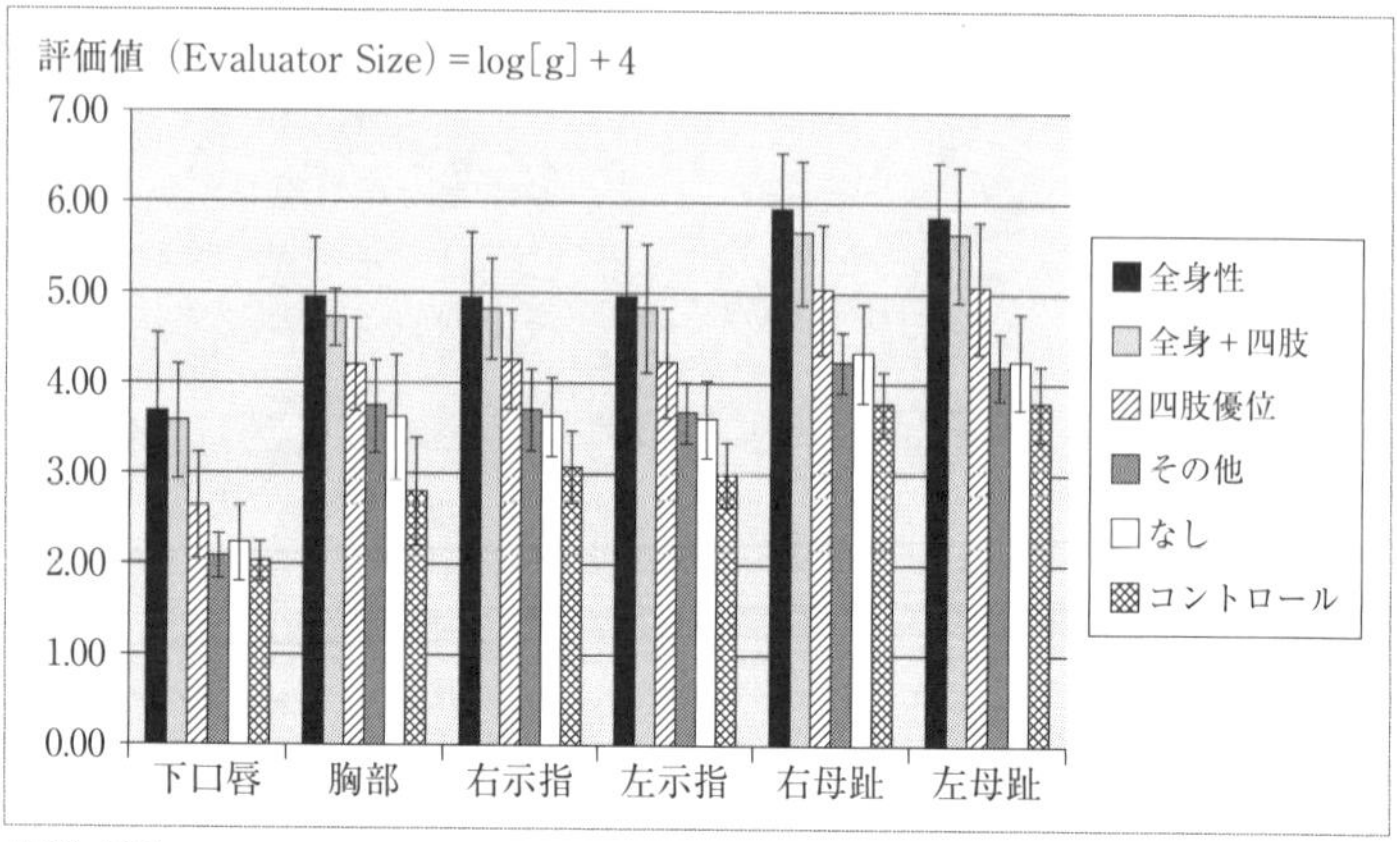

出所）[90]

優位の感覚障害を示した人です。感覚障害を認めなかった人の感覚定量結果は白の棒グラフになります。

ここで右端にあるコントロールとの差をみると、全身性の人たちは手足の指だけでなく口唇や胸でも当然のことながら約数十倍から１００倍の触覚の低下を示しています。しかし、興味深いことに、四肢末梢優位の感覚障害を示している人たち（斜線）も、手足の指の感覚だけでなく、口唇や胸部での感覚も低下しています。このように、通常の診察方法では四肢末梢優位の感覚障害である患者も、フォン・フライの触毛を用いると、潜在的には体幹や顔面にも感覚障害を有していることがわかります。

同様のことは、図６－６の振動覚閾値検査との比較でもわかります。振動覚の場合は数値が高いほうがより敏感ということになりますが、四肢末梢優位の感覚障害のみを認めた人でも胸部での触覚閾値が低下しています。

図 6-6　筆による触覚障害タイプと振動覚閾値

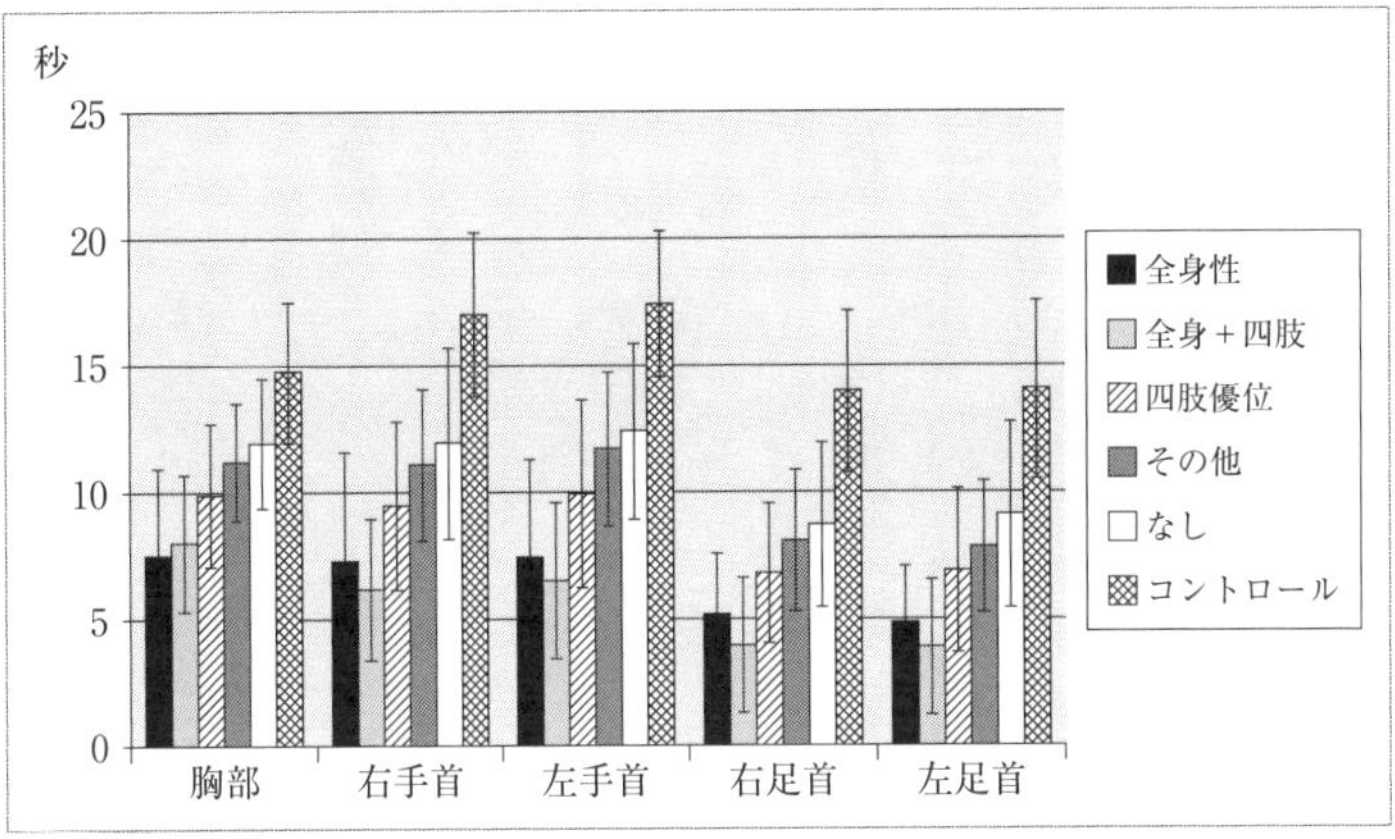

出所）[90]

このように、定量的な感覚障害検査によって、水俣病の全身性感覚障害と四肢末梢優位の感覚障害の間には連続的な関係があることがわかったのです。通常の診察で全身性感覚障害とされた人も四肢末梢優位の感覚障害とされた人も、定量的感覚検査によって、四肢も体幹も同じような低下の仕方をしていることがわかりました。

メチル水銀中毒症で障害される感覚の種類

メチル水銀中毒症の最もよくみられる神経症状は感覚障害です。第5章で紹介したように、皮膚や四肢などの体性感覚と呼ばれるものには、表在感覚（触覚、痛覚）、深部感覚（振動覚、位置覚）、複合感覚（二点識別覚、立体覚、書字知覚など）などがあります[162]。

水俣病の重症例では、痛覚、触覚、振動覚、位置覚、二点識別覚のすべてが障害されます。軽症例で一番先に障害されやすいのが表在感覚の痛覚と触覚ですが、どちらかというと痛覚障害のほうが先に出やすいといえます。そして、振動覚、位置覚と障害されていきます。水俣病では、二点識別覚の異常は、筆による表在感覚障害の次に検出されやすいようです。そして、大脳皮質の障害ですから、重症になるほど複合感覚も障害されます。

触覚障害がない、あるいは軽いのに二点識別覚や立体覚の異常がみられる場合の責任病巣は、末梢神経ではなく大脳頭頂葉皮質に障害があることが多いので、皮質性感覚と呼ばれることもあります。これまでの神経内科では、このような感覚障害の責任病巣という意味での質的診断をするために二点識別覚などの複合感覚が検査されてきました。当然、末梢神経の障害によっても、二点識別覚や立体覚は障害されうるのですが、このような事情から、水俣病以外の二点識別覚は、神経内科では、大脳皮質の障害による感覚障害を疑うとき以外は検査しないことが多いのです。

それでは、大脳皮質の障害で、表在感覚としての触覚が障害されないかというと、そういうわけではありません。水俣病でも脳梗塞など他の神経疾患でも、大脳皮質の障害で表在感覚は障害されうるのです。いずれにしても二点識別覚閾値は、フォン・フライの触毛による検査と同様、感覚機能（障害）の程度の判定にも用いることができます。私たちは水俣病で二点識別覚閾値を測定し、それが概ね水俣病の重症度、あるいは水俣病の感覚障害の重症度と相関することを見出しているため、質的な側面（感覚障害の責任病巣）だけでなく、量的な（感覚障害の重症度の）判断にも用います。

二点識別覚は、身体の部位によって、その正常値が大きく異なります。舌や唇の二点識別覚が最も敏感で1～2㎜の二点を識別できます。その次に指先が敏感で2～4㎜で二点を識別できることがほとんどですが、手足の末梢から体幹側にいくに従い距離が長くなり、手首足首より体幹側の四肢や体幹部では、30～40㎜以上になることがわかっています[163]。手指先や舌・口周囲は、手指先にものを持ったり食べ物を口に運んだりする際に、周辺筋肉を微細に動かすため、より繊細な感覚を伴う必要があることと関連しています。

このような理由から、私たちは、他地域でのコントロール住民を対象として、フォン・フライの触毛や最も鋭敏な舌と手指先の二点識別覚の正常値を調べているのです[92]。特に舌の二点識別覚の正常範囲は非常に狭く、有用です。

感覚障害が出やすいのはなぜか

重症のものを除き、水俣病では運動麻痺はあまりみられず、感覚障害が前景に立ちます。そのことは、メチル水銀曝露によって、より小型の細胞が傷害を受けやすいことと関連があるようです。大脳皮質前頭葉の運動野にあるベッツ細胞という運動と関連する大型の細胞は、傷害を受けにくく、一方、大脳皮質の小型の細胞や小脳の顆粒細胞などは傷害されやすいのです。大脳皮質は6層に分かれ、表層からみて第4層は、末梢からの感覚線維の入力を受ける小型細胞があり、その傷害によって、体性感覚や視覚の障害が生じやすいのではないかと考えられています（図6－7）。

図 6-7　大脳新皮質の６層構造

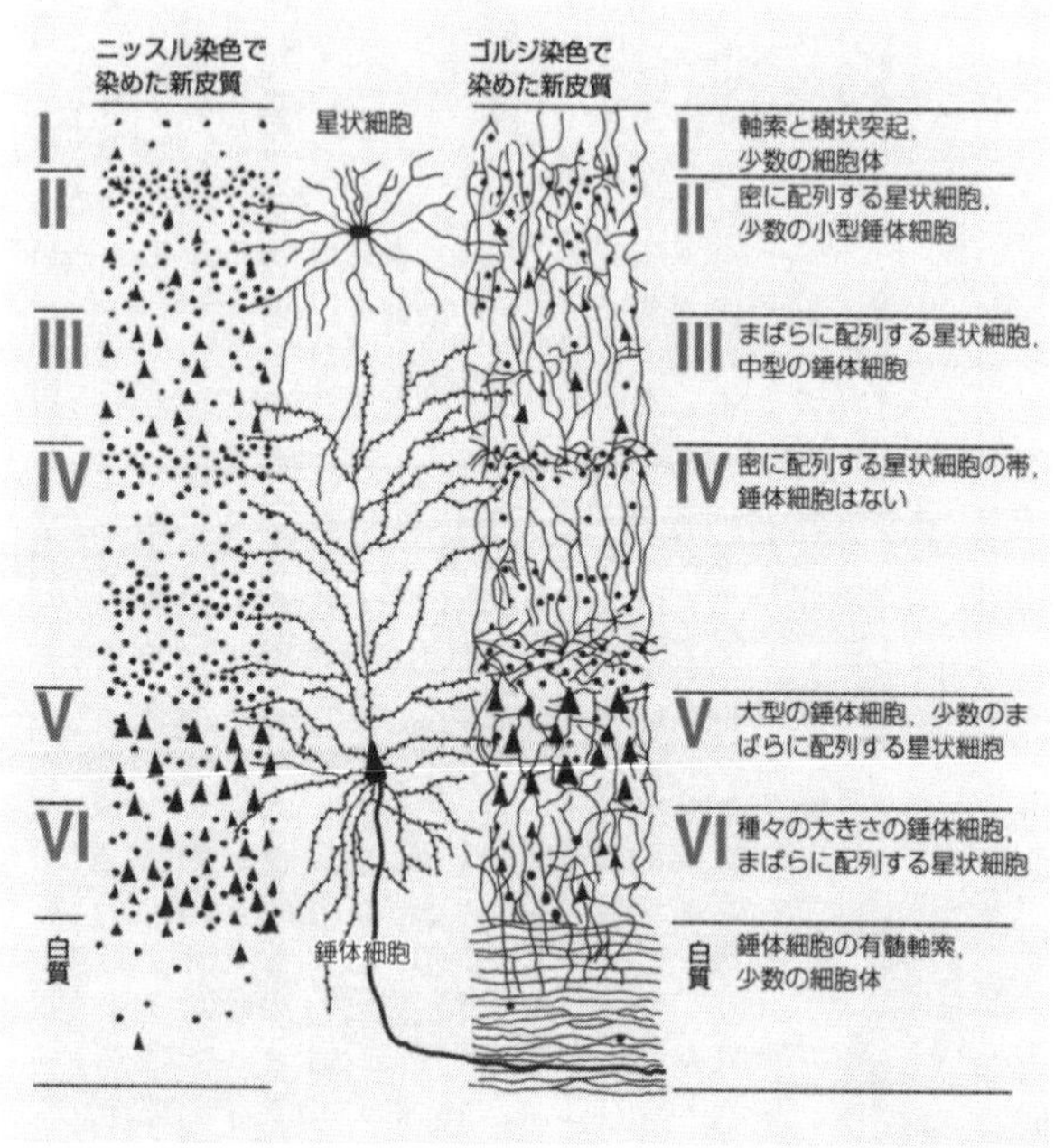

出所）［165］56ページ図 3.29（［164］より改変）

感覚障害は、メチル水銀中毒症の最底辺の障害ではない

裁判で国側の証人となっている神経内科医師らの多くは、メチル水銀による障害について、神経学的なレベルのしかも極度の異常のみを念頭に置き、神経障害があって、日常生活動作に大きな支障がないものは、その神経学的異常さえも疑わしい、非器質的なもの（身体的な原因がなく精神的なものを含めた機能的なもの）であると述べています。これは事実やデータに基づいておらず、重症者しか水俣病と診断しないために作られた間違った理解です。水俣病患者の多くは、自力歩行は可能ですので、一見生活に問題がないようにみえたりすることもありますが、見た目が問題なさそうなら、本人の苦

しみはなかったことにせよと述べているに等しいといえるでしょう。

世界的には、メチル水銀の毒性はもっと底辺のレベルを想定して研究が進められています。そして、感覚障害がない人でも、メチル水銀による中枢神経への影響が存在しうるということがわかっています。

たとえば、低濃度メチル水銀中毒症に関するカラガスらの総説[166]（これまで出された関連する諸論文を検討した論文）では、出生時の問題、神経認知行動の問題、心血管系、免疫の問題についての影響をみた49論文の結果が検討されています。これらは感覚障害が出現するよりも低いレベルの曝露による健康障害を研究したものです。

また、金採掘に伴う金属水銀、無機水銀およびメチル水銀による曝露の影響に関するギブらの総説[167]では、17の疫学論文の結果が参照され、頭痛、倦怠感、脱力、不眠、歩行障害などの自覚症状や、医師による神経学的検査、運動機能、注意、および視空間能力の神経心理学的テストなどがおこなわれています（金属水銀、無機水銀、メチル水銀の毒性はそれぞれ異なっており、第7章で説明します）。

私たちの検診でも、感覚障害を認めなくても、他の自覚症状や神経所見で、コントロールと比較して、同じ傾向を持った異常が認められました。[107]

曝露を受けた時期でもメチル水銀による中枢神経障害の様相は変わってきます。成人になってからの曝露では、大脳・小脳皮質以外の大脳基底核・脳幹部・脊髄などはメチル水銀の影響を受けにくいとされていますが、小児、胎児と幼少になるにつれ、脳幹部も含めて中枢神経全体が障害されやすくなります。興味深いことに、胎児性水俣病では、著明な運動障害があるにもかかわらず、感覚障害がないか非常に軽いことがあります。

剖検後の脳内水銀濃度の測定結果では、障害が症状に出やすい部位（大脳頭頂葉皮質、後頭葉皮質、小脳皮質など）にだけ水銀が蓄積されているわけではなく、中枢神経全体に水銀が分布しています[156]。ですから、メチル水銀による細胞障害のために、大脳皮質、小脳皮質の障害を示唆する症状がみられやすいとしても、他の中枢神経システムも、細胞の器質的障害とそれによる潜在的な機能の異常が存在している可能性があるのです。

メチル水銀中毒症による運動障害

水俣病にみられる運動系の障害には、「筋力低下（運動麻痺）」、「運動失調」、「不随意運動」などがあります。

そのうちの運動麻痺は水俣病では起こりにくいのですが、これは、運動にかかわる前頭葉のベッツ細胞が大型の細胞であり、大きい細胞にはメチル水銀による細胞傷害が起こりにくいことによるものと考えられます。しかし、まったく障害されないということではなく、劇症水俣病では運動麻痺も同時に起こります。大脳から脊髄にかけての運動神経経路（錐体路）の障害では、四肢の腱反射が亢進し、病的反射と呼ばれる反射（反応）が出現します。

私たちが診察している慢性水保病のケースでも、医師の診察で筋力低下を認めずとも、筋力低下を自覚している人は少なくなく、失調を伴うレベルの人などでは、医師の診察でも軽度筋力低下を認めることがあります。しかし、劇症水俣病でみられるような錐体路障害（腱反射亢進や病的反射）を認めることはありません。

運動麻痺とは異なるものとして、運動失調と呼ばれる、運動がぎこちなくなりスムーズにいかなくなったり（協調運動障害）、歩行時などのバランスが悪くなったりする運動障害（平衡機能障害）があります、この二つを区別して呼称する人もいますが、ここでは二つを合わせて「運動失調」と呼びます。水俣病による運動失調は、重症では協調運動と平衡機能の両方が障害されますが、軽症例では体幹機能の障害が先に現れやすく、より重症になると協調運動障害が認められるようになります。

「不随意運動」として、水俣病で最もよくみられるのが、手の振戦（ふるえ）です。手の振戦をきたす病気として多いのは、本態性振戦症とパーキンソン病です。それぞれの特徴は、本態性振戦症では手を持ち上げたときに出やすいふるえ、パーキンソン病では手を膝の上などに置いたときに出やすいふるえで、水俣病では本態性振戦症に類似した早いサイクルのふるえが多くみられます。劇症患者などでは、舞踏様運動やバリスムスと呼ばれる激しい不随意運動がありましたが、最近の患者ではこれらをみることはありません。

メチル水銀中毒症による運動失調の特徴

運動失調は、小脳の異常（小脳失調）、感覚の異常（感覚性失調）、前庭系の異常（内耳の三半規管にかかわる経路の異常）で起こるといわれています。人間は見ること（視覚）によってもバランスを保とうとしますので、このような複数の神経系がかかわって、バランスのよい運動が可能になります。国は、水俣病の運動失調の原因を小脳障害に限定しようとします。ところが、感覚がきちんとしていないと、円滑な運動はできません。特に位置覚が異常であると、目を閉じた状態で、自分の手足の位置が正確にわからなくなるのです。水俣病で、手に持ったものを落としてしまう、という症状の原因の一つにこれがあると考えられます。

通常神経内科では、感覚性失調の原因を位置覚障害に限定しがちですが、実は表在感覚も軽度ながら失調に関与していると思われます。

少し話は飛びますが、視野異常などを認めるレベルの水俣病患者では、物をじっと固定して見ていると、その物が見えなくなってしまうと訴える人がいます。実は、正常の人も視野が完全固定されると物が見えなくなることが知られています。そうならないために、正常人でも、マイクロサッケードと呼ばれる、眼球運動の高速度の運動が起こっているといわれています[168]。水俣病では、このマイクロサッケードが十分に機能していないような状態が再現されるのかもしれません。

同じようなことが、比較的症状の重い水俣病患者の触覚でもみられます。じっと立っていると足の触覚の感覚が鈍くなり、動かすと感じるようになるというのです。水俣病では、体幹失調のある患者で、歩行や一直線歩行はなんとかできても、片足立ちが苦手であったりします。持続的な知覚が低下することでこの現象を説明しきれるかどうかわかりませんが、表在感覚障害も運動失調に関与しうる例の一つだと思われます。

また、水俣周辺地域の患者に「気をつけ」をしてもらうと踵はつけられますが、両足を開いて立つ人がほとんどです。両母趾の付け根もつけるようにいうと、不安定になります。また、普通に歩いてもらっても、水俣病の症状の強い人ほど、両足を平行状態にして歩くのではなく、足先を外側に向けて歩行します。一見普通に歩けているようにみえるのですが、そのような人でも、片足立ちは苦手だったりします。そして、水俣病が重症になればなるほど、歩行時に左右両足の横幅を開いて歩く人が多くなります。

運動失調は、神経内科の病気では脊髄小脳変性症などの難病や脳卒中や脳腫瘍などの小脳障害が注目されることが多いのですが、感覚の障害や内耳の機能障害でも起きます。昭和52年判断条件では水俣病にみられる運動失調を小脳性としていますが、これはある程度重症な症例に限定されていると考えられ、感覚障害による失調のほうが出やすいのです。第7章で紹介しますが、新潟大学の白川医師も、水俣病にみられる失調は他疾患の小脳失調とは異なると述べています。

表 6-1　脳の領域による機能分化とメチル水銀による影響の現れ方

前頭葉	思考，判断，意欲，情動，創造，言語，運動，性格，嗅覚，味覚
頭頂葉	感覚（触覚，痛覚，温度覚，位置覚，複合感覚）
側頭葉	聴覚，記憶（感覚・運動領域も関与）
後頭葉	視覚，視野
各大脳皮質連合野	言語（失語），行動（失行），認知（失認），他
小脳	平衡感覚，円滑な運動，筋肉の緊張
下垂体・視床下部	内分泌
脳幹	生命中枢，運動・感覚などの神経路
視床下部	自律神経系，体温調節，摂食，性機能

注）実線の下線…メチル水銀曝露による影響が明らかにみられやすいもの
　　点線の下線…より大きなメチル水銀曝露で影響がみられるようになるもの

メチル水銀による障害は既知の運動・感覚系に限定されるとは限らない

これまで、大脳皮質および小脳皮質の小型細胞はメチル水銀によって障害されやすいということについて述べてきました。触覚・痛覚・位置覚などの体性感覚は頭頂葉、視覚は後頭葉、聴覚は側頭葉、嗅覚・味覚は前頭葉の下の部分（眼窩回《がんかかい》と呼ばれる領域）にその中枢があるといわれています。大脳・小脳・脳幹などの領域で、機能分化として、表6－1のような部位が知られています。

メチル水銀の曝露で、体性感覚、視覚、聴覚、嗅覚、味覚の五感の障害を引き起こされることは、大脳皮質の小型の細胞が障害されやすいことと関連していると思われます。しかし、障害されやすい脳機能が、体性感覚、視覚などの感覚領域であるにしても、それはその領域の脳細胞しか障害されないということではありません。

大脳皮質は、これらの領域以外に、物事を認知し、考え、判断し、実行に移す働き、情動や性格に関与する領域もあります。これらには、前頭葉やそれぞれのより分化した機能間の情報の調整などをつかさどる連合野という領域がかかわっています。前頭葉にも、各連合野にも、メチル水銀の障害を受ける可能性のある小細胞が数多く存在します。ですから、メチル水銀中毒症の症状が、五感の障害やハンター・ラッセル症候群を構成する症候に限定されると考えるべきではありません。

表6－1でみると、成人では、実線の部分の障害（ハンター・ラッセル症候群の各症状など）が一般的に知られていますが、実際には、メチル水銀中毒症が重症になるにつれて、点線の領域の障害を伴うようになります。それらの領域の潜在的影響が考慮される必要があるのです。

すでに説明したように、胎児期や小児期の脳はすべての領域がメチル水銀によって大きな影響を受け、障害される可能性があります。

メチル水銀は、精神障害、知能障害、高次脳機能障害を引き起こしうる

急性期の重症水俣病では、意識障害、知能障害、抑うつなどが確認され、1963年には熊本大学神経精神科の井上孟文《いのうえたけふみ》医師による「水俣病の精神症状[58]」で、知能障害、感情障害、性格変化、対人関係障害などが報告されており、重症例ほど顕著だと記されています。

また、明確な痴呆や知能障害とまでいかなくとも、水俣病では、神経症状が重度なほど、理解力、

判断力、記憶力、集中力などが低下していることが多くみられます。それらは本人によって自覚されていることも自覚されていないこともあります。

神経内科では、話しにくさのことを構音障害と呼びますが、この構音障害の検査のときに、「るりもはりもてらせばひかる」と復唱してもらったりします。しかし、構音障害としての判断をしようとする前に、ハンター・ラッセル症候群がひどくなるほど、この文章を覚えられない人が多くなり、耳が聞こえるにもかかわらず、何度も聞き返されたりします。

そして、ハンター・ラッセル症候群の複数症状が多ければ多いほど、問いかけなどに対する反応性が悪くなってくるようです。私たちは、パソコンの画面に表示した指標を見て判断したうえで、どれだけ速く、その表示に対応したキーを押すことができるかという検査（反応速度）をおこなったことがありますが、水俣病の症状のある人では、明らかに反応が悪いという結果が出ました[169]。

メチル水銀は脳細胞を障害・破壊する

そもそも、メチル水銀中毒症の中枢神経障害の発症メカニズムはどうなっているのでしょうか。食品中のメチル水銀は消化管からほぼ１００％吸収され、アミノ酸の一つであるシステインやグルタチオンという生体物質などと結合して血液中を運ばれます[140]。そして、通常は有害な物質などをブロックすることのできると考えられていた血液脳関門を通過し、脳組織に入っていきます。

図 6-8　メチル水銀による脳の病理所見とその評価

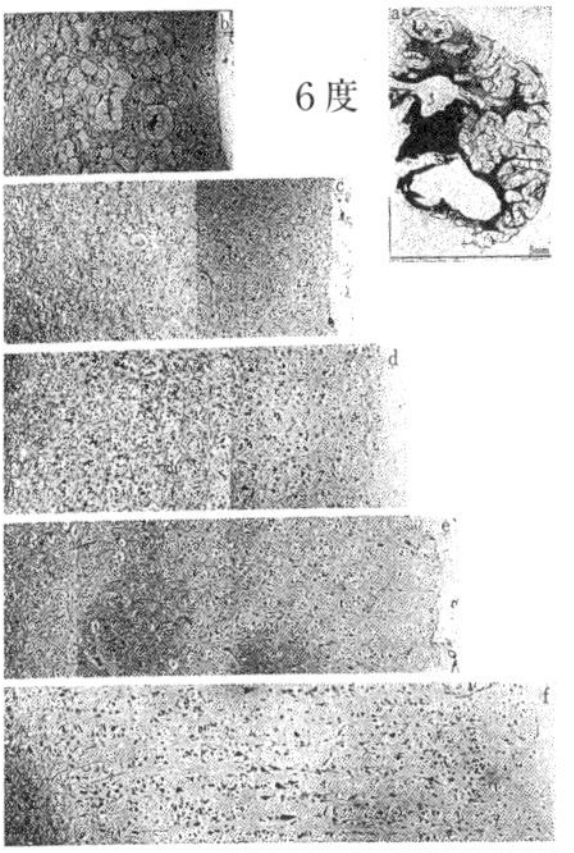

第６度…肉眼的海綿状態
第５度…顕微鏡的海綿状態
第４度…粗鬆化
第３度…神経細胞50％以上脱落
第２度…神経細胞30～50％脱落
第１度…神経細胞の30％以下の脱落

出所）［170］

速やかに細胞膜を越えて脳組織内に単純拡散してしまう酸素などとは異なり、メチル水銀はゆっくりと脳内に侵入し、排出にも時間がかかると考えられています。血中半減期は約70日とされていますが、脳からの排出はそう簡単ではないと予想されます。先に紹介したダートマス大学の事故事例で、メチル水銀曝露から発症までに長期を要しているわけですから、細胞内に入ってから実際に脳細胞の障害が起こるまでには、これまで考えられた以上の時間を要することは間違いないでしょう。

病理学は、人の組織や細胞を肉眼や顕微鏡で観察し、異常の有無や種類を判断する学問です。水俣病では、熊本大学第二病理学講座が亡くなった人の脳を解剖して研究をしました。病理学講座の医師たちは、水俣病の重症度を1度から6度に定めました（図6－8）。この重症度分類は劇症水俣病がみられた頃に、重症者の診断を念頭につくられたものでした。第4度は「粗鬆化」といって、脳細胞がスカスカになった状態ですから、第4度から第6度の症例は運動・感覚・精神機能が極度に障害された状態になっていると考えられます。第1度というと軽症のような印象を受けるかもしれませんが、そのような分類のため、第1度でも、その臨床像は必ずしも軽くはありません。

重要なのは、「間引き脱落」と呼ばれるメチル水銀による脳組織の傷害のされ方です。これは、（脳梗塞のように）一定の領域の脳細胞が一度に消失したり、（変性疾患のように）ある神経伝達物質にかかわる脳細胞が系統的に消失したりするのではなく、脳組織のなかで脳細胞がぽつぽつと徐々に脱落していくものです。そうすると、間引き脱落が軽度のときは、症候がないか軽度ですが、間引き脱落もひどくなってくれば、明確な症候が出てくることになります。

水俣病と、解剖による病理所見との関係

2007年、熊本大学第二病理学講座出身で元国立水俣病総合研究センター所長の衞藤光明医師は、第1度障害と認めなかった症例、つまり衞藤氏らが顕微鏡所見で細胞数の減少等を認めなかった症例について「水俣病ではない」という意見書[71]を提出しました。臨床症状として水俣病の所見を認めたとしても衞藤氏による病理所見で異常がなかったため、最終診断として水俣病ではないとしたのです。

2018年3月23日に出された新潟水俣病第三次訴訟・東京高裁判決や、2020年3月に出された

水俣病被害者互助会国賠訴訟の福岡高裁判決では、この主張を根拠として、原告である患者が裁判で敗訴するという結果になりました。はたして、その判断は正しかったのでしょうか。

実は、病理所見が最終診断となる（最終的に診断の決め手となる）かどうかは、病気ごとに異なります。病理所見と臨床所見が一致するとは限らないし、病理所見が臨床所見より優先するとは限らないのです。病気のなかには、パーキンソン病やアルツハイマー病などのように、臨床所見よりも病理所見のほうがより正確に診断を下すことができる病気もありますが、水俣病の場合は違います。

新潟で水俣病の病理を担当していた生田房弘医師は、２０１８年『BRAIN and NERVE』誌の論文で、「ほぼすべての神経疾患について、腫瘍、梗塞などはそれぞれの特徴的な組織像により、肝脳疾患やウィルス感染症、そして各種の変性疾患群は各種の小体、封入体などの特異的所見の有無や、病変部位などによって、病理学的には確かな診断が可能である。ところが、劇症でない水俣病の病変は、上記した特異な部分に、加齢脳にみられるような老人斑も神経原線維変化さえなく、あたかも加齢脳の病変に一見似て、単に『神経細胞のみが間引き状に、徐々に、かすかに脱落してゆく』だけという、その単純さにもある」、「グリア細胞反応もほとんどない、ただ神経細胞だけが、徐々に、散在的に脱落する水俣病のような変化を、直ちに見抜くということは決して容易なことではなく、細胞が減少しても、20％の減少でようやくそれに気付ける[172]」と記述しています。

しかも、毒性学の分野では、水俣病に限らず、一般的に病理が最終診断といえず、そのことは毒性病理学の教科書にも明確に書かれています。図６－９は、毒性病理学において、病理学的表現と行動

図6-9　毒性病理学分野での診断における病理学的表現と行動学的表現の関係

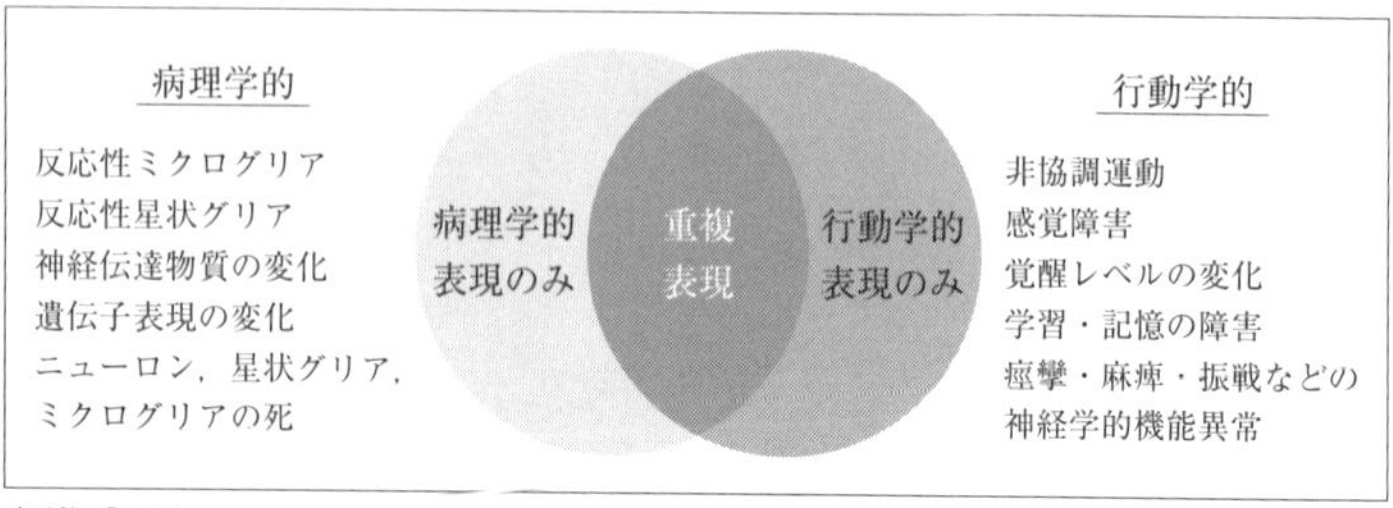

出所）[173]

学的表現（ここでは感覚障害も行動学的表現に含まれる）の両方を評価しなければならない、要するに病理所見が毒性評価の必要条件ではないことを示しています[173]。

メチル水銀は神経細胞の可逆的障害も引き起こしうる

メチル水銀が脳細胞を傷害する仕組みについて、その全貌はまだわかっていません。細胞のなかには、エネルギー産生器官であるミトコンドリア、遺伝子から蛋白合成をおこなう核やリボゾームなどの細胞内小器官というものがあり、メチル水銀はいずれの器官も傷害しうることがわかっています。しかし、そのなかでも、細胞の骨格を形作る微小管が、メチル水銀の影響を特に受けやすいことが1970〜80年代からわかってきました[174、175]。

ミトコンドリアの機能障害や蛋白合成阻害などが起こると細胞にとっては致命的になるのですが、それらの障害が現れるよりも低濃度のメチル水銀によって微小管が消失するのです[140、176]（図6－10）。微小管は、チュブリンという蛋白からなっていますが、メチル水

図 6-10　メチル水銀添加による微小管の消失

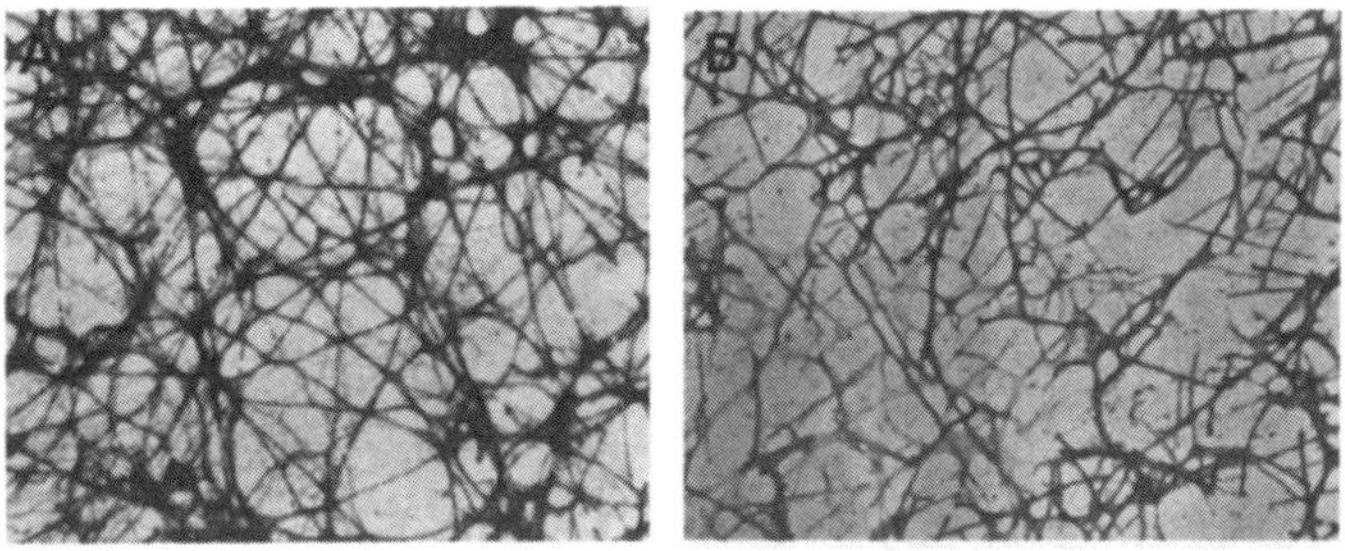

A：コントロール　　B：メチル水銀添加後

出所）［176］

銀は、このチュブリンを構成するアミノ酸であるシステインなどに結合し、チュブリンの立体構造を破壊してしまうと考えられています。

神経細胞は、樹状突起、細胞体、軸索の三つの部分から構成されています（図6－11）。樹状突起は、他の神経からの電気インパルスをシナプスという細胞内小器官を通じて受け取り、細胞体に伝達された信号が、軸索からその先にあるシナプスを通じて他の神経細胞に伝達されるようになっています。微小管は、神経細胞から延びる神経線維である樹状突起や軸索を構成する重要な蛋白です（図6－12）。

図 6-11　神経細胞の構造（樹状突起－細胞体－軸索）

出所）［177］

図 6-12　微小管と樹状突起や軸索の関係

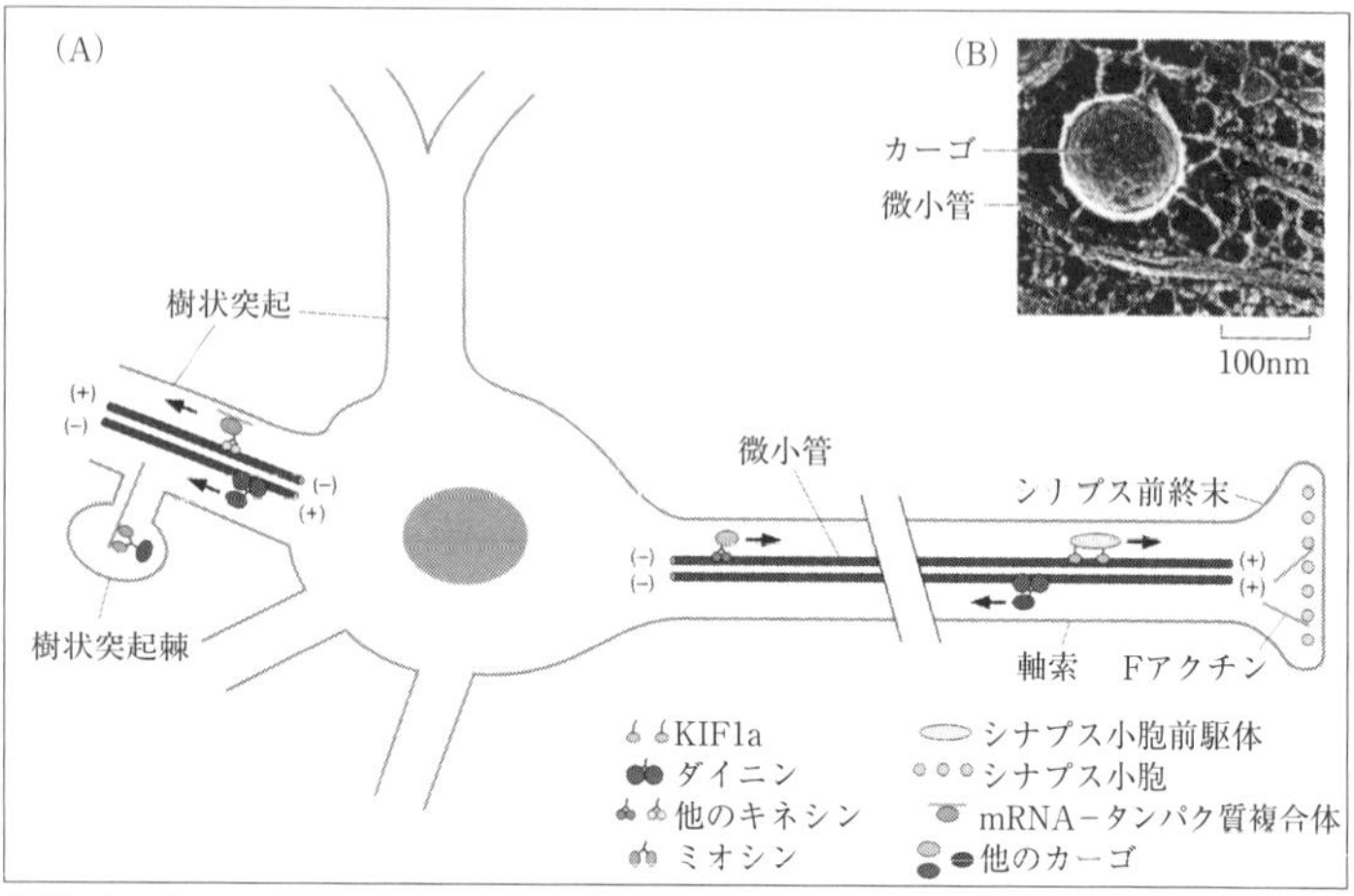

出所）［178］

神経細胞死が起きる前に微小管が障害されることは、軸索の先にあるシナプスの形成や維持にも影響してくることが考えられます。しかし、興味深いことに、メチル水銀を加えると微小管が消失していくのですが、メチル水銀濃度が減少するとまた復活することもあるというのです[140]。一つの神経細胞には1万から100万のシナプスがありますが、神経細胞死を引き起こさずとも、シナプスの形態や機能が可逆的あるいは不可逆的に障害される可能性もあるわけです。このことによって、水俣病の症候変動の原因の一部が説明できるかもしれません。

脳内水銀の行方

脳内の水銀の排出にどの程度の時間がかかるのか、正確なことはわかっていません。また、いったん脳内にメチル水銀として取り込まれた水銀が無機水銀になっている割合が高いともいわれていますが、長期経過後に、脳内メチル水銀がどのように変化していくのかについても、すべてが明らかになっているわけではありません。イオン化水銀などは無機のものであっても毒性を有しているのですが、脳内の水銀がセレンや硫黄に結合すると安定性が高い（毒性が低い）ものに変化していくと考えられています。

低濃度メチル水銀による健康影響研究

１９７０年代からは、より低濃度でのメチル水銀の人体曝露による健康障害に関心が向けられるようになりました。水銀は、鉱山など大地からだけでなく、火力発電所や焼却炉からも排出されます。それが自然界で微生物によってメチル化されて、海洋の魚介類に摂取され、食物連鎖によって濃縮されていきます。このような理由で、カジキ、マグロ、サメなどの大型魚ではメチル水銀濃度が高くなります。

低濃度での曝露について注目した１９８６年のニュージーランドの報告では、母親の頭髪水銀値６ｐｐｍ程度で胎児に対する危険が存在するとされました。[179、180] その後、デンマーク領フェロー諸島とセイシェル共和国での疫学研究が始まり、低濃度メチル水銀の健康障害に関する研究が開始されました。

フェロー諸島の研究では、７歳児と14歳児では、神経心理・行動学的検査で、記憶、注意、言語な

図 6-13　水銀の危険閾値は低くなっている

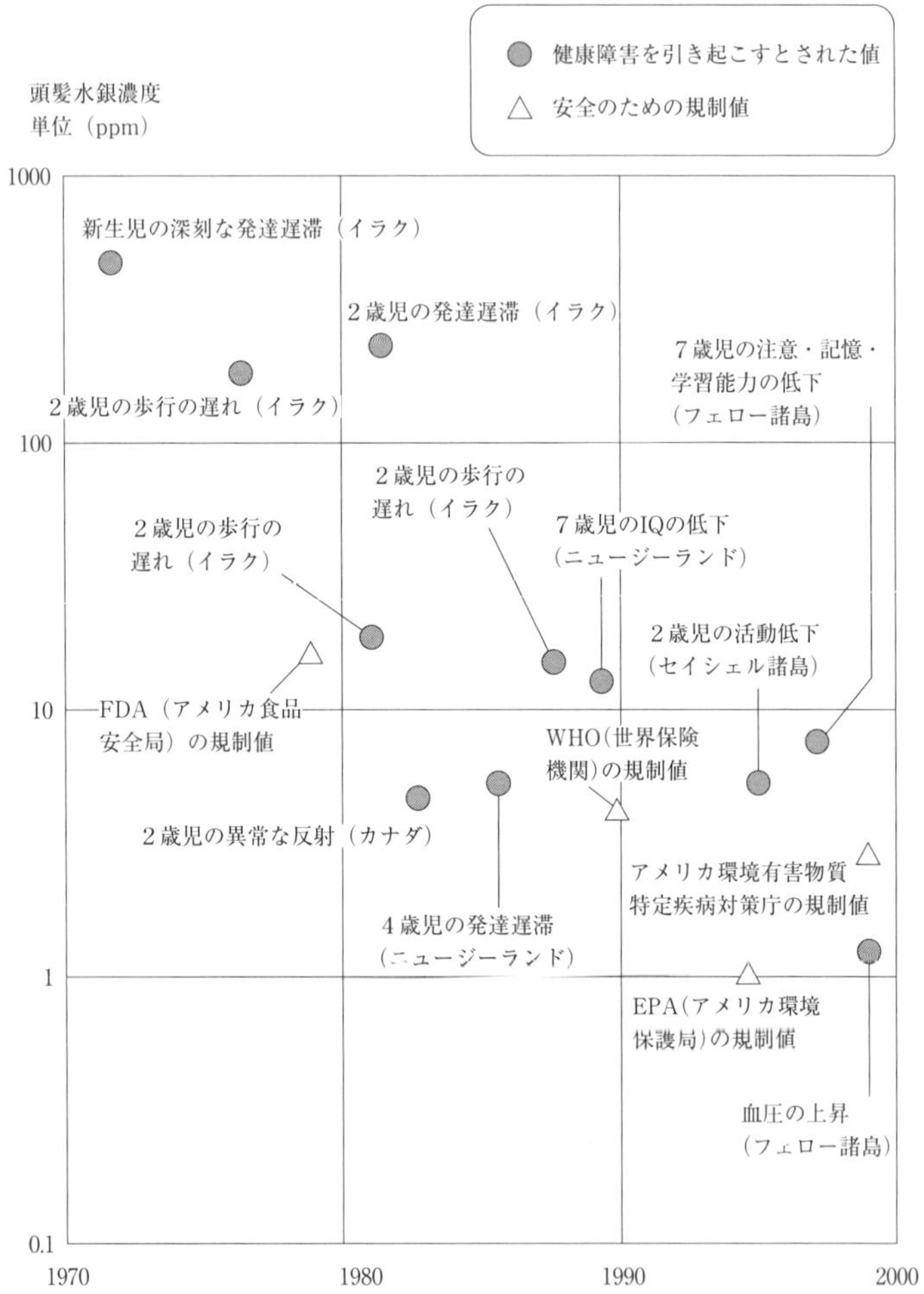

出所）[187]15頁を翻訳·改変

どの能力が母親の頭髪メチル水銀の増加に伴って低下することが示されました[181,182]。セイシェルでの研究では、９歳児の頭髪メチル水銀濃度と注意欠陥多動性障害（ＡＤＨＤ）指標との間に有意な関連がみられたものの、他には関連がみられなかったとされました[183]。それらの報告を受けて、現在、母親の頭髪水銀値10ｐｐｍ前後でのリスクの存在がコンセンサスとなってきています[184]。

２０００年、全米研究評議会（National Research Council）は、これらの研究結果を総括して、臓器影響をきたしうる臨界濃度を頭髪水銀値として12ｐｐｍとしました[185]。そして翌２００１年、アメリカ環境保護局（ＥＰＡ）は、この12ｐｐｍを不確実係数10で割り、頭髪水銀値１ｐｐｍ以下（メチル水銀摂取量として１日０・１μg／kg体重以下）にすべきであるとしたのです[186]。

　このように研究が進むにつれて、メチル水銀はより低いレベルで健康障害を引き起こしうることが判明しており、１９８０年代から２０００年にかけて、急速にそのように認識されるようになってきました（図６－13）。日本でも、妊婦による大型魚介類の摂取に対して、注意が促されてい

図 6-14 「氷山の一角」モデル

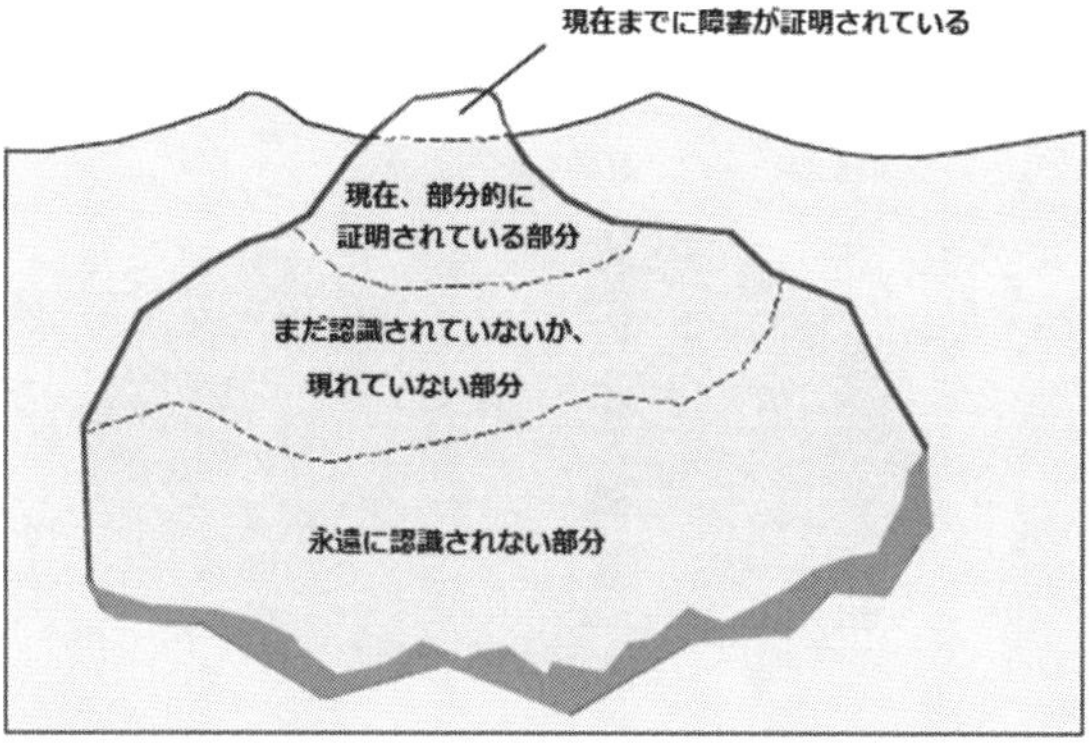

出所）［187］120頁を翻訳

ます。

こうした状況をふまえて、図6－14に示すように、メチル水銀中毒の健康被害については、慎重に考慮しなければならないというのが、世界の共通認識となってきているのです。当然のことながら、これら低濃度汚染は、昨日魚を食べてメチル水銀の曝露を受けたので、すぐに健康障害が生じるというものではありません。ですから、日頃から情報に注意を向けておく、特に、妊婦や妊娠可能性のある女性や小児などが大型魚を摂取することについては注意が必要だ、ということです。

近年の水銀による健康障害に関する研究

21世紀になってから、より低濃度のメチル水銀による健康影響についての研究が数多く提出されるようになってきました。先に紹介したカラガスらの報告では、母親の頭髪水銀値として10ｐｐｍ未満の群においても、子どもの出生・成長や神経発達、認知行動能力への影響が存在することが指摘され、心血管系や免疫機能の異常についても検討されています[166]。また、成人においても、記憶力や運動機能が低下していることが示されました[166]。

オーケンらは、妊娠4～6か月の時期の魚介類摂取および赤血球水銀レベルと、出生した子どもが3歳になったときの認知能力を調査しました。対象者の母親の頭髪水銀値は平均0・53±0・47ｐｐｍ（範囲は0～2・3ｐｐｍ）で、魚介類摂取によって神経機能に有利に働くメリットと、性・年齢をはじめとした諸特性を調整した後に、赤血球水銀値が上位10％の子どもたちは、それ以下の子どもたちと比べて、明らかに能力が低下していました[188]。

日本の研究でも、２００１年より開始された東北コホート調査において、母親の頭髪水銀値は平均２・22±１・16ｐｐｍ（範囲は０・29〜９・53ｐｐｍ）と低濃度でしたが、わずかながらメチル水銀曝露の有害影響が示されました[189]。

発展途上国などでは、金採掘に水銀が用いられ、小規模金採掘がなされている地域で大量の無機水銀が自然界に放出された後、水系でメチル化され、川魚がメチル水銀に汚染されています。前述したギブらの報告では、これら無機水銀、メチル水銀による、神経系、腎臓への障害が報告され、免疫系および自己免疫疾患への影響が示唆されています[167]。

環境汚染と発達障害

近年、発達障害は世界的に増加の一途をたどっていることが指摘されています。日本では発達障害の原因についてはあまり話題にされませんが、遺伝よりも環境汚染の影響が大きいといわれ[190]、２０１２年アメリカ小児科学会は有機リン系農薬とＡＤＨＤの関連を警告しています[191]。

また、第１章で触れたことですが、発達障害と水銀との関係も研究されてきています。ロシニョールによるレビューで、水銀値と自閉スペクトラム症（ＡＳＤ）との関連を示唆する12の症例対照研究が紹介されていますが、その関連がないという研究もあります。胎児期のメチル水銀曝露が小児期のADHDの発症に関連しているという報告もあります[193]。いずれにしても、各種化学物質や原発事故後の放射性物質の増加なども念頭において研究を継続し、進展させることが必要です。

メチル水銀による中枢神経細胞障害の特徴のまとめ

これまでの臨床観察と病理所見、動物実験による知見からすると、メチル水銀は、脳細胞が死にいたるもの（不可逆的）から脳細胞機能が回復しうる（可逆的）ものまで、さまざまなレベルの障害をきたしうるといえます。

そして、曝露を受けた時期（胎児、小児、成人）や曝露の量やその期間など、曝露のあり方によっても健康障害の種類と出方と程度が異なります。

たとえ一定程度の曝露を受けたとしても、脳細胞が多数存在することから、軽度の曝露では症状が出にくく、曝露が少ないほど発症は遅く、長いものでは潜伏期間が数十年にわたる可能性があります。劇症例を除くと、水俣病での神経系の障害は、神経細胞の間引き脱落であったり、神経細胞のシナプスの数や機能が減少するというものであったりするため、神経機能が廃絶するわけではなく、症候は必ずしも一定せず、さまざまな程度に症候の重症度が変動することが少なくありません。

また、加齢によって、感覚障害や運動失調などが進行することもあります。しびれ感やこむらがえりの自覚症状は残存することが多いようですが、軽症化する人もいます。

そして中等症から軽症例の病理学的な検索では特異的な所見に乏しく、病理学的診断は困難です。

このように、メチル水銀の曝露を受けた場合、神経細胞やシナプスへの毒性や脳組織や細胞の加齢変化という、神経機能にとってのマイナス要因と、神経系の可塑性や補償機能というプラス要因が組み合わさった複雑な病態・経過をとりうるのです。

より低濃度のメチル水銀が、潜在的な障害をもたらしている可能性もあり、それらを探究していくためには、継続的な健康調査が不可欠となります。

第7章　今なお続く医学者たちの誤り

神経内科の教科書に記載されていない水俣病

これまで、水俣病の病態およびメチル水銀の毒性について述べてきました。まだ未解明な点は多々ありながらも、私たちの研究により、その姿はかなりの程度わかってきたと思います。

水俣病は、世界でその名前がよく知られている歴史的な病気です。しかし、これまで述べてきたように、日本の大学や研究機関がメチル水銀中毒症の臨床研究と疫学研究を怠ってきたことにより、神経内科医すらこの病気の詳細を知りません。そのため、水俣病について、神経内科の教科書には、実際の水俣病臨床に役立つ情報はほとんど記載されていません。

2006年に出版された『臨床神経内科学（第5版）』の「有機水銀」の項には、1976年の徳臣医師の神経徴候頻度表が示されています。病因・病理については、「病理学的には大脳皮質病変が主体となる。最も障害が強い領域は後頭葉の鳥距野である。そのほか、小脳の顆粒細胞さらには末梢の感覚神経も障害される」とあり、診断については、「Hunter-Russell症候群を呈する典型例では疫学的資料を加味して診断を行う。尿中や毛髪中の水銀の増加が診断の参考となる」と記載されているだけで、半世紀前の知見にとどまったままでした[194]。

２０１６年に出版された同教科書の第６版の「有機水銀」の項では、徳臣医師の神経徴候頻度表はなくなり、「現在も水俣病の公的認定を求めて、裁判が熊本・鹿児島、新潟とも《マ》に《マ》あり、認定患者数は３０００人ほど、未認定数を含めると推定その10倍ほどになる」、「毛髪水銀値が中毒の検査指標とされる。ＷＨＯによる基準50ｐｐｍが症状発現の目安とされているが、それより高値でも無症状の場合、低値でも曝露条件・期間などによっては発症する可能性が残されている[195]」と、やや不正確ではありますが、第５版と比較すると、記述が変化しています。

この『臨床神経内科学』の編者である平山惠造千葉大学名誉教授は、神経症候学の権威ですが、『神経症候学（改訂第二版Ⅱ）』のなかで、水俣病について、「Hunter-Russell症候群は水俣病にヒントを与えたが、そのまま適用するには問題が残る。更に水俣病は医学的に解明される以前に社会的に左右された面を否定しきれない。神経症候学的に詳細な記述がなされなかったのは、惜しまれることである[196]」と記述しています。私は、不十分ながら、平山医師が記された使命の一部は果たすことができたと感じています。

神経疾患の鑑別診断に関連して詳細な情報が記載されている教科書として、『神経内科ハンドブック』という本があります。そこには、水俣病あるいはメチル水銀中毒についての項目はなく、「水銀」の項目で、金属水銀、無機水銀、有機水銀（メチル水銀を含む）の３種類について一緒に記述してあります。臨床症候と診断については、慢性中毒の臨床症候として、「易刺激性、感情動揺、不眠、痙攣、視力障害、視神経萎縮、求心性視野狭窄、眼振、振戦、小脳失調、難聴、四肢末端のしびれ、知能低下（Hunter-Russell症候群）を特徴とする）[89]」とあり、診断には、「病歴と症候に加え、金属水銀の場合Ｘ線撮影、歯と歯肉の問の茶褐色の水銀線条（急性中毒）。ＣＴ上後頭葉内側面の帯状低吸収域などを参考にする[89]」と書いてあるのみです。

　これを読んでもメチル水銀中毒症や水俣病を疑うこともできなければ、診断することもできません。金属水銀、無機水銀、有機水銀による中毒症は、それぞれ呈する症状が異なります。

　ここで、金属水銀、無機水銀の毒性について紹介します。金属水銀は、水銀蒸気として呼吸器から取り込まれることが多く、短期大量曝露では肺の機能を障害し、神経系の障害も引き起こし、死にいたることもあります[197]。低濃度金属水銀の慢性的曝露では、振戦、精神症状、歯肉口内炎の三つが主な症状とされています[198]。無機水銀中毒は、運動失調、蛋白尿、精神症状などをきたすといわれています[199]。

　確かに、教科書は要点が書かれているもので、詳細なことが記載できないという点はあります。しかし、神経内科のどの教科書をみても、水俣病に関する記述の不完全・不十分さは他の病気では考えられない水準にあります。

教科書に載っていないとどうなるか

医師にその病気の症候、病態、診断基準などについての知識があるかどうかは、診断にとって非常に重要なことです。もし神経内科医が、大脳皮質の障害によって四肢末梢の感覚障害が起こりうることと、全身性の感覚障害というものが存在し、全身性感覚障害が水俣病によって起こりうるということを知らないと、どうなるでしょうか。おそらく、医師の鑑別診断リストに入らないため、①症候を見落としてしまう、②臨床的に意味のない症候と解釈され、無視される、③他の病気と間違えられて、診断、治療がなされる、④その原因がわからないまま放置される、ということになります。⑤医師と患者がその症候について悩み続ける状態にあれば、よりましではありますが、解決にはいたりません。

水俣や八代海周辺地域から東京、大阪などに転出した患者さんが、わざわざ水俣まで来て私たちの診察を受けることがありますが、転出先で近くの大学病院などを受診しても、他の病気と診断されたり、原因不明といわれたり、水俣病のことはわからないといわれた、といった話を患者さん本人からよく聞きます。

このことは、国が昭和52年判断条件に該当しない患者、各県等の認定審査会で認定されていない患者を水俣病と認めないこと、医学界がそれに異を唱えてこなかったことと関係があります。

たとえば、すでに述べてきたように、水俣病でみられる四肢末梢優位の感覚障害が主として大脳皮質の障害によるものであること、そして水俣病で全身性感覚障害が生じうるという医学的事実は一般の神経内科医にはあまり知られていません。それは、水俣病を診てきた熊本大学、鹿児島大学、新潟大学の各大学の神経内科医らがその事実をほとんど公にしてこなかったことによります（ただし、前述のとおり、第4章で紹介した熊本大学の内野・荒木論文は、まれなる例外です）。

神経内科の教科書として前項で紹介した『臨床神経内科学（第6版）』には、全身性感覚障害について、このように記載されています。「器質的疾患により顔を含む全身性の感覚障害を生じることは非常にまれで、むしろヒステリー性感覚障害を疑わせる。うつなどの精神疾患患者でみられることがある」[195]。医学診断名としてのヒステリーとは、神経の器質的障害がないにもかかわらず、心因などによって筋肉の麻痺や感覚の消失、意識の消失様の症状をきたす状態をさします。水俣病を知らない神経内科医がこの記載を読めば、全身性感覚障害を疑った際にそれが器質的疾患ではない、すなわち、神経内科疾患ではなく精神科領域の症状、と判断することになってしまうのです。

その病気の情報が教科書や論文に書いていなければ、医師たちは、それらの症候を診たときに病気や診断を思いつきません。要するに、神経内科の教科書をいくら読んでもわからず、水俣病という病名も思い浮かばない仕組みになっているのです。同じことは、その病気が遅発しうるかどうかについても、いうことができます。

1991年中央公害対策審議会・環境保健部会答申の誤り

1991年1月22日から同年11月12日まで8回にわたり、中央公害対策審議会（中公審）・環境保健部会および環境保健部会・水俣病専門委員会が開かれました。その水俣病専門委員会は、当時の井形昭弘鹿児島大学学長を部会長として、その他13名の委員で構成されていました。専門委員8名のうち、医学系委員は、納光弘（鹿児島大学）、加藤寛夫（国立水俣病総合研究センター）、鈴木継美《すずきつぐよし》（東京大学）、滝沢行雄（秋田大学）、藤木素士《ふじきもとお》（筑波大学）、二塚信《ふたつかまこと》（熊本大学）の6名の医師でした。

同年11月26日の答申では、水俣病の診断として昭和52年判断条件を認め、メチル水銀の発症閾値を頭髪総水銀濃度で50〜125ppmとしました。曝露から発症までの期間は、通常一か月前後、長くとも1年程度までとしました。曝露の時期としては、水俣湾周辺地域では、遅くとも1969（昭和44）年以降、阿賀野川流域でも1966年以降は、水俣病が発生する可能性のあるレベルの持続的メチル水銀曝露が存在する状況ではないと断じました[200]。しかし、これらの見解には、何も医学的な裏づけ、根拠となるデータが存在しません。

これに対して、2003年、日本精神神経学会・研究と人権問題委員会は、「水俣病問題における認定制度と医学専門家の関わりに関する見解[201]」を発表し、昭和52年判断条件は医学的なものではないこと、中公審において委員の中立性は保たれておらず、環境庁の意見の範囲内で討議されたことを明らかにしています。

この中公審の審議のなかで、唯一、水俣病に関して行政から独立した意見を述べたのが、鈴木継美東京大学教授でした。鈴木教授は、公衆衛生学者として至極まっとうな意見を述べましたが、それらは結局のところ一顧だにされませんでした。

1991年6月28日（第3回）の鈴木継美教授発言

・曝露終了後時間を経過してからの発症がある、その意味なのですが、それが医学的に否定できるなら話は簡単なんですという議論が出ましたけれども、これは容易には否定できない部分ですね。問題は、発症の中身の問題、何を発症してくるか。典型的な急性期の水俣病みたいなものが発症してくるはずは絶対にないので、もっとわけの分からない格好になったものが出てくるわけでしょう。その問題も含めて、発症の中身まで考えに入れて議論しないと話が詰まらなくなるから、そう簡単には、こんなことはもう絶対にないですよと言い切るのは、怖くて言えないですね。

・ごく一般論として言えば、曝露が停止して長い期間たってから何かが起こってくるということは一応齟齬なんです。そんなことは確率的には非常に少ないですよ、こうは言えるわけです。神経系の、例えば中毒系列の病気は得体の知れないところがありまして、ちょっと怖いんです。かなり前にかなりの曝露があって、長い期間たってから何かが起こってくる危険性みたいなものを、今そんなことは絶対にないと言い切ったら、私は後世恥をかくのではないかと思っているものですからね。

・人間の歴史の中で初めて、ある量のメチル水銀が比較的集中した期間にたくさんの人間に入ってしまった、その結果起こった出来事として、ある典型的な症状のこういうのが分かった、この段階で認定がかかってくるわけですね。しかし、これは初めての経験なんです。だから、その先何が起こるのかに関しては分からないのです。これは認めざるを得ないのです。[200]

1991年7月31日（第4回）の発言（井形昭弘教授が、欠席した鈴木継美教授の手紙を代読）

・ありがとうございました。今日御欠席の鈴木継美先生からお手紙が来ておりまして、御意見が書いてありますので、御紹介いたします。特定症候有症者に対し何らかの施策を実施するためには、四肢末端の感覚障害のみを有する者が他の地区と比較して水俣病関連地域に多いことが前提であると考えていましたが、今回、多い、少ないの概念とは別の観点から、水俣病の周辺にメチル水銀の曝露の影響が多少とも考えられる、あるいは完全には否定できない者の存在を前提に対策を組み立てるのも一つの方向であると思います。疫学の条件から見ますと、集団としてのメチル水銀の曝露が考えられる最低限の条件としては、やはり他の地域との比較でこの地域に特定症候有症者が多いと言えることがまず必要であると言えます。こういう内容の御意見が届けられております。[200]

１９９１年中公審の答申は、「水俣湾周辺地域のように、長期にわたり様々な程度でメチル水銀を摂取したと考えられる人口集団の事例はないため、その健康状態の長期的な推移等を把握する必要性が指摘されている」と記述していますが、その後そうした調査はなされていません。

日本神経学会の登場

日本神経学会の創立以来、水俣病には日本神経学会の理事長や代表理事、理事などが個人の立場で関与はしてきました。しかし、日本神経学会が組織として水俣病にかかわることはほとんどなかったと思われます。もともと創立者の一人である椿教授が水俣病研究を忌避する道を敷いてきたわけですから、日本神経学会には、水俣病の診断基準も診療ガイドラインもありません。ところが、２０１８年から、いきなり水俣病問題に日本神経学会がかかわることになります。日本神経学会のなかでは、私たちを除けば、水俣病の病態にかかわる研究として公表された学問的蓄積はほとんどないのに、です。

２０１７年秋頃、私は、日本神経学会が水俣病にかかわるのではないかという話を耳にしていました。そこで、２０１８年の学術大会直前の5月20日に学会のホームページを確認したところ、２０１７年度第５回日本神経学会理事会（日時：２０１８年1月26日）の議事要旨として、「メチル水銀中毒症をめぐる議論への意見」として、以下の記載がありました。

首記の問題について高橋代表理事から現段階で環境省に依頼され、神経学会のワーキンググループで取り纏められた神経学会の見解（案）が披露され、理事からはおおむね肯定的な意見が出された。しかし本問題が社会的に複雑な要素を含む問題であることを考慮に入れ、見解（案）の理事会承認には慎重を期して、見解（案）を各理事が十分検討したうえで、次回理事会で継続審議する旨の説明があった。

この要旨を読み、何か動きがあることはわかりましたが、それ以上のことは何もわかりませんでした。私だけではなく、おそらく大半の日本神経学会員は何も知らされていませんでした。そうしたなかで2018年10月31日、水俣病被害者互助会国賠訴訟が行われていた福岡高裁に、被告の国が日本神経学会代表理事高橋良輔名で「メチル水銀中毒症に係る神経学的知見に関する意見照会に対する回答[202]」という文書を提出しました。私自身も福岡高裁に提出されたこの文書をみて、初めて、約半年前にそのような文書が日本神経学会から環境省に提出されていたという事実と、その内容を知ったのです。

その文書は、2018年5月7日に環境省特殊疾病対策室長から日本神経学会の高橋代表理事（当時）になされた意見照会[203]に対して、同年5月10日に、高橋代表理事が特殊疾病対策室長に回答するという形がとられました。

意見照会は以下のようなものでした[203]。

1「神経系疾患の診断に当たっては、神経内科に十分習熟していることは必要ではない」との主張について

2「メチル水銀中毒による神経系疾患においては、症候の変動がみられることは争う余地はない」との主張について

3「メチル水銀ばく露終了後更に長期間経過後に、老化に伴い臨床症候が顕在化することもある」とする主張について

これに対して、日本神経学会の回答は、①神経系疾患の診断のためには神経学に習熟した神経内科専門医による神経学的診察が必要である、②中枢神経疾患において症状の変動性はほとんどみられない、③メチル水銀曝露終了後、老化により症状が顕在化するのはせいぜい数か月から数年である、という3点で構成されていました[204]。

同年4〜5月にこれらの決定をおこなった時点で日本神経学会の理事であった者の半数以上が、同月24日までに改選され退任していましたが、この見解が公表されたのは、その約半年後でした。通常、学会が医学的見解を出すときは、学会のなかでもその病気に詳しい専門家に依頼し、学会員に周知されるものです。パブリック・コメントを募ることもあります。決定内容がその後日本神経学会のホー

ムページに掲載もされず、きわめて異常な経過で決定、公表されたのです。

これまで、日本神経学会員の専門家が旧環境庁や環境省の委員として見解を述べたことはありました。しかし、組織として日本神経学会が水俣病（メチル水銀中毒症）に関して何らかの見解を公にしたのは初めてではないかと思われます。

日本神経学会員からの批判

このような日本神経学会の「回答」に対して、私たち医師団を含めた学会員の有志は、２０１９年4月10日、代表理事に回答にいたった環境省との交渉経過、ワーキンググループの責任者・構成員、回答を出すにあたって検討した全資料を明らかにするよう要望書を提出しました。[205] それに対する同年4月25日の代表理事からの回答は、以下のようなものでした。[206]

学会としての意見を出すことについての相談は、環境省から業務の参考にするためとして平成29年夏ごろからうけており、同年11月に水俣病に関して、学会として意見をだしてほしいとの依頼が当時の代表理事に対して口頭でありました。「意見」に関してはワーキンググループで作成した文案を理事会で審議して4月の理事会で承認されました。回答に当たっては、環境省からの正式文書の送付を受けて行ったものです。そして、「意見」は、神経学の定説に基づいて作成されているため、必要な教科書や資料以外に論文は引用しておりません[206]。

そして、ワーキンググループの責任者・構成員については、以下のような回答でした。

ワーキンググループ構成員は、当時の代表理事高橋良輔が委嘱したものです。構成員のお名前は、学会の最終決定には関与していないこと、また個人情報に当たるためお知らせすることはできません[206]。

これを読んだときは、私も驚きました。医学的な内容に関して、個人情報を根拠にその見解の持ち主を公開しないのですから、この回答は学術文書として破綻していることになります。高橋代表理事は、水俣病の診療経験もなく、研究歴も見当たりません。その高橋代表理事が委嘱したワーキンググループが最終決定に関与していないということは、何を根拠に作成したのか、ますますもって不透明です。日本神経学会は、回答が出された経過を明らかにすべきです。

しかも、回答を出すために検討した資料や回答にみられた「定説」の根拠について、裁判で係争中であることを根拠に示しませんでした。裁判当事者でもない日本神経学会が、「係争中であること」を根拠に発言しないというのも、奇妙です。私も裁判当事者ではありませんが、自らの氏名を明らかにして、裁判所に意見書を出し、証人として証言もしています。

図 7-1　日本神経学会の「環境省からの照会に対する回答」問題の経過

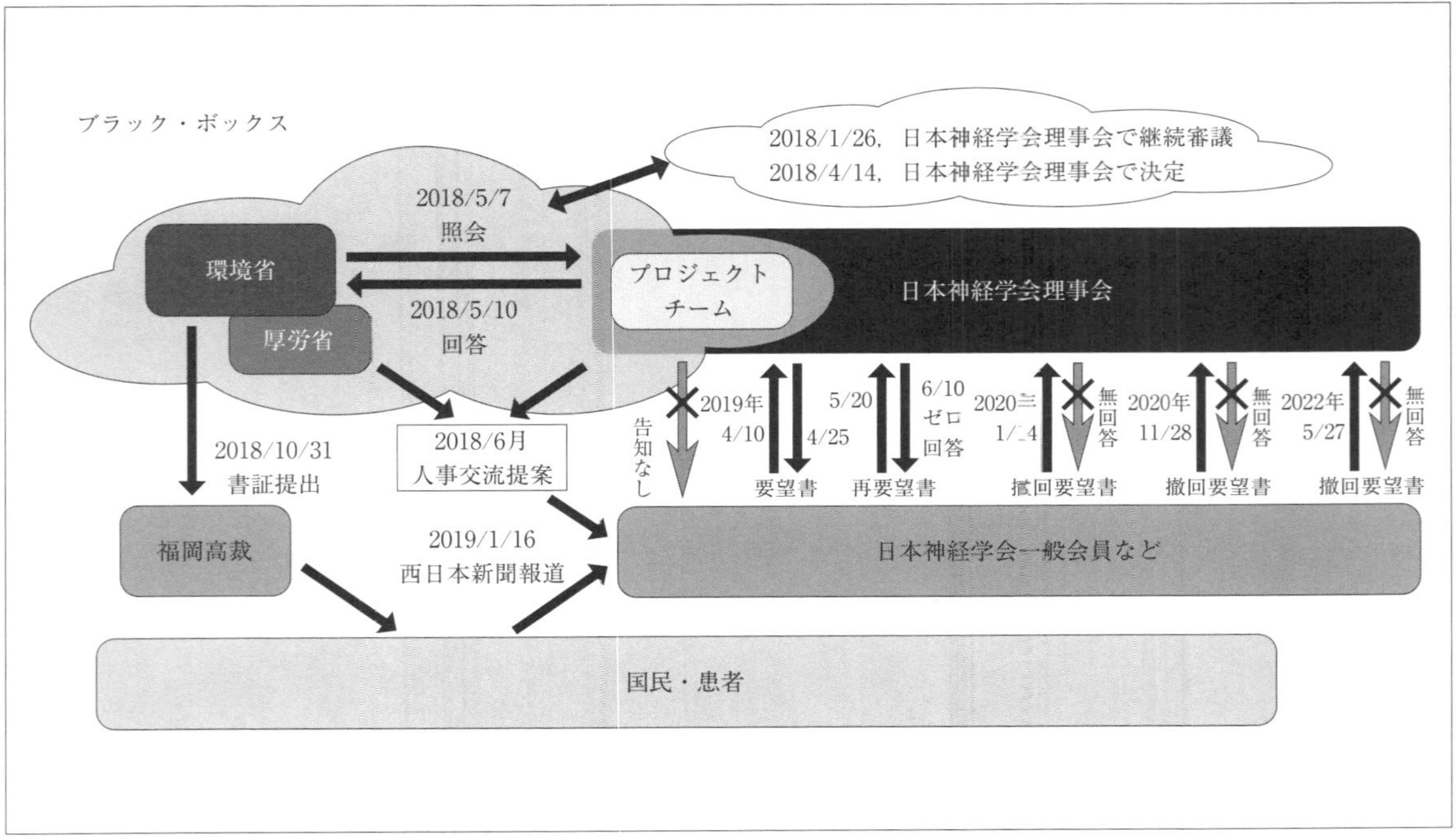

この後、同年5月20日に、学会員有志による再要望書が提出されました[207]。それに対するまともな回答がないため、2020年1月14日に、学会員有志が撤回要望書を提出しましたが[208]、学会理事会からこの要望書に対しても回答はありません。2020年11月28日[209]、2022年5月27日[210]にも、日本神経学会員を含むメチル水銀中毒症研究会が撤回要望書を提出していますが、回答はありません。

日本神経学会の「回答」の誤り①――神経疾患の診断は専門医に限られる

それでは、この日本神経学会の「回答」がどのように誤っているかについて、解説していきましょう。詳しくは、私が2019年10月10日に熊本地方裁判所に提出した「日本神経学会の回答に対する意見書[211]」に記しています。

回答①は、水俣病だけでなく、神経疾患一般について専門医に限られると述べていますが、これはまったく間違っています。水俣周辺地域にも神経内科専門医の存在しない自治体がありますが、脳卒中も、頭痛も、糖尿病による末梢神経障害なども診断しています。他の分野と同様、より珍しい病気や専門的な治療を必要とする病気については、専門医が診断・治療するということになります。

水俣病の診断については、日本神経学会の専門家の多くが水俣病研究を怠ったために、水俣病の正しい病態は専門医にも知られていません。正しい病態や疫学データ等を知ることなしに、このような広範かつ長期にわたる環境汚染によって起こされた、新たな病気を診断することはできません。実際、日本神経学会には水俣病の診断基準はなく、そのうえ昭和52年判断条件のような間違った診断基準と、そのもとにある間違った病態認識が前提となっているのであれば、日本神経学会の専門医であることは、現時点においては、水俣病診断においてネガティブな因子となってしまいます。

より詳しくは、２０１９年10月10日に熊本地裁に提出した、「日本神経学会の回答に対する意見書」に紹介してありますので、以下のウェブサイトからご覧ください（https://www.kyouritsu-cl.com/up_file/2001/td04_file1_19233124.pdf）。以下、②③についてもこの意見書に詳細を記しています。

日本神経学会の「回答」の誤り②――中枢神経疾患で症状の変動性はほとんどみられない

回答②については、確かに、海馬などの一部の例外を除いて、中枢神経系の脳細胞はいったん死滅すると元に戻りませんが、症状が変動しないわけではありません。中枢神経が障害される病気のなかでも、症状が変動する病気は少なくないのです。パーキンソン病、アルツハイマー病、[212]レヴィー小体病などの変性疾患、二硫化炭素中毒症[213]、一酸化炭素中毒症[214]などの中毒性疾患、多発性硬化症などで確認されています[211]。脳血管障害（脳出血、脳梗塞）の場合も重度であれば変動が少なく、軽度であれば回復したりします。変性疾患では変動性があっても、進行性であることが多く、意識されにくいということはあります。

このように、あらゆる中枢神経疾患において症候の変動はありうるのですが、脳組織の一定領域でまとまって機能が廃絶するのではなく、脳細胞の間引き脱落やシナプス異常が起きたりする水俣病では、脳血管障害や変性疾患などと比較しても、症候の変動が起こりやすいのです。実際には、熊本大学第一内科が観察した初期の重症症例でさえ、症状が増悪したり改善したりしています[3]。加齢によって症状が再び増悪することも観察されていますし、熊本大学神経精神科[215]や新潟大学神経内科[216]、イラク[137]の症例でも症状の変化は報告されています。このように、実際のメチル水銀曝露を受けた人を継続的に観察することによって、初めて変動性などの病態が明らかになるのです。しかし、日本神経学会の見解は、患者の観察データを参照することなく、水俣病の病態を決めつけています。これは医学ではありません。

第4章で紹介したように、１９８４年の内野・荒木論文でも、82％の症例で感覚障害の範囲が変動しています。これは、末梢神経の障害と比較して、大脳皮質感覚野の障害では変動が起きやすいことを示しています[81]。内野教授による「水俣病像の推移[83]」でも、認定審査会資料[217]でも、症候の変動が報告されています。

日本神経学会の「回答」の誤り③——曝露終了後、症状が顕在化するのは数か月から数年

③が間違っていることは、第6章ですでに述べました。遅発性発症の原因として、実際の脳組織のなかの病態がすべてわかっているわけではありませんが、これまで紹介してきたように、水俣、新潟

の各地で、遅発性発症が確認されています。近年では、私たちの２００９年の検診データやダートマス大学での事故症例などがあります。症候が数か月から数年以内に必ず出現するという見解は明らかな誤りです。

遅発性メカニズムについて、①神経組織に蓄積したメチル水銀あるいは無機水銀が、引き続き神経組織に損傷を与える、②神経組織内水銀濃度が低下した後も、メチル水銀によりすでに障害を受けた神経組織が、何らかの機序により、引き続き損傷されたり、機能障害が発生あるいは増悪したりする、③メチル水銀によりすでに障害を受けた神経組織が、神経組織内水銀濃度が低下した後も、加齢による神経組織の可塑性の低下により、障害が顕在化する、④メチル水銀によりすでに障害を受けた神経組織が、引き続く低濃度メチル水銀曝露により、さらに損傷を受ける、などが考えられてきました。

しかしながら、もともと脳は非常に多数の神経細胞から構成されているわけですから、曝露が軽くなるにしたがって症候が現れるのに時間がかかることは、容易に想像がつきます。問題は、通常の自然界のメチル水銀曝露以上の曝露を受けたときにどうなるか、ということであり、それを知るためにはそのような曝露を受けた人を観察する以外に解明する手段はないのです。第６章で述べたように、メチル水銀の中枢神経系に対する毒性は曝露が少なくなると、間引き脱落や微小管障害等によるシナプス障害のため連続的な障害度をもちうること、メチル水銀の脳組織への移行と毒性の発現に時間がかかり、神経細胞が障害されるまでに時間がかかることなどは、遅発性発症と一致している現象です。

図7-2　アルツハイマー病の自然経過

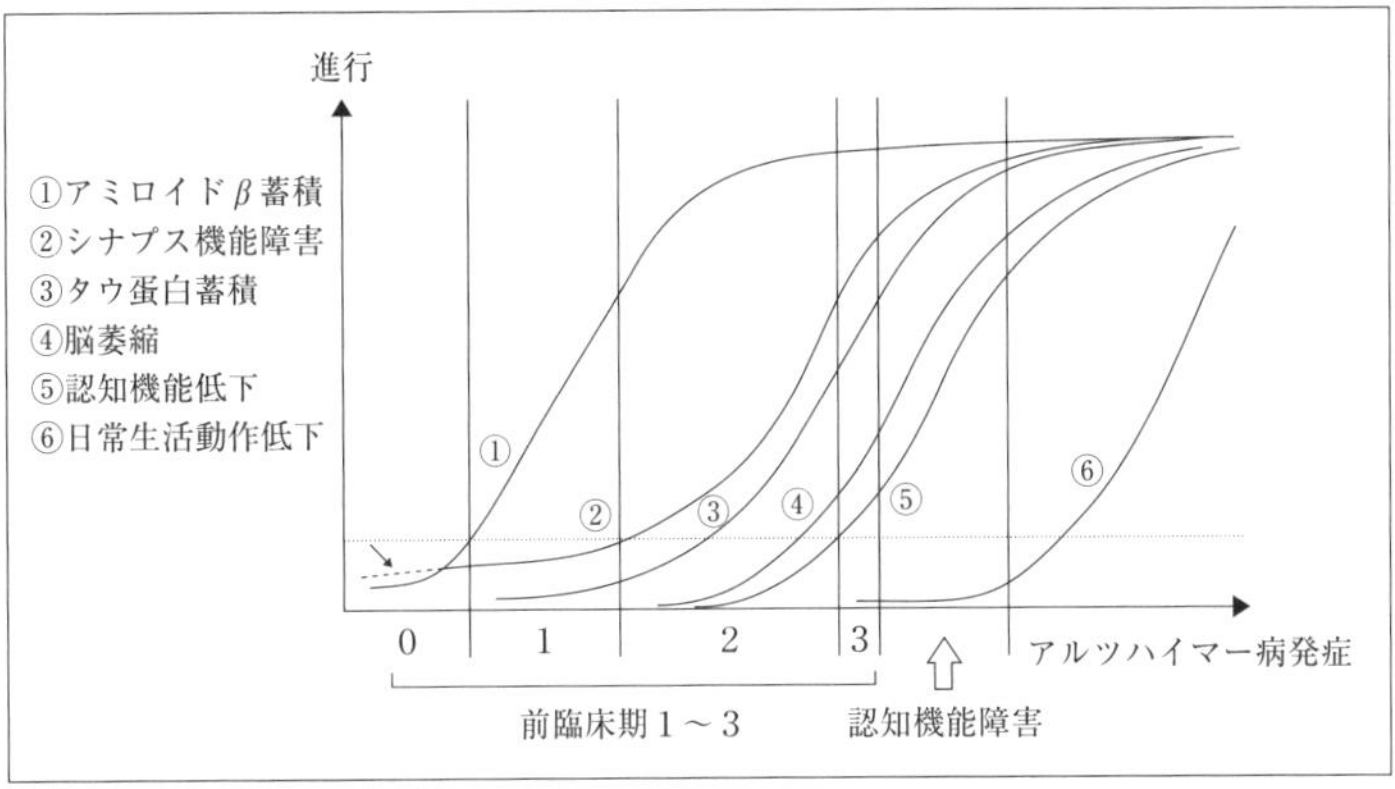

出所）［212］の図を改変

他の中枢神経疾患でも発症に時間がかかる

他の神経疾患でも、原因となる細胞・組織に変化が出現した後、発症にいたるまでに時間がかかることがわかってきています。アルツハイマー病は、通常高齢になって発症しますが、脳組織では、実際に認知症を発症する数十年も前から、アルツハイマー病と関連があると思われるアミロイドβ蛋白の蓄積、シナプス機能障害、細胞障害などが順次起こっていることがわかってきています（図7－2）。

また、パーキンソン病の症状も脳幹部にある黒質部の神経細胞死が60～90％起こった後に出てくると考えられています[218]。このように細胞死が進行しているのに発症しない長い潜伏期は、消失した細胞の機能を代償する残存細胞の能力によるものと考えられています。

中枢神経は多数の細胞から構成されているため、より少数の神経細胞が比較的緩やかに障害された場合、症状が出にくいということは十分考えられます。メチル水銀による神経細胞の「間引き脱落」がより少量の曝露で起こっている場合、神経細胞が障害された直後に症状が出るということは考えにくいのです。

日本神経学会理事会の「回答」の持つ倫理的問題

日本神経学会の倫理綱領[219]は、以下のことを定めています。

①個人として、公正と誠実を重んじ、人権を尊重する。
②本会員は、研究、教育、診療およびその他の活動が社会に与える影響を考慮し、常に社会の信頼を得るよう努める。
③研究においては、高い研究者倫理に基づき、正しく、誠実な公表に努める。
④教育においては、本会員自らの専門能力の向上を図り、あわせて関係者の専門能力の向上に努める。
⑤診療においては、医療専門職として常に研鑽をこころがけ、病者本位の医療に努める。

2018年の日本神経学会の「回答」はこのすべての項目に反する行為です。

また、日本神経学会「会員行動規範」には、「神経内科医は、公共の福祉に資することを目的として研究活動を行い、客観的で科学的な根拠に基づく公正な助言を行う。その際、神経内科医の発言が世論及び政策形成に対して与える影響の重大さと責任を自覚し、権威を濫用しない。また、科学的助言の質の確保に最大限努め、同時に科学的知見に係る不確実性及び見解の多様性について明確に説明する」とあります。これにも反する行為です。

日本神経学会理事会が医学的根拠なく、２０１８年の「回答」をしていたことは明白です。学会員からの質問や要望に対して回答不能に陥っていることは、この「回答」が、医学とは別次元の見解であったことを示しています。

なお、「回答」が出された翌6月に、日本神経学会将来構想委員会委員長の望月秀樹理事から、学会員に対して以下のような「日本神経学会と厚生労働省との人事交流について」[220]が出されました。

> 拝啓　日本神経学会会員御皆様におかれましては、ますますご清栄のことと存じます。
> さて、厚生労働省から医系技官の人事交流の依頼があり、本学会と致しましてはまたとない機会でもありますので、ぜひ推薦したいと考えております。これが実現できれば本学会にとりまして神経難病対策をはじめ神経疾患診療の社会的意義や重要性を厚生労働省にアピールできると期待しております。
> この人事交流に関するご案内は学会ホームページ（トップページ「お知らせ」）に掲載しております。

学会ホームページに応募および推薦要領が記載されていますので、掲載記事をご覧いただき、積極的に応募くださいますようお願い致します。次のURLからアクセスしてください[220]（以下略）。

医学研究には資金が必要であり、科学研究費の交付については、文科省や厚労省など行政が大きな権限を握っています。医系技官は厚労省から、環境省、防衛省、文科省へ出向しています。このような学会と行政の不透明な関係があるなかで、以上の人事提案がなされたことは、利益相反にあたります。

徳臣教授、荒木教授、井形教授、椿教授を水俣病にかかわった第1世代とすると、現在の日本神経学科の理事を構成している各大学の教授は第3〜第5世代であり、そのほとんどは水俣病との接点がなくなっています。そのなかで、水俣病にかかわる医系技官らは、日本神経学会との人事交流によって、医学の本流とは異なるパイプを再構成しようとしているのでしょうか。

近年の水俣病裁判にみる神経内科専門家らの見解

私は、毎年のように、日本神経学会の学術大会で水俣病について演題発表をしてきましたが、その場で国の主張を擁護する医学者から、発表のテーマに対する異論を唱えられたことはまずありません。しかし、水俣病認定審査会の委員を務め、裁判になると環境省に求められて裁判所に意見書を提出し、法廷で証言をする医師がいます。本来の学術討論の場である医学会の場では沈黙し、行政から求められると「専門家」あるいは「専門医」として水俣病について意見を述べるのです。

では、国側証人として裁判にかかわり、あるいは出廷してきた神経内科専門家の意見書や証言において、水俣病についての医学的見解はどうなっているのでしょうか。ここでは、水俣病の医学について、①水俣病の診断基準についての見解、②水俣病患者やメチル水銀の曝露を受けた人の観察・記録・分析、あるいは関連情報収集を行ってきたか否か、③メチル水銀中毒症の病態についての認識、④水俣病を医学の対象としているか否か（病気を医学的に追究しようという医学者としての認識・意志・態度がみられるか）の、各論点で検討してみました。

検討対象は、2022年8月末時点で入手しえた意見書および証言（証人調書）で、検討対象者は、以下の医師たちです。西澤医師と松尾医師については、意見書は提出されていますが、今後新潟地裁で証言する予定になっています。

- 国立水俣病総合研究センター、臼杵扶佐子医師
  ノーモア・ミナマタ訴訟・熊本地裁、意見書（2009年12月21日）、乙イロB第99号証[115]
- 鹿児島大学、濱田陸三医師
  ノーモア・ミナマタ第2次訴訟・熊本地裁、意見書（2014年10月7日）、乙イB第84号証[221]
  ノーモア・ミナマタ第2次訴訟・熊本地裁、証人調書（2020年10月30日[222]）
  ノーモア・ミナマタ第2次近畿訴訟・大阪地裁、証人調書（2020年11月6日[223]）

・福島県立医科大学、山本悌司名誉教授
水俣病被害者互助会国賠訴訟・福岡高裁、意見書（２０１６年６月28日）、乙イＢ第２３７号証[96]
（同じものを水俣病被害者互助会義務付訴訟・乙イＢ第80号証、ノーモア・ミナマタ第２次訴訟・乙イ第１３９号証として提出）
・長崎大学、松尾秀典医師
水俣病被害者互助会国賠訴訟・福岡高裁、証人調書（２０１９年７月19日）[224]
ノーモア・ミナマタ第２次新潟訴訟・新潟地裁、意見書（２０１６年10月28日）、丙Ｂ第１０６号証[225]
・鹿児島大学、松浦英治准教授
水俣病被害者互助会国賠訴訟・福岡高裁、意見書（２０１７年５月29日）、乙Ｂ第１１３号証[226]
水俣病被害者互助会国賠訴訟・福岡高裁、証人調書（２０１９年７月29日）[227]
ノーモア・ミナマタ第２次近畿訴訟・大阪地裁、意見書（２０１９年８月26日）、乙イＢ第１３６号証[228]
ノーモア・ミナマタ第２次近畿訴訟・大阪地裁、証言（２０２０年10月９日）[229]
・新潟大学、西澤正豊名誉教授
ノーモア・ミナマタ第２次新潟訴訟・新潟地裁、意見書（２０２０年８月25日）、丙Ｂ第２５９号証[74]

・熊本大学、内野誠名誉教授

水俣病被害者互助会義務付訴訟・熊本高裁、証人調書（2020年12月21日）[230]

裁判における意見書や証言は、裁判上の論争点について限定してなされるため、それぞれの医師について上記①～④の全項目を検討することはできませんが、意見書、証言から判明した問題点のいくつかについて述べていきます。

なお、意見書または証人調書に言及した後に示した［番号］は本書巻末の参考文献番号で、その下に該当ページ数を入れています。

水俣病の診療・研究経験

山本医師は、1966年に医師となり、1989年から福島県立医科大学の教授をつとめてきた神経内科専門家です。「証人は水俣病の患者さん、どれぐらい診られましたか」という質問に対して、「地域は水俣病の患者さんがいないんで、私は一例も診ていないです」［224、77頁］と証言しました。

松尾医師は、1983年に医師となっています。山本医師に次いで水俣病から縁遠いと思われる長崎県の神経内科医です。まだ証言が終わっていませんが、2022年8月28日の「医学中央雑誌」の検索では、「水俣病」または「水銀」でヒットする業績はありませんでした。

濱田医師と臼杵医師と松浦医師は、鹿児島大学の所属ですので、水俣病患者あるいは水俣病が疑われる患者を診たことのある医師です。濱田医師は、1971年に医師となり、第2章で紹介した「水俣病の計量診断」の研究を井形教授とおこないました。1989年の「水俣病の臨床像この15年間の推移[23]」の学会発表が、水俣病に関する最後の研究と思われますが、近年は、政治的救済、特措法での検診時の診察などを除いて、水俣病の検診をおこなっていない〔223、32頁〕と回答しました。

臼杵医師は、1980年に医師となり、鹿児島大学神経病学講座（脳神経科・老年病学：旧第三内科）に所属、国立水俣病総合研究センターで、胎児性水俣病患者のリハビリなどを担当していましたが、同センターでは、これまで原則として公健法で認定されていない患者の診療や研究はおこなわれてきませんでした。

松浦医師は、1994年に医師となり、現在准教授です。認定申請の公的検診での診察数については、記憶が定かでないとの前提で、「何十人かぐらいでしょうか」〔229、29頁〕と答えました。その公的検診では、「自分は水俣病じゃないかということで来られるんで診察しますと、私が診た限りでは1例も水俣病がいなかったですし、今までの人生の中でも、水俣病の手帳を持ってる患者さんが私の外来に来ることはありますけど、そういう水俣病の神経診察をしたことはないですので、少なくとも水俣病を診たとは言えません」〔229、28頁〕と証言しました。

内野医師は、熊本大学第一内科の荒木教授の後に、新設された神経内科学教室の教授となっています。現在の熊本県認定審査会会長です。内野医師は、証人となっている他の医師と比較すると多くの患者を診て研究もしてきたと思われますが、「医学中央雑誌」での検索では、筆頭者としての研究は、1987年の『臨床神経学』「慢性水俣病診断の問題点」[232]が最後です。

西澤医師は、2016年まで新潟大学脳研究所教授で、新潟県新潟市の水俣病認定審査会の会長をしていました。第4章で紹介したように、椿教授の後任の教授らは水俣病の研究を積極的にはおこなってきませんでした。「医学中央雑誌」の検索でも、教授在任中、西澤医師による水俣病の病態解明につながる臨床的研究はヒットしませんでした。

西澤医師の2015年の水俣病についての解説論文には、「神経学的診察の所見から、感覚障害の存在を確認することは比較的容易にできるが、その原因を特定することは、現在の検診内容（新潟では神経学的診察、頸部・腰部単純X線、神経伝導検査、眼科検査、神経耳科的検査を実施しており、MRI画像、脳脊髄液検査、末梢神経生検などは含まれていない）では多くの場合、ほとんど不可能なのである」[233]とあります。この主張の内容は必ずしも正しいとは思いませんが、少なくとも、西澤医師が公的検診の枠の外で水俣病研究をおこなう状況になかったことが示唆されます。

垣間見た大学医局の体質

前項で、松浦医師が、公的検診の患者を診て、1例も水俣病を疑わなかったと証言したことを紹介しましたが、松浦医師が診察した公的検診で、1例も四肢の感覚障害がなかったことはまずないでしょう。鹿児島県で水俣病特措法救済対象となった1万5000人以上の住民は、全員鹿児島大学を中心とした医師により四肢の感覚障害の存在を認められています。[234] これほど高頻度に感覚障害を認める地域は、世界のどこにも見当たらないでしょう。すなわち、汚染地域で四肢に感覚障害のある患者を診たとしても、松浦医師の鑑別診断のリストには、水俣病が入らないということを意味しています。

鹿児島大学神経病学講座の准教授という立場にある松浦医師は、水俣病の診断基準を持たず［229、29頁］、2019年の裁判の尋問の際は、1984年の内野・荒木論文において感覚障害の分布や程度が変動するという記載について質問され、「これは読んでおりませんでした」［227、62～63頁］と答えています。私たちの研究を参照していない人は、この論文でも読まなければ、水俣病の病態の一端に触れることもできないのではないでしょうか。また、「水俣病は表在感覚障害と深部感覚障害、両方とも障害されるというふうにお考えでしょうか」と質問され、「ちょっとよく分からないです」［229、32頁］と返答をしています。

松浦医師と同じ教室の吉村道由医師、髙嶋博教授らによる「高齢者の手足しびれ感の診断のポイント」[235]という論文があります。鹿児島県西北部の出水・長島地域では、1万7973名が一時金等の給付申請をおこない、その住民のほとんどは鹿児島大学の同教室の医師らによる診察を受け、1万3545名が四肢の感覚障害を認められています（表7-1）。それを考えれば、鑑別診断として水俣病が候補に上がってきて当然で、この論文のなかの診断すべき疾患リストの一つに水俣病があってしかる

表7-1　鹿児島県における水俣病特措法処分状況

発表事項	水俣病被害者救済特別措置法に基づく救済措置に係る申請者数内訳（最終値）及び判定結果
内　　容	○申請者数内訳（受付期間：H22. 5. 1～H24. 7. 31） （単位：人）

申請者数	19,971
1　一時金等の給付申請者	17,973
（1）認定申請者	2,496
（2）保健手帳所持者	2,847
（3）新規申請者	12,570
（4）故人の遺族	60
2　保健手帳から水俣病被害者手帳への切替申請者	1,998

○判定結果

（単位：人）

一時金等の給付申請者	17,973
1　一時金等対象該当	11,127
2　療養費対象該当	2,418
3　1及び2の何れの対象にもならなかった方	4,428
保健手帳から水俣病被害者手帳への切替	1,998

出所）［233］

べきです。ところが、この論文には、「水俣病」、「メチル水銀中毒症」の言葉もなく、「中枢神経疾患のしびれ」の項目にも水俣病についての記載はありません。水俣病は鹿児島地域に限定されるものではなく、全国に患者が散らばっていますから、鑑別すべき疾患としてあげられるべきものですが、何も書かれていません。

同教室の濱田医師は意見書で、「医師が『共通診断書』の様式を取り出し記載を始めるときには、既に思考はゼロベースではなく、水俣病であるという先入観が入ってしまっている可能性が高い」［221、3～4頁］などと主張しました。水俣病を疑って診療することを「先入観」と決めつけているということでしょうが、医師が自分も想定しない疾患を診断することはできません。

また濱田医師は、具体的な鑑別すべき病気をあげることもせず、「極言すれば水俣病の診断に必要なのは、水俣病に関する知識よりも水俣病以外の幅広い神経疾患一般に関する知識である」〔221、6頁〕と主張しました。

なお、松浦医師は、「水俣病について専門的に研究されたわけではないということでよろしいですか」と尋ねられ「その通りです」〔229、37頁〕と返答し、「ほとんど水俣病には詳しくない」〔229、71頁〕と述べつつ、「認定されるかどうかは診断基準ではなくて認定基準ですので、それは法律とか政治的に判断すればいいので、私個人とすれば、曝露歴があって症状が1つでもあれば、全員、最初から救済すればよかったんじゃないかと、僕は思ってます」〔227、38頁〕と証言しているのです。

鹿児島大学の同教室の医師すべてがこれらの医師と同じ考えを持っているとは思いたくありませんが、彼らの主張や立場をまとめると、①メチル水銀の曝露を受け健康障害を有する住民が鹿児島県に多数存在するという認識がきわめて不十分で、②その地域に多数のメチル水銀による感覚障害等の神経障害の患者が存在することが医局の医学的課題となっておらず、③私たち医師団の研究成果だけでなく、52年判断条件をサポートしてきた医学者を含めた過去の水俣病についての医学的蓄積とも無縁になっており、そもそも、④水俣病が医学の対象になっていない可能性が高いといえます。

水俣病の診断基準についての考え方

表7-2　水保病の診断基準についての国側医師証人らの証言

医師	年月日	証言の内容	出所
山本医師	2019年7月19日	「証人自身は，水俣病の診断基準をお持ちですか」という質問に対して，「私自体の診断基準というのは，持ってないというより，自分で診断基準を作らなければならないので，それは非常に困難なことなので持ってません」と証言。	証人調書（水俣病被害者互助会国賠訴訟，福岡高裁）［224，73頁］
松浦医師	2020年10月9日	「証人自身は水俣病の診断基準についてはどのようにお考えですか」という質問に対して，「診断基準というものがないと思うんですけども，きちんとしたものは」と証言。昭和46年通知と昭和52年判断条件について聞かれ，読んだことはあるが，「詳細に答えることはできません」と証言。	証人調書（ノーモア近畿，大阪地裁）［228，29～30頁］
濱田医師	2020年11月6日	「証人は，じゃあ水俣病はこういうものだという定義のようなものはお持ちなんですか」と聞かれ，「定義は，感覚は持っておりますが，定義は持っておりません」と証言。さらに，「証人は水俣病の診断基準というようなものは自分なりにお持ちなんでしょうか」と聞かれ，「それは持っておりません」と証言。	証人調書（ノーモア近畿，大阪地裁）［223，35，40頁］

水俣病の診断基準について山本、濱田、松浦の各医師証人におこなわれた質問に対する見解は表7－2のとおりです。水俣病を疑われる患者を診察したことのある鹿児島大学の濱田医師と松浦医師、そして診察歴のない山本医師も、自らの水俣病の診断基準を持っていません。診断基準を持たないにもかかわらず、その疾患の診断の正否を評価するなど、通常ありえないことです。しかし、水俣病の裁判では、そのありえない証言がなされているのです。

なお臼杵医師は、意見書で自らの水俣病の診断基準を示していません[115]が、先述のとおり、裁判が和解となったため、残念ながら証言はなされていません。

また松尾医師は、意見書のなかで水俣病の病態や診断基準には言及しておらず、水俣病の診断が容易でないことの根拠として、椿教授の「水俣病の診断に対する最近の問題点[73]」を引用しました［225、6頁］。このことは、松尾医師には水俣病の病態や診断を理解したり解明したりしようという前向きの姿勢がないことを示しています。

感覚障害の責任病巣について

第6章で、1980年代まで慢性水俣病での感覚障害の主たる責任病巣についての見解の相違があり、最終的に中枢神経（大脳頭頂葉皮質）であることになった根拠と経過を説明しました。国はそのことを正式には認めていませんが、濱田、松浦、山本の各医師証人はそのことを認めており、それらの証言は妥当と思われます。内野医師の証言は、後で詳しくみるように、中枢神経の障害を認めつつ、四肢末梢の感覚障害は末梢神経が原因とも述べています。

一方、まだ裁判での証言はなされていませんが、西澤医師は意見書のなかで、病理学を根拠として、末梢神経障害と皮質障害の両方が原因であるとしつつ、（軸索障害性の）多発ニューロパチーの病態を前提としたうえで、水俣病の感覚障害について論じています。[74] 第6章で紹介したように、1970年代にさかんにいわれた末梢神経説は、動物実験データが根拠になっていたり、人体データでは対照と十分に比較されていなかったことなどの問題があり、[157] 永木医師らの研究[158]やその後の臨床疫学的データ[91,99]でも否定され、その後、末梢神経説を支持する研究は、西澤医師自身を含めて提出されていません。

このように、感覚障害の責任病巣等に関して、国側証人らのなかに不一致があることがわかります。

もともと末梢神経説を強く主張していた衞藤医師は、1994年、メチル水銀曝露を受け四肢の感

表 7-3　水俣病の感覚障害の責任病巣についての国側医師証人らの証言・見解

医師	年月日	証言の内容	出所
山本医師	2019年7月19日	水俣病の責任病巣について問われ，「大脳皮質の中でも感覚領野，聴覚領野，視覚領野にかなりターゲットがあると。それから小脳ですね。そういうふうに理解してます」と証言。また，末梢神経については，「末梢神経については，意見が割れて，（中略）衛藤先生は末梢神経障害もあるというような意見ですけれども，今の水俣病の全体の雰囲気としては，末梢神経障害はないということになってますから，そういう観点で僕は考えてます」と証言。	証人調書（水俣病被害者互助会国賠訴訟，福岡高裁）〔224, 72～73頁〕
松浦医師	2019年7月29日	水俣病の中枢神経障害について，「感覚野と視覚野と聴覚野と，（中略）小脳機能が，あの部分がやられます」と証言。	証人調書（水俣病被害者互助会国賠訴訟，福岡高裁，乙B195号証）〔227, 49～50頁〕
西澤医師	2020年8月25日	意見書のなかで，病理学を根拠として，末梢神経障害によるものと皮質性感覚障害の両方が原因としつつ，軸索障害性の多発ニューロパチーの病態を前提として，水俣病の感覚障害について論じるが，皮質障害としての特徴については詳述せず。	意見書（ノーモア・ミナマタ新潟訴訟，丙B第259号証）〔74, 2～6頁〕
濱田医師	2020年11月6日	水俣病における四肢末梢優位の感覚障害の責任病巣についての質問に対して，「中心後回，中心前回が病的にやられてまして，それは明らかにそこで強い分布をもって水俣病の場合は障害されてる」，「末梢神経がどのくらい関与してるか分からないということです」と証言。	証人調書（ノーモア近畿，大阪地裁）〔223, 104～105頁〕
内野医師	2020年12月21日	水俣病の責任病巣についての質問に，「水俣病の場合は，中心後回の感覚野と末梢神経です」と中枢，末梢の両方にあると証言。詳細は本文を参照（236～237頁）。	証人調書（水俣病被害者互助会義務付訴訟，熊本地裁）〔230, 31頁〕

覚障害を有する21名の剖検例についての論文で、19名にしか大脳・小脳の病理所見を認めず、水俣病でなかったとしました。[236]第6章で述べたように、この衛藤医師の判断は、感度の低い病理所見を最終診断とした間違ったものなのですが、その21名中20名に末梢神経障害の病理所見を認めるとしながら、それを水俣病の診断根拠とはしませんでした。[236]衛藤医師は、2002年には、発症後20年経過すると臨床的にも病理学的にも電気生理学的にも異常を認めないのは当然と述べており、[237]近年の水俣病症例の感覚障害の主たる責任病巣を末梢神経に求める根拠はなくなっているのです。

全身性感覚障害に関する見解

第6章で全身性感覚障害について詳しく述べましたが、水俣病裁判に出廷してきた国側医師は、どのような見解を持っているのでしょうか。表7－4に示すように、臼杵、西澤両医師は、水俣地域に多数みられる全身性感覚障害の存在についてきわめて懐疑的であり、山本医師はほぼ否定しています。内野医師はそもそも論文で全身性感覚障害を報告しつつ「特殊」と証言しています。松浦医師は、「全身の感覚が低下することにならないか」という質問に対して「そうかもしれません」と回答し、濱田医師は、中心後回全体に間引き脱落が起きた場合に全身の感覚障害が起きうることを認めました。

臼杵、山本、西澤医師に共通している特徴は、全身性感覚障害という徴候があれば、即、生存も危なくなるくらい重篤な状態になるはずだ、と考えてしまっていることです。これは、第6章で紹介し

表 7-4　全身性感覚障害についての国側医師証人らの証言・見解

医師	年月日	証言の内容	出所
臼杵医師	2009年12月21日	「そもそも，全身性感覚障害を示す疾患は非常に稀であるとされている」とした。そして，フォン・フライ触毛による閾値が10gという触圧覚低下を示すケースが少なからずあると認めたことに言及した後，「本当にそのような高度の感覚低下が全身に広がっていたとするならば，日常生活は大いに障害され，体中に傷や火傷が絶えないような状況であると考えるのが自然である。他疾患で類似の例を挙げると，遺伝性感覚・自律神経性ニューロパチーという感覚障害を主症状とする稀な疾患では，外傷による潰瘍，感染症の予防が最も重要であるとされている。（中略）これほど高度な感覚障害を呈している被検者であれば，診療録に外傷や感染症に関する記載があって当然であるが，それに見合う記載がされていないということは，実際には外傷や感染症が頻発するような事態には至っていないと考えられる。このことから，原告らに対するフォン・フライ触毛の検査で，高度の閾値上昇(感覚障害)を示している場合であっても，その結果は実際の感覚障害の程度を正確に反映できておらず，この数値で表されているほど高度の感覚障害を呈していない可能性が高いといえる。	各原告に共通する意見書（ノーモア一次，熊本地裁，乙イロB第99号証）［115，38，39〜40頁］
山本医師	2019年7月19日	全身性感覚障害について質問され，「そういう患者さん，今まで僕は水俣病の患者さんを診たことはないんですけれども，ありませんから，全身の感覚が全くなくて」，「広範な感覚障害がある患者さんはいます。そういう場合，手や足，簡単に言うと傷だらけ，皮膚は厚くがさがさし，関節は固まり異常にし意（「異常な肢位」の間違いと思われる――引用者）になり，そして，深部感覚の障害があると，ふらふらして歩けない，それでも全身が全て感覚なくなるというのは，多分，生きていれないんだろうと思います」，そして，「（水俣病を診たことがないのに）どうして全身型はないと断言できたんですか」との質問に対しては，「先ほど言ったように，それは神経学の常識から」，「温痛覚が全身で失われると，大きな大きなハンディキャップ，時には生存が危うくなるというのが常識です」と証言。	証人調書（水俣病被害者互助会国賠訴訟，福岡高裁）［224，44，77，78頁］

西澤医師	2020年8月25日	「2回の診察において，感覚障害の分布が全身性である場合は，症候としての全身性感覚障害と神経病理学的所見の裏付けに関する実証には乏しいものの，申請者の主観的訴えを尊重して，感覚障害ありと判定することもあり得る．ただし，『ある部位の表皮の感覚が全く分からない』という訴えは，外表に全く異常がない場合には，神経学的にはあり得ない状態であるので，感覚障害は存在しないと判断する．このような感覚が実在する場合には，痛みや熱刺激に対する逃避反応が誘発されないために，表皮には外傷や火傷が絶えない状態になる．外表部が無傷であれば，全身性の感覚脱失という訴えには信用性がないことになる」と主張。	意見書（ノーモア・ミナマタ新潟訴訟，丙B第259号証）［74，6頁］
松浦医師	2020年10月9日	第6章の図6-3，浴野教授の論文にあった「水俣病認定患者，非曝露者の部位別感覚閾値の結果」の図を見せられて，「全身の各部位で感覚が低下してるということにならないでしょうか」と質問され，「そうかもしれません」と証言。	証人調書（ノーモア近畿，大阪地裁）［229，34頁］
濱田医師	2020年11月6日	「水俣病では全身性の触覚障害や痛覚障害というものはありうると考えられますか」と質問され，「感覚障害に関してはまだ確固たる信念を持っておりませんので，ありうるかあり得ないかを答えることはできません」といったん答えたものの，「中心後回全体に間引き脱落が起きた場合に全身の感覚障害が起きるかどうかという質問に対して，「それは起き得ると思います」と証言。	証人調書（ノーモア近畿，大阪地裁）［223，53，57頁］
内野医師	2020年12月21日	証言で，全身性感覚障害の存在を認めたが，「特殊」とした。	証人調書（水俣病被害者互助会義務付訴訟，熊本地裁）［230，31頁］

た先天性無痛症（遺伝性感覚自律神経ニューロパチー）[160]や急性自律性感覚性ニューロパチー[161]という非常にまれで重篤な末梢神経障害をきたす病気が念頭にあるためと思われます。逆にいえば、それくらい神経内科において他の病気では滅多にみられない徴候なのです。

ところが、第6章でも紹介してきたように、全身性感覚障害は、私たちの検診受診者の1〜2割程度（図5-16、図5-29）、内野医師のデータで受診者の1割前後（表4-5）に認められ、このことは、汚染地域に少なくとも数千人以上そのような患者が存在することを示しています。

非常にまれで重篤な末梢神経障害の場合とは異なり、メチル水銀による感覚野の障害は脳細胞の間引き脱落によって起こるため、感覚障害や運動障害の程度も比較的マイルドで、歩行障害も、つまずきやすいくらいの人から支えが必要な人まで、感覚障害の程度に応じてさまざまな重症度を示します。山本医師は、「水俣病の責任病巣は中心後回（大脳頭頂葉皮質）にある」と証言した［224、72頁］にもかかわらず、全身性感覚障害を認めないという間違いを犯しているのです。医師、専門家といえども、実際の患者を診ることがいかに重要かということを教えてくれます。

表7－4で紹介している西澤医師の記述には、複数の間違った「前提」が含まれています。西澤医師は、①症候の裏付けに神経病理学的所見が必要であるとし、②水俣病における全身性感覚障害は、「表皮の感覚が全く分からない状態」なので、③水俣病における全身性感覚障害では、外表部は無傷ではいられない、といいます。しかし、①については、第6章の「水俣病と、解剖による病理所見との関係」の項で解説したように、病理所見を最終診断とするという間違った推論に基づいており、②、③については、臼杵、山本両医師と同じ間違いを犯しています。

内野医師の感覚障害の責任病巣についての証言

ところで、1984年の内野・荒木論文では、昭和52年判断条件によって認定が厳しくなった後に認定された100名を対象とし、そのうち17名に全身性感覚障害を認めているのですが、抄録には、「また表在感覚障害は95%と最も高頻度であったが、感覚障害の分布や程度が変動しやすく、一部に全身痛覚消失型もみられた。臨床症候学的に水俣病の判定困難な例が増加しており（後略）[81]」と記されています。

全身性感覚障害は神経内科でもごくまれにしかみられない徴候ですから、たった一例存在したとしても症例報告になりうるものです。それが水俣病認定患者100名中17名に認められ、メチル水銀が影響を及ぼしうる大脳皮質の障害として責任病巣の点でも十分成り立つわけですから、これらの全身性感覚障害は、メチル水銀曝露によるものと考えざるをえません。それにもかかわらず「判定困難」の記述がなされたのは、内野・荒木医師が医学的事実よりも昭和52年判断条件を優先させているためと考えられます。

内野医師のこの姿勢は、残念ながら現在も続いています。2020年12月21日の熊本地方裁判所における水俣病被害者互助会義務付け訴訟では、「全身型（全身性感覚障害のこと）は特殊な場合」という内野医師の発言を受け、以下のような証言がなされています［230、35頁］。

原告側弁護士：（大脳皮質病変について）萎縮の問題ではなくて細胞が脱落していく話を今しています。

内野医師：顔から手から足から全領域が委縮《ママ》しています。

弁護士：そうすると全身型が典型になるんじゃないですか。
内野医師：その可能性はあります。ただし。
弁護士：証人は先ほど全身型は例外だとおっしゃいましたね。
内野医師：ですけど、クラシカルタイプの方も基本的には手足の手袋靴下型の感覚障害なんです。
弁護士：今、脳が均等に全体的にやられるとおっしゃった。そうすると、全身型が 典型ではないかというと、あなたはそうかもしれないとおっしゃったんではないですか。
内野医師：全身型というのは特殊です。
弁護士：そうすると、まばらに障害されるからではないですか。
内野医師：まばらじゃなくて、やっぱり末梢神経の関与があるから手袋靴下。

この内野医師の証言をみると、水俣病の感覚障害の責任病巣についての考え方がはっきりしません。病理所見からは全身型が典型になる可能性を認めつつ、四肢の感覚障害の原因は末梢神経障害ということで、責任病巣についての考え方が整理されていないのです。この裁判の判決では、内野医師の「特殊」という証言もその根拠の一つ〔238、236頁〕として、原告が敗訴しています。いずれにしても、内野医師の「全身型は特殊」という証言は、国の見解に対する忖度にほかなりません。

通常、教科書にも記載されていない新たな医学的事実（ノイエス）というものは、医学者であればこぞって発表したがるものです。しかし、自身が認めたノイエスとしての価値ある所見に対して否定

図 7-3　感覚障害レベルと自覚症状との関係

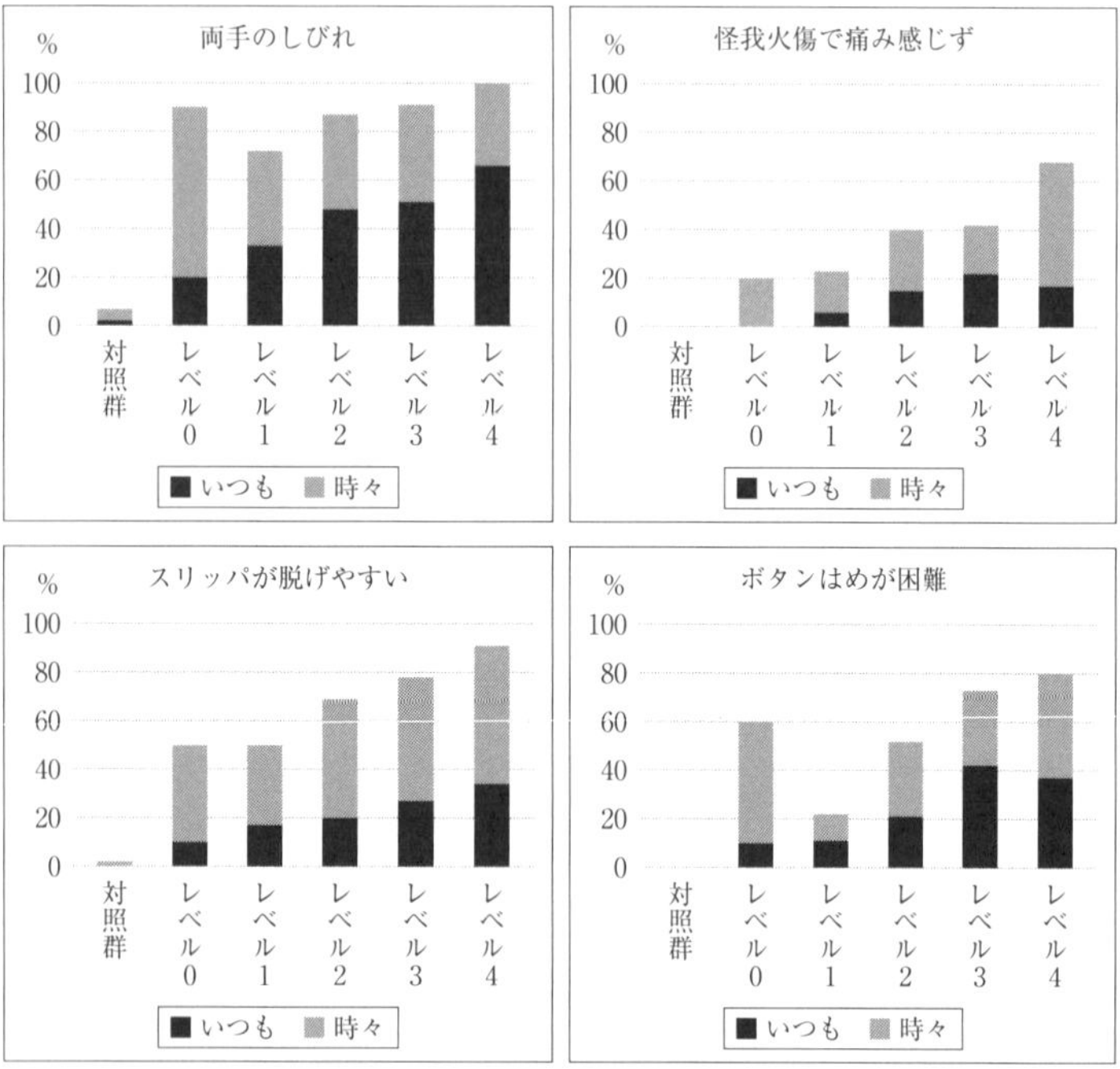

出所）［238］

的見解を教授経験者がおこなうのです。これは、行政の力が医学を圧倒してきた結果といえます。

　私たち医師団は、このような感覚障害の重症度別に自覚症状の程度も研究しました。図7－3で横軸にあるレベル0～レベル4は、医師の診察による感覚障害範囲により、曝露群の感覚障害レベルを5群に分類したもので、レベル4「触痛覚両方の体幹四肢」、レベル3「触痛覚片方の体幹四肢」、レベル2「触痛覚両方の四肢」、レベル1「触痛覚片方の四肢」、レベル0「それ以下の範囲、または、感覚障害なし」としています。このように全身性に触痛覚の両方が障害されていても、いつも怪我火傷で痛みを感じないという人は２割弱、時々という人を合わせると７割弱になるという結果でした[239]。

しかし、水俣病の全身性感覚障害がまれで重篤な末梢神経障害と比較して症状が軽いからといって、医師が無視したり、放置したりしていいわけがありません。他の日常生活の障害は高率に存在するのです。

運動失調についての国側医師証人らの主張

昭和52年判断条件を根拠として、国は、水俣病の運動失調を小脳失調に限定しています。それに対して、水俣病の運動失調は小脳性とは限らず、感覚性失調の要素が強いということを、第6章の「水俣病における運動障害」の項で紹介しました。それでは、国側証人たちはどのように主張しているのでしょうか。

濱田医師は、意見書では水俣病の運動失調が小脳失調に限定されるのか、感覚性失調がありうるのかの立場を明確にすることなく、運動失調について論じていましたが［２２１、８〜10頁］、証言では水俣病に感覚性失調が存在しうることを認めました［２２２、１０７〜１０９頁］。

松浦医師も、メチル水銀によって小脳失調と感覚（障害）による失調が起きることを認めました［２２７、65〜66頁］。

図 7-4　水俣病患者でみられる運動の緩徐化

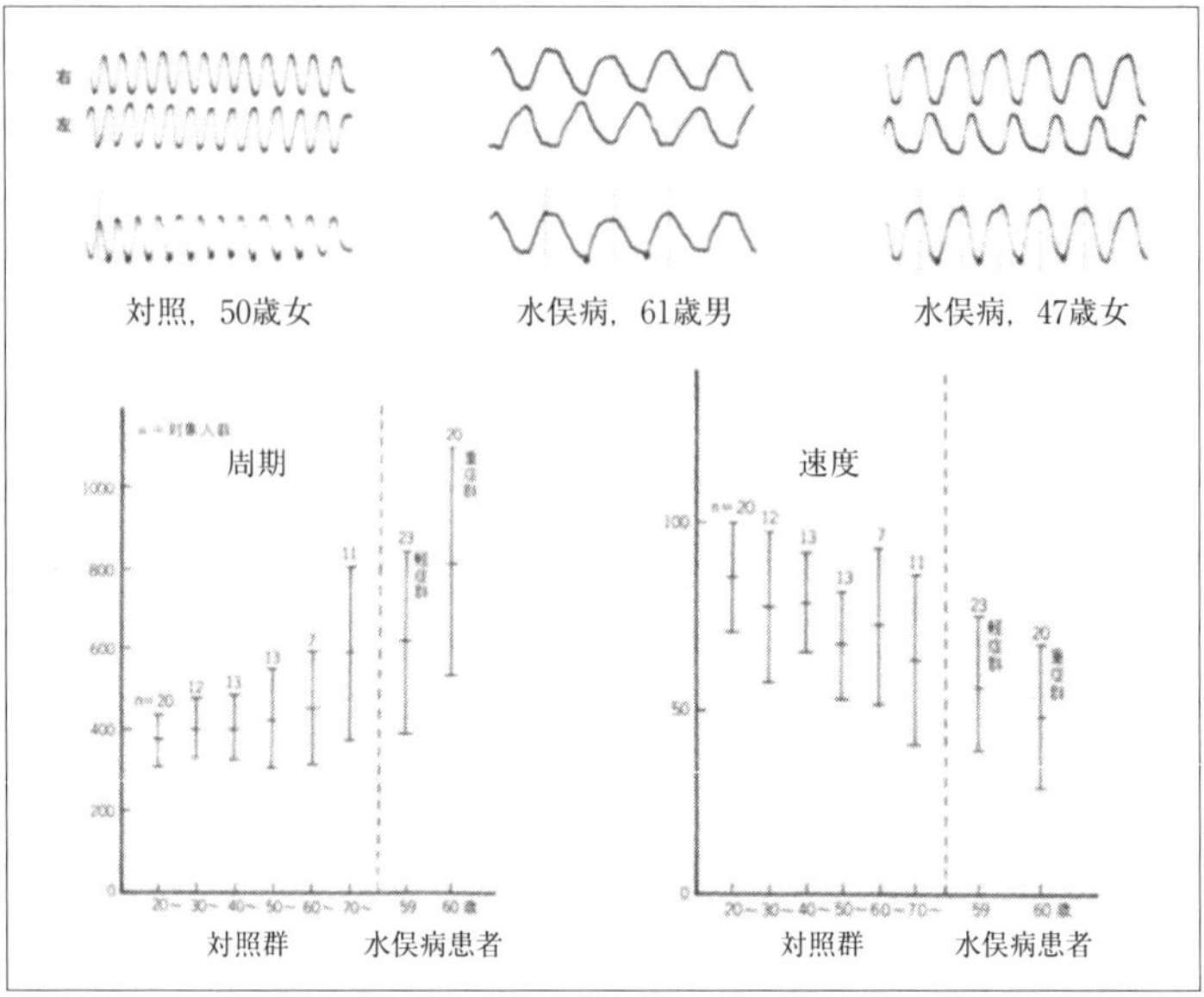

出所）［57］

松尾医師は、意見書のなかで、「一直線歩行ができれば、通常、マンテスト（両足を一直線にして立ってもらい、その姿勢で目を閉じて、姿勢が安定するかどうかをみる検査（診察））での姿勢の維持は可能なはずである。一直線歩行とマンテストでの姿勢の維持は相補的な関係にあり、どちらか一方のみが障害されていることは極めて稀で、特に、マンテストの姿勢を継続しながら歩行する一直線歩行の方が体幹失調の検査としては感度が高いと思われる」［225、11頁］と述べています。

しかしながら、メチル水銀曝露を受けた人では、どちらの異常が出やすいかは個人差があり、2009年の検診データ（図5－16）で、一直線歩行での異常とマンテストでの異常の有症率を比較したところ、全体としては、どの汚染地域でも、一直線歩行よりもマンテストで異常の率は高かったのです。２０１６年の一万人のデータのまとめでも同じ現象がみられます（図５－26）。これもまた、松尾医師がメチル水銀曝露を受けた人についての診察の経験がないことによると思われます。

国は水俣病にみられる運動失調を小脳失調に限定しようとして、国側証人もそれに合わせるかのような意見書を書いていますが、結局、証言では感覚性失調の存在を認めざるをえなくなっています。水俣病における運動失調が、小脳失調に限定されないことは、新潟大学の白川医師によって研究されていました。白川医師は、神経所見を客観化するためにジアドコメーターという検査法を開発利用して、水俣病での失調が小脳失調とは異なり、運動の緩徐化と不規則化がその特徴であることを明らかにしました（図７－４）。白川医師は、遅発性水俣病など水俣病に関する数多くの業績を残しましたが、残念ながら研究途上で１９８４年1月に亡くなりました。

日常生活動作と感覚障害所見との関係

山本医師は、「これまでの日常生活に支障が起きているかどうかは極めて重要な視点である。何も支障がないのであればその感覚障害の所見は矛盾するものと考えるべきである」［96、７頁］と主張しました。

そもそも医学で障害を評価する際、運動や感覚などの障害があるかどうかをみる診察所見での異常などは「機能障害」と呼ばれ、歩行や排泄行為をはじめとした日常生活動作での問題点は「能力障害」と呼ばれており、それぞれを厳密に区別、独立して評価しています。山本医師の主張は、患者の機能障害の評価を誤った方向に導くものです。

そして、慢性水俣病の患者では、日常生活動作は障害されていても、見た目はそうみえないことも少なくありません。そのため、機能障害と日常生活動作を比較する必要があるのです。

また松尾医師は、意見書のなかで、「『5．自覚症状』の項目において、『時々ある』などの項目があるが、神経系の器質性疾患を疑う場合には、症状が『いつもある』以外の、『時々ある』『昔あったが今はない』『今も昔もない』は器質的疾患による症状はないこととほぼ同意義とみなしてよい」〔25、22頁〕と述べています。

自覚症状の重要性については、第5章の「自覚症状と神経所見との関係」の項目で述べましたが、図5－5、図5－6のスコアには、「いつもある」症状のみならず、「時々ある」症状も含まれています。対照群との歴然とした差をみるとき、決して、無視してよいデータではありません。このような、存在する病気を何の根拠もなく「器質的疾患ではない」と断定する山本医師の態度は、医学の基本に反するものです。

水俣病には、数多く存在する脳細胞がメチル水銀毒性によって間引き脱落で障害され、加齢という症候を進行させる要因と、神経可塑性や日常生活によるリハビリ効果等により症候を改善させる要因が存在します。①連続的な重症度を持ち、②症候が変動し、③遅発性に発症し、④はた目に日常生活上の困難がみえにくいという水俣病の病態が、神経内科専門医の間でも十分認識されていないために、以上のような主張が裁判の場でなされてしまうのです。

意見書に書かれた感覚障害の客観性に関する国側医師証人らの主張

裁判所に提出された国側医師の意見書で、これら感覚障害の客観性に関する部分を抜き出してみましょう。傍線部分は3名の医師の意見で共通する部分です。

山本医師（2016年6月28日、福岡高裁、水俣病被害者互助会国賠訴訟[96]）

本件のように、訴訟を起こしている患者による主観的な訴えについては、交通事故の被害者の診察と同様の姿勢で臨む必要がある。こういった事情は、感覚検査は本来的に客観性に劣るところ、その信頼性をさらに低下させる要因といえる。また、このような態度を差別と批判するべきではなく、客観性を担保するための医療面接の基本である。

松尾医師（2016年10月28日、新潟地裁、ノーモア・ミナマタ第2次新潟訴訟[225]）

医師は患者の申し立てを鵜呑みにしてはならないことは常識であり、本件のように、訴訟を起こしている患者による主観的な訴えについては同様の姿勢で臨む必要がある。こういった事情は、感覚検査は本来的に客観性に劣るところ、その信頼性をさらに低下させる要因といえる。また、このような態度を差別と批判するべきではなく、客観性を担保するための医療面接の基本である。松浦医師（2017年5月29日、福岡高裁、水俣病被害者互助会国賠訴訟[226]、2019年8月26日、大阪地裁、ノーモア第2次近畿訴訟[228]）

本件のように、訴訟を起こしている患者による主観的な訴えについては、交通事故の被害者の診察と同様の姿勢で臨む必要があろう。このような態度をもって診察に臨むことを差別と批判するべきではなく、医師の姿勢として、客観性を担保するための基本である。

この3名の医師の主張は判をついたように似ています。「訴訟を起こしている患者による主観的な訴え」という、他人事のような表現がなされていますが、感覚というものが人間の意識活動のなかで主観的な側面を有していたとしても、それは感覚が科学にならない、医学にならないということではありません。このような言い回しで、感覚が科学に値しないという立場は誤りです。神経内科医が感覚所見をとるとき、それは必ず診察所見の欄に記載され、決して自覚症状の欄に記載されるものではありません。日本の神経内科診療のなかで、「感覚の診察」がこのような差別的扱いをされるのは、水俣病だけです。

診察をし、データをとり、分析していくという、通常の医学プロセスに水俣病の臨床と研究を乗せる、それが医師としてものをいうための必要最低条件です。観察→情報蓄積→分析・解釈→法則性を見出すというプロセスの繰り返しのなかで、初めて、感覚というものの主観的側面と客観的側面がみえてくるのです。そのなかでこそ、病態も診断基準もわかってきます。人間というのは複雑で多様な生き物ですから、このことは「感覚」に限ったことではなく、医学全般にいえることです。

そして、この3名の医師のように、補償を伴う事案に対しては、金銭的利害を理由に通常の医学のプロセスとは特別に異なる扱いをされるべきという発言が医師からなされることがあります。しかし、もしこれが一般化されるならば、補償問題が起きる可能性のある企業等が関与する健康障害は、通常の医学による実態把握、病態解明のプロセスを経なくてよいということになります。逆に、カネが絡めば、健康障害は放置されてもかまわないということになってしまいかねません。水俣病は現在進行形の、その生きた実例です。

さらに、この3名の主張からは、裁判という営みが何か忌むべきものであるかのようなニュアンスが感じられます。本来、医学者がまっとうな医学をおこなっていれば、水俣病の裁判は必要なかったかもしれません。少なからぬ神経内科医が、水俣病の実態把握、病態解明に資する研究に背を向けたことが、このような訴訟が何十年も繰り返されている大きな原因の一つであるということを、深く心に刻むべきでしょう。

重症者に限定した症候を典型例とするリスク

これまで水俣病について報告してきた医師たちも、重症例のデータは論文にしたりしますが、より軽症者のデータや認定患者以外のメチル水銀曝露を受けた人々の研究はしていません。昭和52年判断条件に該当する人（ハンター・ラッセル症候群のうち重症の複数症状を有する人）にみられる神経所見を、水俣病の必要条件（それがなければ水俣病でないという条件）にしているためです。第2章で紹介した徳臣医師が20年間にわたって重症例のみを医学雑誌に掲載し続けたのはその例です。

画像検査であるMRI所見についても、重症者のみが報告されています。1994～98年に、熊本大学放射線科の興梠征典《こおろぎゆきのり》医師らが、同大学旧第一内科の岡嶋透医師らと、後頭葉、頭頂葉、小脳などの萎縮について五つの論文で報告していますが、これらの症例は、第2章で紹介した当時第一内科の徳臣教授らが30年以上経過をみていた7～8名の報告です[240、241、242、243、244]。こららの患者は、認定患者のなかでも特に重症な人たちです。実際には、目で見てわかるくらい脳組織が縮小しなければMRIの所見は出ません。ハンター・ラッセル症候群がそろっている、かなりの神経細胞が脱落しているであろう患者であっても、MRIで必ずしも脳萎縮は認められないのです。

国は、何の医学的根拠も示さずに、「水俣病の感覚障害では、触痛覚の両方が障害されなければならない[245]」、「水俣病の感覚障害では深部感覚障害も全例障害される[246]」、「水俣病の失調は、小脳失調に限定される」[246]などと主張します。重症例がある場合、中等症例や軽症例が存在するのが常識ですが、それを無視するのです。先に記した衛藤医師のように、病理所見が確認できないものは水俣病ではないという主張は、その典型例です。

メチル水銀中毒症の医学的解明を阻止・否定しようとする姿勢

これまで述べてきたように、国側証人をはじめとした医師らが、「感覚は主観にすぎない」などと主張し、大学や研究機関での水俣病の臨床研究、疫学研究がサボタージュされてきました。

水俣病に限らず、問診・診察・検査の一つひとつのデータには、ターゲットとしている病気によるものとそうでないものが常に混在しています。そのような混在の可能性があることはすべての医学の臨床・研究の大前提なのです。そのなかで、水俣病もその他の病気も、症状を記録し、医学的検討を重ねていくことで、その病気の可能性を判断し診断していくのです。

ところが、国側証人らは、体幹失調検査では加齢による影響を受けやすいことを理由に、その検査をする意味がないと主張したりします。重大なのは、国側医師の主張が、客観的という言葉を用いつつ、医学・科学の入り口であるデータ採取を否定していること、すなわち、医学・科学をその入り口で閉ざしていることです。

また、水俣病における医学の進歩を押しとどめようとする言動もみられます。水俣病裁判で、国側医師らは、しばしば、表在感覚が正常な人々に二点識別覚を調べても意味がないと主張します。臼杵医師は、「そもそも二点識別覚を正しく検査するためには、表在感覚がほぼ正常でなければならず、二点識別覚検査はそのような前提のもとに、複合感覚障害が疑われた患者に実施する診察手技のはずである」〔115、11頁〕と主張しました。濱田医師も、「二点識別覚異常があるか否かを論ずるためには表在感覚が正常に保たれていることが前提となる」〔221、8頁〕と主張しました。西澤医師は、二点識別覚などの複合感覚に関連して、「水俣病のように、末梢神経と体性感覚野がいずれも障害され得る疾患では、複合感覚検査における異常は、直ちに体性感覚や病変によるものであると結論することはできないのである」〔74、4頁〕と述べています。

以上のような言説は、一般の神経内科臨床においては、二点識別覚検査は感覚の重症度をみるために「定量的」に（数値の大小をみるために）使われることは非常にまれで、表在感覚が正常か軽度低下したもので二点識別覚の異常があれば大脳頭頂葉皮質の異常に由来するといえる、という「質的」な診断のために使われるという事情から述べられている主張です。

しかしながら、第6章で述べたように、表在感覚障害としてであろうと皮質性感覚障害としてであろうと、二点識別覚の異常はその感覚障害の総体を表現しうるのですから、二点識別覚を感覚障害の程度をみるために使用することに何ら問題はなく、むしろ推奨されるべきことです。脳梗塞であれ水俣病であれ、大脳皮質の神経細胞の障害で表在感覚も障害されうるし、二点識別覚も障害されうるのですから、ますますもって問題はないわけです。

原因が末梢神経にあろうと体性感覚野（大脳頭頂葉皮質）にあろうと、感覚障害が表在感覚障害の結果であろうと複合感覚障害の結果であろうと、異常値を示せば、それは医学的に価値あるデータになりえます。図５－７で紹介したデータでも、メチル水銀の曝露を受けていない人では、両示指で平均３㎜程度の二点識別覚ですが、曝露群では、四肢末梢の触覚障害のある人では15㎜程度、全身性の触覚障害のある人では、平均30㎜程度という異常が出ているわけです[92]。この異常には大きな意味があります。

診察技術や診断技法は新たな病気や新たな病態の発見によって進歩するものです。ある病気に新たな手法を適用して、その是非を論じることはありうるのですが、前述のような主張は、水俣病に医学を適応せず、水俣病に対する自らの不作為を反省することもなく、検査の意味を否定するためだけになされた批判でしかありません。医学的な発言を装いながら、水俣病における医学の営みを積極的に妨げようとしているのです。

否定の論理

原田正純医師は、「慢性水俣病・何が病像論なのか」のなかで、このような医学者の態度を「否定の論理」として、以下の５点にまとめています[15]。

否定の論理の第一は、「未知」の部分を「否定」にすりかえることである。「実験的に証明されていない」「学会のコンセンサスが得られていない」「多数派意見でない」「他に報告がない」「外国の文献にない」などが、公害病の存在を否定する理由によく用いられる。（中略）外国や過去に報告がないのは当たり前だし、動物実験においてもこの情況を再現するのは困難である。公害病の病像は、被害者の中にあって、はじめて新しい事実が明らかになってくるのである。（後略）

第二に、健康障害をばらばらにしてしまうことである。すなわち、一つ一つの症状をばらばらにして、その一つ一つについて他の原因によっても起こると説明すると、公害病は消えてしまう場合もある。さらにはその一つ一つの症状についても患者の訴えを「客観性がない」として否定してしまう、あるいは「生来性のものである」とか「ノイローゼ」とか本人の責任にしてしまう。（後略）

第三は、健康障害を軽微であるとして、我慢の限度内にあるとするやり方である。「ある程度の因果関係はあるが、たかがしびれ程度ではないか」といったような方法である。

第四に、症状をすべて固定的にとらえ、「毒物の摂取がなくなってから症状が進行するのは他の疾患である」という理由で病状の多彩な変化、経過を否定してしまう。（後略）

第五は、権威を最大限に利用する。肩書きがたくさんある「権威」や「専門家」ときには外国の専門家を動員する。（後略）

このような否定のやり方は、水俣病に限らず、公害病や職業病など社会的な病気の場合にみられる一つの特徴である。[15]

原田医師がこう記してから28年経ちますが、いまだに同じことがおこなわれています。この「否定の論理」は、医学、科学の通常のあり方に反する態度であり、必ず医学的に矛盾した結果をもたらすことになります。真に学問を、それぞれの分野（病理学、細胞生物学、毒性学、疫学、神経科学、神経心理学、神経内科学）の基本に立ち返って前に進めようとする立場に立つならば、このようなやり方がいつまでも通用するものではありません。

専門家とは何か

ここで取り上げた国側証人らの水俣病への姿勢を観察すると、①最初から患者も知らず、病態も十分に認識せず、水俣病を語るもの、②水俣病が疑われる患者を診てはいるが、その独自あるいは新たな病態を想定せず、水俣病以外の既知の疾患の病態で解釈・説明しようとし、水俣病患者の病態を非器質的なものと説明しようとするもの、③水俣病が疑われる患者を診て、独自の病態を想定はするもののの、その医学的追究をやり尽くすことなく、大筋で行政の主張に迎合していくもの、④水俣病が疑われる患者を診て、独自の病態を想定はするものの、その医学的追究が不十分なもの、などに分類することができます。

本来、専門家というのは、現実の患者を診察し、情報・データを積み重ねて病態を明らかにし、診断法を開発し、治療や予防に役立てるという役割を先導していく存在です。真の専門家というものは、そこに困難があろうとも、いやむしろ困難があればあるほどチャレンジ精神を発揮して、真実を解明しようとします。たとえば、感覚に主観的側面があるとするのなら、そのうえで、症例を積み重ね、統計的処理等をおこない、新たな手法を開発するなどして、感覚障害を探求するはずです。

感覚障害が主徴候である水俣病で、感覚定量化を用いた研究をおこなうのは自然で当然の流れであり、実際、この手法は感覚障害の責任病巣の解明に有益でした。しかし、国側証人らは、感覚即主観的と決めつけることにより、患者情報を最初から遮断し、水俣病研究の門を自ら閉ざしたのです。神経学の進歩であるはずの感覚定量化の意義も否定しているのです。

このように、熊本、鹿児島、新潟の各大学の神経内科の医師らが水俣病の医学的検討をやめてしまっただけでなく、水俣病の医学の進歩に背を向け、病気自体を葬り去ろうという行為を続けてきた結果、教授クラスを含めた少なくない神経内科の医師が、水俣病の病態を理解できず、メチル水銀曝露を受けた人の症候や病態を、他の神経疾患についての知識をもとに解釈しようとする、という皮肉な結果がもたらされたのです。

第8章　医系技官という存在

医学者らによる水俣病に対する不作為、水俣病隠しについてこれまでみてきました。しかし、それは、医学者らが自ら進んで自主的におこなってきたものなのでしょうか。長期にわたる水俣病の臨床と研究に対する不作為については、徳臣医師と椿医師の責任は否定できないものだと私は考えていますが、彼らが道を誤ったときには、必ずといってよいほど行政の動きがかかわっていました。ですから、医師だけを問題にしていたのでは不公平かもしれません。

水俣病隠しに重要な役割を果たしてきたのが、環境庁とそれを受け継ぐ環境省であることは間違いありません。なかでも私は、医系技官の果たした役割が大きいと考えています。ただし、その詳細は明らかにされていないため、ここでは、外側から私たちにもみえる現象について記していきたいと思います。

環境省・特殊疾病対策室

環境省のなかで水俣病を担当している部署は、環境保健部・環境保健企画管理課・特殊疾病対策室です。省庁のなかには、医系技官と呼ばれる医師資格を持った官僚が存在しており、この特対室の室長も、医系技官が務めています。

医系技官は、公衆衛生の専門家でなければならず、環境汚染による病気も含めて、集団的（疫学的）な捉え方をして、対策を立て、病気の予防をしていくという任務があります。臨床医が患者を治療する第一歩は、患者個人に対して問診・診察という情報収集をおこなうことです。一方、公衆衛生は、集団や社会を対象に健康を維持増進する役割を持ちますが、臨床医と同様、まずは情報収集をします。環境汚染や感染症が疑われた際には、環境の調査とその影響を受けうる住民のリスクや健康調査をおこなうことが第一の仕事となります。

水俣病の場合、本来ならば、環境省、厚労省は、予算を講じて、汚染地域の環境調査や健康調査をおこない、メチル水銀中毒症の病態を率先して解明する役割を果たすべきでした。ところが、徹底してその調査、研究をしないための方策を出し続け、率先して隠ぺいし、医学者が独自に水俣病を研究しないように注力してきたのです。

医系技官たちが、調査という本来的任務の必要性を知らないはずはありません。しかし、水俣病に対する不作為という行政の方針は、新潟水俣病発見から熊本大学二次研究班の時期を除くと、きわめて一貫した鉄則というか、どうみても絶対的な前提となっています。かつて、この状態に疑問を持った医系技官も存在したようですが、環境省を去ることとなりました。水俣病は国の威信をかけて、無化、あるいは不可視化すべき対象だったといえるでしょう。

水俣病特措法に定められた健康調査

水俣病特措法は、昭和52年判断条件が象徴する水俣病を重症者に限定したことの反省のうえに作られたはずの法律であり、広くメチル水銀による健康障害を調査・探求していくことが想定されています。

健康調査に関連する第36〜37条は、この点を以下のように定めています[247]。

（健康増進事業の実施等）

第三十六条　政府及び関係者は、指定地域及びその周辺の地域において、地域住民の健康の増進及び健康上の不安の解消を図るための事業、地域社会の絆《きずな》の修復を図るための事業等に取り組むよう努めるものとする。

2　政府及び関係者は、関係事業者が排出したメチル水銀による環境汚染を将来にわたって防止するため、水質の汚濁の状況の監視の実施その他必要な措置を講ずるものとする。

（調査研究）

第三十七条　政府は、指定地域及びその周辺の地域に居住していた者（水俣病が多発していた時期に胎児であった者を含む。以下「指定地域等居住者」という。）の健康に係る調査研究その他メチル水銀が人の健康に与える影響及びこれによる症状の高度な治療に関する調査研究を積極的かつ速やかに行い、その結果を公表するものとする。

2　前項の公表に当たっては、指定地域等居住者又はその家族の秘密又は私生活若しくは業務の平穏が害されることがないよう適切な配慮がされなければならない。

3　政府は、第一項の調査研究の実施のため、メチル水銀が人の健康に与える影響を把握するための調査、効果的な疫学調査、水俣病問題に関する社会学的調査等の手法の開発を図るものとする。

4　関係地方公共団体は、第一項の調査研究に協力するものとする。

第37条には「指定地域及びその周辺の地域に居住していた者の健康に係る」、「メチル水銀が人の健康に与える影響」に関する研究を積極的かつ速やかにおこなうと規定されています。このような調査には、自覚症状をはじめ、医師の診察も含めた、より広範で継続的な疫学調査が含まれています。

脳磁計による認定患者調査を特措法に定められた健康調査と偽る環境省

ところが、環境省は第37条が定める調査の計画も提案もしていません。それでは、法律を無視したことになります。そこで2009年から始められたのが、「脳磁計による調査」でした。2020年9月11日、小泉進次郎環境大臣は記者会見で、脳磁計とMRIを組み合わせた「客観的診断手法」を、水俣病特別措置法が政府に求めた住民健康調査に用いるものとして、1〜2年後をめどに研究成果の有効性を判断すると表明しました[248]。

脳磁計は、脳内の電気活動によって脳表に生じる微弱な磁場を検出し、脳の活動を記録する高価な機器です。脳内の電気活動は非常に微弱であるために発生する磁場は地磁気のわずか10^{-8}〜10^{-7}程度にすぎず、しかもランダムな活動です。そのため、身体の一部に何度も刺激を与えて、脳表の磁場変化を100〜300個のセンサーで測定し、それをコンピュータで推定する方法をとります[249]。

このことによって、身体刺激に対する感覚が生じた場合、本人の「感覚」についての返答にかかわらず、「(純粋)客観的」に脳の変化を観察できる可能性があるというわけです。

2020年12月11日と2021年11月30日、水俣市の水俣病情報センターで国立水俣病総合研究センター臨床部・中村政明医師が「脳磁計とMRIを用いた水俣病の臨床研究[250、251]」という講演をおこない、研究の概要が発表されました。

その研究では、２００９年度から２０２０年度まで約12億円をかけながら、①発表された対象者は、認定患者42名、健常者２２４名ときわめて少数、②電気刺激による感覚評価は、両手首２か所のみ、③その検査の施行に、脳磁計約1時間、ＭＲＩ約30分と少なくとも１・５時間を要する、④対象者が水俣病認定患者と健常者に限定されている、⑤対象者の自覚症状、神経所見、定量的感覚検査などが存在しない、⑥認定患者においても感度が十分でなかった、ということが明らかになりました。

認定患者であってもその症状を感知できないという結果は、脳細胞の間引き脱落を特徴とする水俣病では当然のことであり、メチル水銀中毒症の健康障害を検出するには、脳磁計では感度が低すぎたのです。このことは、検査をする前から、環境省も担当の医学者も、その道の専門家ならば十分承知していたはずです。

環境省は、当初から条文に「客観的な診断法」という言葉を忍び込ませています。これも「感覚は主観的」だという主張と同様に、「科学的」だと見せかけて「科学」を裏切り、「調査」という名前を付けて「調査」をしない手法だといえます。

公衆衛生の基本を否定する医系技官

どのような仕事にも使命があります。医師であれば、人の命と健康を守ることであり、その基本に医学と倫理があります。医系技官であれば、国民の命と健康を守るという公衆衛生の基本があるはずです。ところが、水俣病にかかわった医系技官たちをみると、公衆衛生の基本を投げ捨てたと思わざるをえないのです。

第7章で紹介した、1991年に開かれた中央公害対策審議会（中公審）環境保健部会の水俣病問題専門委員会では、きわめて不十分なデータを根拠として、メチル水銀の発症閾値を頭髪総水銀50ppmとし、曝露からの発症期間は1か月〜1年程度まで、曝露の時期は、水俣湾周辺地域では遅くとも1969年、阿賀野川流域では1966年までと断じました。このときの特殊疾病対策室長の岩尾聡一郎氏は、実際に委員会にも出席していたのですが、その後、環境省環境保健部長、厚労省医政局長（医系技官のトップ）になっています。

原徳壽《はらのりひさ》氏は、2001年から特殊疾病対策室長を務めた人ですが、その後、環境省環境保健部長となり、水俣病に関して、「健康調査を求められても、当時の曝露状況がわからない以上、チッソが出したメチル水銀と症状との因果関係は証明できない」、「カネというバイアスが入った中で調査しても、医学的に何が原因なのかわからない[252]」と述べました（『朝日新聞』2009年7月17日）。実際には、曝露後数十年経過していても、水俣病であること以外考えられない人々が多数存在していることは証明できたし、現在もそのような患者が存在しています。原氏は、その後、防衛省の医官のトップを経て、厚労省医政局長になっています。

2017年7月12日、特殊疾病対策室長であった佐々木孝治《ささきこうじ》氏は、東京地方裁判所で意見陳述をおこない、メチル水銀の曝露終了までに発症するというのが大原則で潜伏期間は1年くらいまでになる、感覚障害は表在感覚・深部感覚・複合感覚が同時に低下するのが一般的だという、いずれもまったくデータに基づかない、むしろ実際のデータに反する主張をおこないました。

佐々木氏について特筆すべきは、IPCSクライテリア1で発症閾値とされた頭髪水銀値50～125ppmの水銀を摂取しても、「発症する可能性があるのは5％にとどまり、残りの95％の人には、何も起こらない[149]」と断定したことです。第2章と第6章で説明しましたが、50ppmはおろか、10ppm未満でも発症した人が確認されているのですから、きわめて悪質な発言です。

公衆衛生行政にみる水俣病の陰

医系技官は、まず厚労省に入省するようですが、環境省、防衛省、文科省などにも出向し、各省庁を横断して仕事をしています。

2011年の東京電力による原発事故後におこなわれていた福島「県民健康管理調査」では、検討委員会の前に「秘密会」が開かれ、「どこまで検査データを公表するか」、「どのように説明すれば騒ぎにならないか」、「見つかった甲状腺がんと被ばくとの因果関係はない」などといった調査結果の公表方法や評価について決めていたことが、2012年10月、『毎日新聞』で報道されました。当時環境省保健部長であった佐藤敏信氏が第5～7回に検討委員会のオブザーバーとして、第8回からは委員として出席していました[253]。この「県民健康管理調査」では、その後、歴代環境保健部長（塚原太郎氏、北島智子氏、梅田珠実氏、神ノ田昌博《かみのたまさひろ》氏）が検討委員になっています。

大坪寛子氏は、２０１２年、特殊疾病対策室長を務め、水俣病の健康調査の「客観性」のなさを主張し、調査を拒否してきた一人です。その後、厚労省の審議官などを務めています。大坪氏は、２０１９年、ｉＰＳ細胞研究の実用化のために支援を受けていた京都大学の山中伸弥教授が「もう国のカネは出さない」と伝えられたことにかかわったと報道されました。ことの詳細はわかりませんが、大坪氏ら医系技官が厚労省関係の研究費に関与しうる立場にあることは間違いないようです。第7章で紹介した、「日本神経学会と厚生労働省との人事交流について」の提案がなされたのも、前述の佐々木氏が特殊疾病対策室長のときでした。ちなみに大坪氏は、２０２０年ダイアモンド・プリンセスで新型コロナウィルス感染が広がったとき、厚労省大臣官房審議官としてその対応にあたりました。

行政は前例を重視します。ですから、水俣病でなされたこれまでの間違いは、繰り返されることになりますし、実際に繰り返されています。公衆衛生の専門家であるはずの医系技官が、頭髪水銀50ｐｐｍというきわめて危険なレベルのメチル水銀値を閾値と主張し、水俣病を重症者に限定し、水俣病がどういう病気かという基本を何十年間も踏み外しているのですから、現在の環境省にとっての「水俣病の教訓」は、「いかに対策を立てずにやり過ごし、わからなかったことにするか」といっても、言い過ぎではありません。そして、医系技官は省庁の壁を越えていくため、このような前例は、環境省に限らず厚労省をはじめとした他省庁に確実に伝搬していきます。

官僚機構・専門家集団が正しく機能するために

医学を含む科学は、真実を明らかにするための営みです。ところが、水俣病については、科学（医学）のあり方が長期にわたり、そして、今なお行政と専門家によって歪められているのです。どうすれば、このような状況を変えることができるようになるのでしょうか。

これまで医系技官を通して官僚批判をしてきましたが、官僚機構は重要な役割を持っています。政策の大枠は政治が決めていきますが、それを実行するためには正確な情報を把握した官僚機構が不可欠だからです。

専門家集団もまた、社会のなかで重要な役割を果たしています。個々の難しい専門的な問題・課題について、専門家集団が探求、討議していくことは重要です。私自身は、各学会のあり方全般が間違っているとは思いませんし、近年、全体としては学会員に対して、そのシステムがより民主的に公開されるようになってきていると考えています。であるからこそ、この間の日本神経学会のあり方はきわめて問題があるといわざるをえないのです。

官僚機構と専門家集団が正しく機能するために重要なことは、一人でも多くの人が、現状に絶望することなく、本来あるべき政治・経済の姿、本来あるべき官僚の姿、本来あるべき専門家の姿を描き、公正で明るい未来を展望することです。官僚機構も、専門家集団も、それらを構成する一人ひとりのあり方によって変わりうる可能性があることも、心の片隅に置いておく必要があると思います。

むすび　未来に向けて水俣病から学ぶ

水俣病ほど有名であるにもかかわらず、実際の姿が知られていない病気はないと思います。その最も大きな原因は、これまで述べてきたように、医師たちによる不作為です。そしてもう一つ、「はじめに」で書いたように、メチル水銀が「多くの専門家の常識と予想を裏切る興味深い」物質だということも見逃すことができません。

メチル水銀による健康障害の現れ方は、曝露の量やあり方、また、胎児、小児、成人のいつの時期に曝露されたかでもまったく異なります。さらに、病気の経過中に、症状が増悪することもあれば、寛解《かんかい》（症状が落ち着くこと）したり、部分的に症状が改善することもあります。また、「知らないうちに忍び寄る」ように長年経ってから症状が出てきたりすることもあります。

同じ物質が、重篤で取り返しのつかない状態を引き起こすこともあれば、いつの間にか身体に不自由をもたらしたり、病気とは思わない程度の体調不良を感じさせたりすることもあります。潜在的な能力低下をきたしながらも、ずっと見逃されていることもありえます。

また、水俣病発生当時は予想もしなかったことですが、胎児曝露では、水俣病のような明確な神経症状はないものの、精神行動面での異常をきたしうることがわかっています。特に胎児影響の研究は、曝露を胎児や母親の臍帯、血液、頭髪などの水銀濃度で把握することで研究デザインがより容易なため、成人例よりも研究が進んでおり、頭髪水銀として1ppm以下にすべきというEPAの勧告に結びついています。

日本の医学界の沈黙とは別に、1990年代から水銀汚染は世界の研究者の関心事となってきました。ただし、諸外国では広範囲にわたるメチル水銀汚染が長期に続いた事例が少なく、メチル水銀による健康障害が顕在化しにくいこと、そして、日本の水俣や新潟などの汚染地域の研究には大きな意味があるにもかかわらず、国や医学者による不作為のために、本書で記述してきたような健康障害が十分には知られていません。

水俣病の汚染源は特定の化学工場というローカルなものだったわけですが、現在は、焼却炉からの放出や小規模金採掘に用いられる水銀によって、グローバルな水銀汚染が広がっています。このような背景から、世界の研究者たちによる水銀汚染に対する危機感が世界各国の行政を動かし、2013年10月に「水銀に関する水俣条約」が決定され、2017年8月16日に発効しました。日本でも水銀を用いた血圧計や体温計も使われなくなっています。

この条約は、水銀取引の規制が十分でなかったり、水俣湾が汚染サイトに指定されていないなどの問題はありますが、その発効は水銀のリスクについてグローバルな認識の高まりを示すものです。今後、この条約が、より良いものになっていくことを望みます。

水俣病は、私が生まれる5年前に発見され、66年目になる今でも、正しいことが認められていません。多くの医師が、水俣病に真摯に向き合おうとしなかったために、メチル水銀による身体影響の特性はほとんど理解されてきませんでした。ある意味、水俣病は医師からも見放された病気だったわけです。

もし、医師たちが冷静にこの病気を追跡し、その病態をきちんと追究していたならば、患者にも、社会にも、この病気のことをきちんと説明し、理解してもらうことができたはずです。ところが、学会も行政も水俣病の臨床と調査・研究をやめてしまい、そのために、いまだに「日常生活動作に問題がなければ症状はない」と主張する神経内科の専門医（国側証人）が産出されているのです。

しかし、何も進展がなかったわけではありません。私たちは、日々患者と向き合い、その不安と苦しみを受け止め、可能な治療とケアをおこなってきました。そして、症候を調査することによって、集団のなかに共通性を見出すことができました。一人ひとりの症状には個人差が存在しますが、なおかつ、そこに集団としての法則性が存在したのです。

国と国に従う「専門家」らは、患者の自覚症状や感覚障害には客観性がないと主張し、切り捨ててきましたが、私たち医師団の地道な取り組みによって、救済を求める多くの人たちを患者として認めさせることができました。

水俣病が解決できてこなかったのは、医学に限界があったからではなく、医学者が水俣病に医学を適切に適用させてこなかったからなのです。科学とは、事実を把握しようという意思と行動によって真理を知ろうとする営みですが、そのことを通じて、初めてその限界も知ることができます。真の専門家とは、その両方を捉えようとする人のことです。


長年水俣病に向き合うなかで、この病気は医学を超えて、私たちに大切な何かを教えてくれているのだと思うようになりました。

たとえば、「差別」の問題があります。民主的な社会においては、「多数者」であることが、正しい道につながると考えられていますが、これが逆に、真実を封殺するテコになってしまうという現象を、私は何度も目にしてきました。また、患者と患者ではないものの対立のみならず、患者同士の間にも差別や排除が生み出され、水俣病をより複雑で解決困難なものにしてきました。差別の抑止や解消のためには、私たちが、自らのなかにある差別・偏見の根っこを意識し、同時に、差別は必ずしも自然発生的に生まれるものだけではないことも知る必要があります。

そして、地球環境と人間の関係という問題です。私たちが環境と呼んでいるものは地球そのものです。私たちは地球とともに存在してきました。地球と太陽の距離が現在より大きく離れていたり、ずっと近寄っていたりしたら、もしかすると私たちは存在しえなかったかもしれません。私たちの身体の成分は、地球にある元素からできており、大地と空気と水と生物からなる環境が私たちを育んでくれています。産業を発展させ、地球に操作を加えることは、私たちを構成し守ってくれている環境を変化させることになります。私たちの身体の一部である地球環境を、外側の出来事を扱うような気持ちではなく、自らの内側の問題であると考えるようになれば、おのずと地球環境をどうしていくかという答えに近づきやすくなるのではないでしょうか。

医学に限らず、人間にとって大切なことは、真実と常に向き合い、諦めないことです。世の中には真実も偽りもあります。自分のなかに常に光を持って世界を照らし続けること、このことこそが本当に大切なことなのです。

環境と健康の問題は、必ず私たち自身に跳ね返ってきます。ここで真実から離れ、偽りに甘んじることは、私たちとその子孫を傷つけ、その生存を危うくすることになります。そうならないためには、地球環境を自らの存在の一部として考えられる人々、その本来の専門性を正しく生かすことのできる専門家、行政官が一人でも増え、それを支える人々が必要です。この本に込められたスピリットが、少しでも地球環境と人類の健康の維持・発展を願う人々のお役に立てることを願っています。

あとがき

昨年2021年10月19日、私の恩師の一人である佐藤猛先生が亡くなられました。この本で、大学や研究機関の権威を含む医師の問題点について論じてきましたが、佐藤先生は、私を陰で応援してくださった数少ない神経内科医でした。佐藤先生は、水俣病が発見された当時、新潟大学神経内科学教室の医局長をしておられました。椿教授のもとで白川健一先生、廣田紘一先生などとともに水俣病に取り組まれましたが、1978年から順天堂大学に転任されました。東京に転任する際は、水俣病を扱わないようにといわれたことを亡くなった後に知りました。

1991年に私が順天堂大学で研修を始めたときは、脳神経内科の助教授の任にありました。1992年に国立精神神経センター国府台病院院長就任後、脳硬膜移植に伴うヤコブ病では被害者の救済に貢献されました。水俣病のFさん訴訟では、環境省特殊疾病対策室の担当者から先生の見解とは異なる虚偽の証言をするようにという要請があったときも、佐藤先生はきっぱりと拒否されました。

数年前、学会でお会いしたとき、専門家たちが水俣病に背を向け続ける状況について、その方々の事情を考慮されながらも、結局のところ、裁判で彼らが国側証人としての証言をしたとき、それに対する医学的な批判を通じて真実を伝えていくしか道はないのではないかといわれ、私も同じような気持ちでおりました。

佐藤先生は、水俣病をきちんと診るべきと、日本神経学会の役員を含む医師たちに声をかけておられたようですが、結局、それを受け入れる医師はいないどころか、先述の水俣病裁判の件の後、水俣病に関係していた医師たちから冷淡な態度をとられていたそうです。亡くなられた後にお聞きした話では、そのような状況のなかでも、２０２１年の秋からは、自らの余生を水俣病に捧げようとしておられたとのことでしたが、その矢先に病気で倒れられ、それもかなわなくなってしまいました。本当に残念でなりません。

新潟大学の白川先生も50歳になったら水俣病の本を書くといわれていたそうですが、惜しくも49歳で亡くなられました。２００４年に亡くなった東京大学病理学の教授であった白木博次先生も、水俣病だけでなく、環境汚染による脳への影響を正面から捉えていらっしゃいました。本文中でも紹介した鈴木継美先生も２００８年に亡くなりましたが、鈴木先生の発言に、学者としての筋を通そうとされた姿をみることができます。真実よりも自分の立場や利益が優先されてしまう世の中ですが、真実こそ最も尊いものであり、このような専門家の方々が存在したことこそが光です。

この本のテーマである水俣病の医学については、本来、その直接の責任者である国の側に立つ証人や日本神経学会理事らが自らその医学的検証をおこなうべきものですが、そのようなものは過去提出されたことがありません。水俣病裁判はまだ続いており、今後も国側証人らが提出してくる意見書や入手可能となる証人調書についても検討していく必要があります。この問題は、本書の出版で決着がついたわけではなく、これからもなお継続していく問題であることを読者の皆様にご承知おきいただきたいと思います。

本書を作成するにあたり、文章と内容についてのチェックとアドバイスをいただいた荒木重夫医師、重岡伸一医師、藤野糺医師、積豪英医師、門祐輔医師、戸倉直実医師、今泉貴雄医師、磯野理医師、関川智子医師、中島潤史弁護士、寺内大介弁護士、園田昭人弁護士、佐藤充子様、中山裕二様、元島市朗様、内容に関する情報をくださった草野信子様、萩野直路様、そして、全体の構成を考え、専門用語が多くわかりにくい文章を読みやすくする工夫をしていただいた大月書店の角田三佳さんに厚く御礼申し上げます。

そして、水俣病の真実を明らかにするためには、私たちの診療を受けてこられた数多くの患者の皆様と、医療・介護スタッフによる日々の診療や介護、そして検診活動の支えがありました。皆様に、深く感謝致します。

2022年11月

高岡　滋

参考文献

［1］原田正純『水俣病』岩波書店，1972.

［2］勝木司馬之助ほか「水俣地方に発生した原因不明の中枢神経疾患：特に臨床的観察について」『熊本医学会雑誌』1957. 31(補1): 23.

［3］河盛勇造ほか「水俣地方に発生した原因不明の中枢神経疾患（続報）」『熊本医学会雑誌』1957. 31(補2): 251-261.

［4］河盛勇造ほか「水俣病に関する研究（第３報）：特に内科学的観察並びに実験的研究」『熊本医学会雑誌』1959. 33(補3): 572-580.

［5］徳臣晴比古ほか「水俣病に関する研究（第４報）：昭和34年度に発生した水俣病患者の臨床的観察」『熊本医学会雑誌』1960. 34(補3): 481-489.

［6］徳臣晴比古ほか「水俣病に関する研究（第５報）：臨床的及び実験的研究より見た本病の原因について」『熊本医学会雑誌』1960. 34(補3): 490-510.

［7］椿忠雄「日本神経学会20年の歩み」『臨床神経学』1979. 19(12): 804-808.

［8］入口紀男『聖バーソロミュー病院1865年の症候群』自由塾, 2016.

［9］立津正順ほか「５. 水俣病の精神神経学的研究：水俣病の臨床疫学的ならびに症候学的研究」熊本大学医学部10年後の水俣病研究班編『10年後の水俣病に関する疫学的，臨床医学的ならびに病理学的研究』1972 : 41-65.

［10］入口紀男『メチル水銀を水俣湾に流す』日本評論社，2008.

［11］McAlpine, D. and S. Araki, Minamata disease: an unusual neurological disorder caused by contaminated fish. *Lancet*.1958. 2(7047): 629-631.

［12］Hunter, D., R.R. Bomford, and D.S. Russell, Poisoning by methyl mercury compounds. *Quarterly Journal of Medicine*.1940. 9: 193-213.

［13］「水俣市．国勢調査における人口推移（1920～2020）」https://view.officeapps.live.com/op/view.aspx?src=https%3A%2F%2Fwww.city.minamata.lg.jp%2Fkiji00315%2F3_15_10590_up_c21wuwin.xlsx&wdOrigin=BROWSELINK（2022年10月17日閲覧）.

［14］原田正純『水俣病は終わっていない』岩波書店，1985.

［15］原田正純『慢性水俣病　何が病像論なのか』実教出版，1994.

［16］徳臣晴比古ほか「水俣病の疫学：附・水俣病多発地区に認められる脳性小児麻痺患者について」『神経研究の進歩』1963. 7(2): 276-289.

［17］椿忠雄ほか「阿賀野川下流沿岸地域に発生した有機水銀中毒症の疫学的並に臨床的研究」『日本内科学会雑誌』1966. 55(6): 646-649.

［18］徳臣晴比古ほか「20年後の水俣病」『神経内科』1980. 12(3): 254-260.

[19] 徳臣晴比古「水俣病　臨床と病態生理」『精神神経学雑誌』1960. 62(13): 1816.
[20] 徳臣晴比古ほか「水俣病の臨床」『日本医事新報』1960(1911): 49.
[21] 徳臣晴比古・岡嶋透「水俣病」『綜合医学』1961. 18(5): 335-343.
[22] 徳臣晴比古ほか「水俣病」『診断と治療』1962. 50(8): 1354-1361.
[23] 徳臣晴比古ほか「水俣病」『医学のあゆみ』1964. 48(2): 80-85.
[24] 徳臣晴比古・岡嶋透「水俣病」『綜合臨牀』1964. 13(8): 1386-1394.
[25] 岡嶋透「水俣病と其症状」『保健婦雑誌』1967. 23(12): 43-47.
[26] 徳臣晴比古「水俣病（有機水銀中毒）」『代謝』1968. 5(1): 40-43.
[27] 徳臣晴比古「水俣病」『内科』1968. 21(5): 864-870.
[28] 徳臣晴比古「公害・農薬中毒の内科臨床（3）有機水銀中毒（第65回日本内科講演会シンポジウム）」『日本内科学会雑誌』1968. 57(10): 1212-1216.
[29] 徳臣晴比古「水俣病の発端とその後の経過」『労働の科学』1969. 24(2): 4-8.
[30] 徳臣晴比古・岡嶋透「水俣病の臨床」『神経研究の進歩』1969. 13(1): 69-75.
[31] 徳臣晴比古「水銀中毒：診断の進歩と要領」『診療』1969. 22: 871-877.
[32] 徳臣晴比古「有機水銀中毒」『綜合臨牀』1969. 18(7): 1361-1365.
[33] 徳臣晴比古「水銀中毒」『診断と治療』1970. 58(2): 184-188.
[34] 徳臣晴比古「水俣病とその経過」『逓信医学』1970. 22(8): 581-592.
[35] 徳臣晴比古・出田透「環境汚染と疾病 有機水銀」『内科』1971. 27(5): 833-839.
[36] 岡嶋透・徳臣晴比古「公害または中毒による神経筋疾患」『臨牀と研究』1971. 48(11): 2794-2797.
[37] 徳臣晴比古「中毒性神経疾患」『内科』1972. 29(6): 1468-1472.
[38] 岡嶋透・徳臣晴比古・三嶋功「水俣病の視野に関する研究10年間の追跡調査」『日本医事新報』1972(2510): 23-31.
[39] 徳臣晴比古・岡嶋透「長期追跡よりみた水俣病」『日本医事新報』1973(2556): 29-34.
[40] 徳臣晴比古ほか「水俣病診断の問題点：追跡調査と老人検診から」『神経内科』1975. 2(4): 355-362.
[41] 徳臣晴比古「有機水銀中毒とその他の疾患にみられる小脳症状の比較」『神経研究の進歩』1975. 19(4): 706-713.

［42］徳臣晴比古ほか「検査と疾患：その動きと考え方－水俣病」『臨床検査』1980. 24(7): 791-796.
［43］徳臣晴比古「慢性中毒性神経疾患の病態」『臨床神経学』1981. 21(12): 1017-1026.
［44］「食品衛生法」1947.
［45］高岡滋「水俣病診断総論2016年版（ノーモア・ミナマタ第２次訴訟，熊本地裁，甲B第185号証）」2016年12月７日（2019年６月29日改訂）.
［46］Kurland, L.T., S.N. Faro, and H. Siedler, Minamata disease. The outbreak of a neurologic disorder in Minamata, Japan, and its relationship to the ingestion of seafood contaminated by mercuric compounds. *World Neurology*, 1960. 1: 370-395.
［47］カーランド「水俣病の疫学の回顧と初期の公衆衛生上の勧告の考察」都留重人ほか編『水俣病事件における真実と正義のために：水俣病国際フォーラム（1988年）の記録』勁草書房，1988: 42-50.
［48］斎藤恒『新潟水俣病』毎日新聞社，1996.
［49］Yasutake, A., et al., Current hair mercury levels in Japanese: survey in five districts. *The Tohoku Journal of Experimental Medicine*, 2003. 199(3): 161-169.
［50］椿忠雄「証人調書」（熊本地方裁判所）1985年４月８日.
［51］椿忠雄「３ 新潟水俣病の臨床疫学」有馬澄雄編『水俣病：20年の研究と今日の課題』青林舎，1979: 291-300.
［52］椿忠雄「新潟水俣病の追跡」『科学』1972. 42(10): 526-531.
［53］原田正純「公害と国民の健康」『ジュリスト』1973(548): 129.
［54］椿忠雄『神経学とともにあゆんだ道』私家版，1988.
［55］白川健一「遅発性水俣病について」『科学』1975. 45(12): 750-754.
［56］白川健一「遅発性水俣病」有馬澄雄編『水俣病：20年の研究と今日の課題』青林舎，1979: 331-344.
［57］白川健一「水俣病の診断学的追究と治療法の検討」有馬澄雄編『水俣病：20年の研究と今日の課題』青林舎，1979: 371-408.
［58］井上孟文「水俣病の精神症状」『精神神経学雑誌』1963. 65(1): 1-14.
［59］高木元昭「水俣病の神経症状」『精神神経学雑誌』1963. 65(3): 163-172.
［60］原田正純「水俣地区に集団発生した先天性・外因性精神薄弱母体内で起った有機水銀中毒に因る神経精神障碍“先天性水俣病”」『精神神経学雑誌』1964. 66(6): 429-468.

[61] 藤野糺ほか「精神遅滞の臨床疫学的研究：有機水銀汚染の影響」『熊本医学会雑誌』1976. 50(4): 282-295.
[62] 熊本大学医学部10年後の水俣病研究班『10年後の水俣病に関する疫学的，臨床医学的ならびに病理学的研究　報告書（第１年度）』熊本大学，1972.
[63] 熊本大学医学部10年後の水俣病研究班『10年後の水俣病に関する疫学的，臨床医学的ならびに病理学的研究　報告書（第２年度）』熊本大学，1973.
[64] 藤野糺「特別講演：第３水俣病問題について」『第８回九州民医連学術集談会報告集』1973.
[65] 熊本大学医学部有明海・八代海沿岸地域および水俣湾周辺地区住民健康調査解析班『有明海・八代海沿岸地域および水俣湾周辺地区住民健康調査解析報告書』1977.
[66] 鹿児島県『環境白書　昭和50年版』1975.
[67] 浜田陸三・井形昭弘・柳井晴夫「水俣病の計量診断」『最新医学』1978. 33(1): 62-63.
[68] WHO, ENVIRONMENTAL HEALTH CRITERIA 1 MERCURY. 1976.
[69] Methylmercury in fishes. A toxicological-epidemiological evaluation. Report of a group of exerts. National Institute of Public Health: Stockholm.1971.
[70] 新潟水銀中毒事件特別研究班「第Ⅲ編　水銀中毒の疫学的調査研究」1967. 20.
[71] 丸山公男「毛髪水銀濃度とメチル水銀中毒症の関連について」『新潟医学会雑誌』2013. 127(11): 620-627.
[72] 日本精神神経学会・研究と人権問題委員会「環境庁環境保健部長通知（昭和52年環保業第262号）『後天性水俣病の判断条件について』に対する見解」『精神神経学雑誌』1998. 100(9): 765-790.
[73] 椿忠雄「水俣病の診断に対する最近の問題点」『神経研究の進歩』1974. 18(5): 882-889.
[74] 西澤正豊「意見書（ノーモア・ミナマタ第２次新潟訴訟，新潟地裁，丙B第259号証）」2020年８月25日.
[75] 藤野糺・坂井八重子・上拾石秀一「有機水銀による環境汚染が住民の健康に及ぼす影響：ある漁村地区の場合,アンケート調査と検診結果よ

り」『日本体質学雑誌』1985. 49(1～2): 139-153.
[76] 藤野糺ほか「水俣病の底辺：慢性期におけるメチル水銀の地域ぐるみ汚染と認定処分の実態」『健康会議』1985(432): 549-565.
[77] 藤野糺・高岡滋「芦北町山間部の住民検診から見える水俣病の地域ぐるみ汚染の実態」第85回熊本精神神経学会：熊本．2012.
[78] Fujino, T., et al., The role of clinical examinations and a cocerned physicians' group in the discovery of methylmercury-polluted residents, in 6th International Conference on Mercury as a Global Pollutant. Minamata. 2001.
[79] Fujino, T., Clinical and Epidemiological Studies on Chronic Minamata Disease Part I: Study on Katsurajima Island. *Kumamoto Medical Journal*, 1994. 44(4): 139-155.
[80] 高岡滋「水俣病と医学」熊本学園大学水俣学研究センター『水俣学通信』2017: 6.
[81] 内野誠・荒木淑郎「慢性水俣病の臨床像について：最近の水俣病認定者100例の神経症候の分析を中心に」『臨床神経学』1984. 24(3): 235-239.
[82] 熊本俊秀「水俣病の神経障害に対する加齢の影響に関する研究：非汚染地区在住高齢者の神経学的所見の検討」日本公衆衛生協会『水俣病に関する調査研究報告書』1993: 32-37.
[83] 内野誠「水俣病像の推移：認定検診における神経症候の分析」『有機水銀の健康影響に関する研究 平成８年度 重金属等の健康影響に関する総合研究班（環境庁委託業務結果報告書）』1997: 71-77.
[84] 高岡滋「水俣周辺地域にみられるからすまがり（こむらがえり）の発症時期と頻度について」第35回日本神経学会総会：名古屋, 1994
[85] Takaoka, S., T. Fujino, and S. Shigeoka, High prevalence of muscle cramps among inhabitants in the methylmercury polluted area 40 years after the outbreak of Minamata disease, in 5th International Conference on Mercury as a Global Pollutant. Rio de Janeiro. 1999.
[86] 高岡滋「メチル水銀汚染地域の内科外来患者の自覚症状」第43回日本神経学会総会：札幌．2002.
[87] 高岡滋ほか「体性感覚障害を有するメチル水銀汚染地域住民の神経所見スコア化の試み」第49回日本神経学会総会：横浜．2008.
[88] 岩村吉晃『タッチ（神経心理学コレクション）』医学書院，2001.
[89] 水野美邦『神経内科ハンドブック・鑑別診断と治療（第５版）』医学書

院，2016.
［90］重岡伸一ほか「メチル水銀曝露による感覚障害の特徴」第49回日本神経学会総会：横浜．2008.
［91］Ninomiya, T., et al., Reappraisal of somatosensory disorders in methylmercury poisoning. *Neurotoxicol and Teratology*, 2005. 27(4): 643-653.
［92］高岡滋「コントロール・データのまとめ」2008年11月12日．
［93］宮岡徹「9触覚，10痛覚」相場覚・鳥居 修晃編『知覚心理学』放送大学教育振興会，1997.
［94］Miyaoka, T., T. Mano, and M. Ohka, Mechanisms of fine-surface-texture discrimination in human tactile sensation. *The Journal of the Acoustical Society of America*, 1999. 105(4): 2485-2492.
［95］Takaoka, S., et al., Psychophysical sensory examination in individuals with a history of methylmercury exposure. *Environmental Research*, 2004. 95(2): 126-132.
［96］山本悌司「意見書（水俣病被害者互助会国賠訴訟福岡高裁，乙イB第237号証）」2016年6月28日．
［97］東山篤規ほか『触覚と痛み』ブレーン出版，2000.
［98］Takaoka, S., et al., Symptoms of newly-examined residents in a methylmercury-polluted region nearly 50 years after the outbreak of Minamata disease., in 18th World Congress of Neurology. Sydney. 2005.
［99］Takaoka, S., et al., Somatosensory disturbance by methylmercury exposure. *Environmental Research*, 2008. 107(1): 6-19.
［100］Takaoka, S. and Y. Kawakami, Why so many residents began to receive the Minamata disease examination almost 50 years after the outbreak of Minamata disease?, in 8th International Conference on Mercury as a Global Pollutant. Madison. 2006.
［101］水俣病共通診断書検討会・高岡滋「水俣病に関する診断書作成手順」2006.
［102］高岡滋「水俣病診断総論（ノーモア・ミナマタ訴訟，熊本地裁，甲B第113号証）」2006年11月19日．
［103］与党プロジェクトチーム「新たな救済策のための実態調査　アンケート調査　調査結果中間報告」2007年7月3日．
［104］与党プロジェクトチーム「新たな救済策のための実態調査　サンプル

（医師等による面接）調査　調査結果中間報告」2007年７月３日．
［105］公害をなくする熊本県民会議医師団「水俣病解決のための提言」2007年６月３日．
［106］椎葉茂樹「報告書（近藤喜代太郎遺筆，ノーモア・ミナマタ訴訟，熊本地裁，乙イＢ第84号証および第84号証の２）」2008年12月12日．
［107］Takaoka, S., et al., Survey of the Extent of the Persisting Effects of Methylmercury Pollution on the Inhabitants around the Shiranui Sea, Japan. *Toxics*, 2018. 6(3).
［108］Weiss, B., T.W. Clarkson, and W. Simon, Silent latency periods in methylmercury poisoning and in neurodegenerative disease. *Environmental Health Perspectives*, 2002. 110 Suppl 5: 851-854.
［109］Berlin, M., G. Nordberg, and J. Hellberg, The uptake and distribution of methyl mercury in the brain of Saimiri sciureus in relation to behavioral and morphological changes., M. Miller and T. Clarkson,eds. *Mercury, Mercurials and Mercaptans*, Thomas: Springfield 1973: 187-208.
［110］Evans, H.L., R.H. Garman, and B. Weiss, Methylmercury: exposure duration and regional distribution as determinants of neurotoxicity in nonhuman primates. *Toxicology and Applied Pharmacology*, 1977. 41(1): 15-33.
［111］金田一充章・松山明人「過去26年間に亘る水俣湾生息魚の総水銀濃度に関する変化」『水環境学会誌』2005. 28(8): 529-533.
［112］Sakamoto, M., et al., Correlations between mercury concentrations in umbilical cord tissue and other biomarkers of fetal exposure to methylmercury in the Japanese population. *Environmental Research*, 2007. 103(1): 106-111.
［113］原田正純・頼藤貴志「不知火海沿岸地域住民の保存臍帯のメチル水銀値」『水俣学研究』2009. 1(1): 151-167.
［114］藤野糺・高岡滋「慢性水俣病の臨床疫学的研究」『水俣学研究』2011. 3: 31-56.
［115］臼杵扶佐子「各原告に共通する意見書（ノーモア・ミナマタ訴訟，熊本地裁，乙イロB第99号証）」2009年12月21日．
［116］高岡滋「水俣病の診断に関する意見書（ノーモア・ミナマタ訴訟，熊本地裁，甲B第199号証）」2010年２月25日．
［117］高岡滋ほか「2012年６月・メチル水銀汚染地域住民健康調査」第54回

日本神経学会：札幌．2013.
［118］熊本県環境生活部水俣病保健課「特措法判定結果の出生年別，ばく露時の居住市町村別による集計について」2015.
［119］原田正純・赤木健利・藤野糺「疫学的・臨床的調査（カナダ・インディアン水銀中毒事件：第２次世界環境調査報告〈特集〉）」『公害研究』1976. 5(3): 5-18.
［120］Takaoka, S., et al., Signs and symptoms of methylmercury contamination in a First Nations community in Northwestern Ontario, Canada. *Science of The Total Environment*, 2014. 468-469: 950-957.
［121］高岡滋「水俣から福島への教訓：医学・公衆衛生の側面から」『診療研究』2011(470): 14-22.
［122］高岡滋「『科学』とは何か？：原発事故・放射線による健康障害を考える」『日本の科学者』2013. 48(6): 12-17.
［123］高岡滋「環境汚染による健康影響評価の検討：水俣病の拡大相似形としての原発事故」『科学』2012. 82(5): 539-548.
［124］津田敏秀『医学と仮説：原因と結果の科学を考える』岩波書店，2011.
［125］Faustman, E.M. and G.S. Omenn「第４章　リスクアセスメント」C.D. Klaassen『キャサレット＆ドール・トキシコロジー（第６版）』サイエンティスト社，2004: 97-123.
［126］椿忠雄「水俣病の診断」『熊大医学部新聞』31号，1974年２月.
［127］斎藤靖史「水俣病救済地域外も症状　１万人検診記録医師団と本社分析」『朝日新聞』2016年10月３日.
［128］斎藤靖史・田中久稔「12年救済期限後に検診受診1500人に水俣病症状　本紙・医師団分析」『朝日新聞』2016年10月３日.
［129］水俣病訴訟支援公害をなくする県民会議医師団「最高裁判決後の水俣病検診のまとめ」2016年10月２日.
［130］高岡滋・川上義信・重岡伸一「不知火海水俣対岸地域における健康障害」第60回日本神経学会学術大会：大阪．2019.
［131］Edwards, G., Two cases of poisoning by mercuric methide. *Saint Bartholomew's Hospital Reports*., 1865. 1: 141-150.
［132］Bakir, F., et al., Methylmercury poisoning in Iraq. *Science*, 1973. 181(4096): 230-241.
［133］二塚信「Ⅱ－１　水俣病の疫学的研究」有馬澄雄編『水俣病：20年の

研究と課題』青林舎，1979: 95-119.
［134］滝澤行雄「Ⅲ－１ 新潟水俣病の疫学的研究」有馬澄雄編『水俣病：20年の研究と課題』青林舎，1979: 199-222.
［135］土井陸雄「序論３有機水銀中毒の研究状況とその社会医学的検討」『水俣病：20年の研究と課題』青林舎，1979: 49-77.
［136］Bakir, F., et al., Clinical and epidemiological aspects of methylmercury poisoning. *Postgraduate Medical Journal*, 1980. 56(651): 1-10.
［137］Rustam, H. and T. Hamdi, Methyl mercury poisoning in Iraq. A neurological study. *Brain*, 1974. 97(3): 500-510.
［138］Hepp, P., Ueber Quecksilberaethylverbindungen und ueber das Verhaeltniss der Quecksilberaethyl-zur Quecksilbervergiftung. *Archive fuer experimentalle Pathologie und Pharmakologie*, 1887. 23(1): 91-128.
［139］Nierenberg, D.W., et al., Delayed cerebellar disease and death after accidental exposure to dimethylmercury. *The New England Journal of Medicine*, 1998. 338(23): 1672-1676.
［140］三浦郷子「メチル水銀の神経毒性とその作用機構」『衛生化学』1998. 44(6): 393-412.
［141］武内忠男・衛藤光明「１水俣病の病理総論」有馬澄雄編『水俣病：20年の研究と課題』青林舎，1979: 457-504.
［142］Shahristani, H., et al., World Health Organization Conference on Intoxication due to Alkyl mercury Treated Seed. *Bulletin of the World Health Organization*, 1976. 53: 105.
［143］椿忠雄・広田紘一・白川健一「新潟水俣病における毛髪水銀値と臨床症状」『環境保健レポート』1976(37): 118-122.
［144］Yorifuji, T., et al., Total mercury content in hair and neurologic signs: historic data from Minamata. *Epidemiology*, 2009. 20(2): 188-193.
［145］Maruyama, K., et al., Methyl mercury exposure at Niigata, Japan: results of neurological examinations of 103 adults. *Journal of Biomedicine and Biotechnology*, 2012: Article ID 635075, 7.
［146］Kosatsky, T. and P. Foran, Do historic studies of fish consumers support the widely accepted LOEL for methylmercury in adults. *Neurotoxicology*, 1996. 17(1): 177-186.
［147］Lebel, J., et al., Evidence of early nervous system dysfunction in

Amazonian populations exposed to low-levels of methylmercury. *Neurotoxicology*, 1996. 17(1): 157-167.

[148] 中央公害対策審議会「今後の水俣病対策のあり方について」1991.

[149] 佐々木孝治「意見陳述要旨（ノーモア・ミナマタ第２次東京訴訟，東京地裁）」2017.

[150] Kawasaki, Y., et al., Long-term Toxicity Study of Methylmercury Chloride in Monkeys. *Journal of the Food Hygienic Society of Japan*, 1986. 27(5): 528-552.

[151] Brownson, R. C. and Petitti, D. B., eds., *Applied Epidemiology: Theory to Practice, 2nd Edition*. Oxford: Oxford University Press, 2006.

[152] 武内忠男「第４章 水俣病の病理」熊本大学医学部水俣病研究班編『水俣病：有機水銀中毒に関する研究』1966.

[153] Hunter, D. and D.S. Russell, Focal cerebellar and cerebellar atrophy in a human subject due to organic mercury compounds. *Journal of Neurology Neurosurgery and Psychiatry*, 1954. 17(4): 235-241.

[154] Takeuchi, T., et al., Pathologic observations of the Minamata disease. *Acta Pathologica Jponica*, 1959. 9(Suppl): 769-783.

[155] 福原信義「アルキル水銀中毒の末梢神経障害機序」『臨床神経学』1974. 14(3): 249-254.

[156] 生田房弘ほか「メチル水銀中毒症研究の最近の進歩：微量慢性有機水銀中毒症の病理」『神経研究の進歩』1974. 18(5): 861-881.

[157] 鶴田和仁「水俣病における感覚障害の文献的考察」『水俣病研究』2000. 2: 28-46.

[158] 永木譲治・大西晃生・黒岩義五郎「慢性発症水俣患者における腓腹神経の電気生理学的および組織定量的研究」『臨床神経学』1985. 25(1): 88-94.

[159] マーク・F. ベアー，マイケル・A. パラディーソ，バリー・W. コノーズ『カラー版　神経科学：脳の探求』西村書店，2007：312.

[160] 難病情報センター「先天性無痛症（HSAN4型，5型）」2009. https://www.nanbyou.or.jp/entry/575（2022年10月22日閲覧）.

[161] 小池春樹・祖父江元「GBS/CIDPをめぐる最新の話題：Autoimmune autonomic ganglionopathyとacute autonomic and sensory neuropathy」『臨床神経学』2013. 53(11): 1326-1329.

[162] 田崎義昭・斎藤佳雄『ベッドサイドの神経の診かた（改訂16版）』南江堂，2004.

[163] Weinstein, S., Intensive and extensive aspects of tactile sensitivity as a function of body part, sex and laterality, in K. DR, ed., *The skin senses*. Springfield: Illinois, 1968. 195-222.

[164] Rakic, G., Genetic and epigenetic determinants of local neuronal circuits in the mammalian central nervous system., in F.O. Schmitt and F.G. Worden, eds., *The neurosciences: Fourth study program*., MIT Press: Cambridge, MA., 1979.

[165] ピネル，ジョン『バイオサイコロジー：脳—心と行動の心理学』西村書店，2005.

[166] Karagas, M.R., et al., Evidence on the human health effects of low-level methylmercury exposure. *Environmenal Health Perspectives*, 2012. 120(6): 799-806.

[167] Gibb, H. and K.G. O'Leary, Mercury exposure and health impacts among individuals in the artisanal and small-scale gold mining community: a comprehensive review. *Environmental Health Perspectives*, 2014. 122(7): 667-672.

[168] 吉田正俊「マイクロサッケード」『脳科学辞典』2018. https://bsd.neuroinf.jp/wiki/%E3%83%9E%E3%82%A4%E3%82%AF%E3%83%AD%E3%82%B5%E3%83%83%E3%82%B1%E3%83%BC%E3%83%89（2022年８月25日閲覧）.

[169] Takaoka, S. and Y. Kawakami, Visual search of methylmercury-exposed residents., in 9th International Conference on Mercury as a Global Pollutant. Guiyang. 2009.

[170] 武内忠男・衞藤光明「水俣病の病理；とくに経過例を中心として」『神経内科』1978. 9(2): 111-125.

[171] 衞藤光明「意見書（ノーモア・ミナマタ第２次訴訟，熊本地裁，乙イB第１号証）」2007年３月１日.

[172] 生田房弘「LETTERS　水俣病症状の診断と認定と判決の根底にある実態：神経細胞脱落数から」『BRAIN and NERVE』2018. 70(8): 0938-0942.

[173] Switzer, R.C., Fundamentals of neurogtoxicity detection. B. Bolon and M.T. Butt eds., *Fundamental Neuropathology for Pathologists and Toxicologists : Principles and Techniques*. John Wiley & Sons, Inc.: Hoboken, New Jersey, 2011.

[174] Abe, T., T. Haga, and M. Kurokawa, Blockage of axoplasmic transport and depolymerisation of reassembled microtubules by methyl mercury. *Brain Research*, 1975. 86(3): 504-508.
[175] Vogel, D.G., R.L. Margolis, and N.K. Mottet, The effects of methyl mercury binding to microtubules. *Toxicology and Applied Pharmacology*, 1985. 80(3): 473-486.
[176] Imura, N., et al., Mechanism of methylmercury cytotoxicity: by biochemical and morphological experiments using cultured cells. *Toxicology*, 1980. 17(2): 241-254.
[177] Kandel, E.R., B.A. Barres, and A.J. Hudspeth 「神経細胞，神経回路と行動」E.R. Kandeほか編『カンデル神経科学』メディカル・サイエンス・インターナショナル，2014: 20-37.
[178] Luo, L.『スタンフォード神経生物学』メディカル・サイエンス・インターナショナル，2017:.31.
[179] Kjellstrom, T., et al., Physical and Mental Development of Children with Prenatal Exposure to Mercury from Fish. Stage I. Preliminary Tests at Age 4. Report 3080. Swedish Environmental Protection Board, 1986.
[180] Kjellstrom, T., et al., Physical and Mental Development of Children with Prenatal Exposure to Mercury from Fish. Stage II. Interviews and Psychological Tests at Age 6. Report 3642. Swedish Environmental Protection Board, 1989.
[181] Grandjean, P., et al., Cognitive deficit in 7-year-old children with prenatal exposure to methylmercury. *Neurotoxicology and Teratology*, 1997. 19(6): 417-428.
[182] Debes, F., et al., Impact of prenatal methylmercury exposure on neurobehavioral function at age 14 years. *Neurotoxicology and Teratology*, 2006. 28(5): 536-547.
[183] Myers, G.J., et al., Postnatal exposure to methyl mercury from fish consumption: a review and new data from the Seychelles Child Development Study. *Neurotoxicology*, 2009. 30(3): 338-349.
[184] 村田勝敬ほか「メチル水銀毒性に関する疫学的研究の動向」『日本衛生学雑誌』2011. 66(4): 682-695.
[185] National Research Council, *Toxicological effects of methylmercury*.

Washington, DC: National Academy Press, 2000.
[186] US, E.P.A.E.,Water Quality Criterion for the Protection of Human Health: Methylmercury, Final. EPA-823-R-01-001. 2001.
[187] Greater Boston Physicians for Social Responsibility, In Harm's Way: Toxic Threats to Child Development. 2000.
[188] Oken, E., et al., Maternal fish intake during pregnancy, blood mercury levels, and child cognition at age 3 years in a US cohort. *American Journal of Epidemiology*, 2008. 167(10): 1171-1181.
[189] Suzuki, K., et al., Neurobehavioral effects of prenatal exposure to methylmercury and PCBs, and seafood intake: neonatal behavioral assessment scale results of Tohoku study of child development. *Environmental Research*, 2010. 110(7): 699-704.
[190] 黒田洋一郎・木村-黒田純子『発達障害の原因と発症メカニズム: 脳神経科学の視点から』河出書房新社, 2014.
[191] Council On Environmental, Health, Pesticide exposure in children. *Pediatrics*, 2012. 130(6): e1757-e1763.
[192] Rossignol, D.A., S.J. Genuis, and R.E. Frye, Environmental toxicants and autism spectrum disorders: a systematic review. *Translation Psychiatry*, 2014. 4: e360.
[193] Boucher, O., et al., Prenatal methylmercury, postnatal lead exposure, and evidence of attention deficit/hyperactivity disorder among Inuit children in Arctic Quebec. *Environtal Health Perspectives*, 2012. 120(10): 1456-1461.
[194] 平山惠造『臨床神経内科学（改訂５版）』南山堂, 2006.
[195] 平山惠造『臨床神経内科学（改訂６版）』南山堂, 2016.
[196] 平山惠造「22章　不随意運動」『神経症候学（改訂第二版Ⅱ）（第Ⅱ巻）』文光堂, 2010: 687.
[197] Project, G.M., M.M. Veiga, and R.F. Baker, Protocols for Environmental and Health Assessment of Mercury Released by Artisanal and Small-Scale Gold Miners. Vienna: UNIDO. 2004.
[198] Clarkson, T.W., The toxicology of mercury. *Critical Reviews in Clinical Laboratory Sciences*, 1997. 34(4): 369-403.
[199] Doering, S., S. Bose-O'Reilly, and U. Berger, Essential Indicators Identifying Chronic Inorganic Mercury Intoxication: Pooled Analysis

across Multiple Cross-Sectional Studies. *PLOS ONE*, 2016. 11(8): e0160323.
［200］中央公害対策審議会環境保健部会「水俣病問題専門委員会議事速記録」1991.
［201］日本精神神経学会・研究と人権問題委員会「水俣病問題における認定制度と医学専門家の関わりに関する見解：平成３年11月26日付け中央公害対策審議会『今後の水俣病対策のあり方について(答申)』(中公審302号)」『精神神経学雑誌』2003. 105(6): 809-834.
［202］高橋良輔「メチル水銀中毒症に係る神経学的知見に関する意見照会に対する回答（2018年５月10日）」.
［203］環境省大臣官房保健部長「メチル水銀中毒に係る神経学的知見に関する意見照会（回答依頼）（2018年５月７日）」.
［204］一般社団法人日本神経学会「メチル水銀中毒症に係る神経学的知見に関する意見照会に対する回答」.
［205］戸倉直実ほか「『メチル水銀中毒症に係る神経学的知見に関する意見照会に対する回答』についての要望書（2019年４月10日）」.
［206］戸田達史・髙橋良輔「『メチル水銀中毒症に係る神経学的知見に関する意見照会に対する回答』について（回答）（2019年４月25日）」.
［207］戸倉直実ほか「『メチル水銀中毒症に係る神経学的知見に関する意見照会に対する回答』についての再要望書（2019年５月20日）」.
［208］荒木重夫ほか「要望書（2020年１月14日）」.
［209］門祐輔（メチル水銀中毒症研究会）「要望書（2020年11月28日）」.
［210］門祐輔（メチル水銀中毒症研究会）「要望書（2022年５月27日）」.
［211］高岡滋「日本神経学会の回答に対する意見書（ノーモア二次，熊本地裁，甲B第283号証）」2019年10月10日.
［212］陣上直人・木下彩栄「第４章主要疾患の病態　１アルツハイマー病」冨本秀和ほか編『認知症イメージングテキスト』医学書院，2018: 100-115.
［213］中村清史ほか「慢性二硫化炭素中毒の臨床的研究」『精神神経学雑誌』1974. 76(4): 243-273.
［214］三村孝一ほか「三池一酸化炭素中毒症の長期予後　33年目の追跡調査」『精神神経学雑誌』1999. 101(7): 592-618.
［215］立津政順ほか「後天性水俣病の後遺症発病後平均４年６ヶ月と７年７ヶ月における症状とその変動」『神経研究の進歩』1969. 13(1): 76-83.
［216］白川健一ほか「新潟地区水俣病の最近５年間の臨床経過」『臨床神経学』1985. 25(12): 1453.

［217］日本公衆衛生協会「水俣病認定審査に係る判断困難な事例の類型的考察に関する研究（平成３年度環境庁公害防止等調査研究委託費による報告書）」1992.
［218］Zigmond, M.J., et al., Compensations after lesions of central dopaminergic neurons: some clinical and basic implications. *Trends in Neurosciences*, 1990. 13(7): 290-296.
［219］日本神経学会「日本神経学会倫理綱領」2007 https://neurology-jp.org/gaiyo/rinriyoukou.html（2022年10月16日閲覧）.
［220］望月秀樹「日本神経学会と厚生労働省との人事交流について（ご案内）」日本神経学会事務局，2018.
［221］濱田陸三「意見書（ノーモア・ミナマタ第２次訴訟，熊本地裁，乙イB第84号証）」2014年10月７日.
［222］濱田陸三「証人調書（ノーモア・ミナマタ第２次訴訟，熊本地裁）」2020年10月30日.
［223］濱田陸三「証人調書（ノーモア・ミナマタ第２次近畿訴訟，大阪地裁）」2020年11月６日.
［224］山本悌司「証人調書（水俣病被害者互助会国賠訴訟，福岡高裁）」2019年７月19日.
［225］松尾秀徳「意見書（ノーモア・ミナマタ第２次新潟訴訟，新潟地裁，丙B第106号証）」2016年10月28日.
［226］松浦英治「意見書（水俣病被害者互助会国賠訴訟，福岡高裁，乙B113号証）」2017年５月29日.
［227］松浦英治「証人調書（水俣病被害者互助会国賠訴訟，福岡高裁）」2019年７月29日.
［228］松浦英治「意見書（ノーモア・ミナマタ第２次近畿訴訟，大阪高裁，乙イB第136号証）」2019年８月26日.
［229］松浦英治「証人調書（ノーモア・ミナマタ第２次近畿訴訟，大阪地裁）」2020年10月９日.
［230］内野誠「証人調書（水俣病被害者互助会義務付訴訟，熊本地裁）」2020年12月21日.
［231］浜田陸三「水俣病の臨床像 この15年間の推移」『臨床神経学』1989. 29(12): 1688.
［232］内野誠・荒木淑郎「慢性水俣病診断の問題点：神経症候並びに患者老齢化に伴う各種合併症の実態を中心に」『臨床神経学』1987. 27(2): 204-210.

［233］西澤正豊・下畑享良「新潟水俣病の神経学」『神経治療学』2015. 32(2): 119-123.

［234］鹿児島県環境林務部環境林務課「水俣病被害者救済特別措置法に基づく救済措置に係る申請者数内訳（最終値）及び判定結果」2014年８月29日.

［235］吉村道由ほか「めまい，ふらつき，しびれ感，不眠症　高齢者の手足しびれ感の診断のポイント」『日本内科学会雑誌』2014. 103(8): 1876-1884.

［236］衛藤光明・岡嶋透「水俣病の感覚障害に関する研究：剖検例から見た感覚障害の考察」『熊本医学会雑誌』1994. 68(3): 59-71.

［237］衛藤光明「水俣病(メチル水銀中毒症)の病因について：最新の知見に基づいての考察」『最新医』2002. 57(10): 2418-2423.

［238］熊本地方裁判所民事第２部「平成27年（行ウ）第16号水俣病認定義務付等請求事件判決」2020.

［239］高岡滋・重岡伸一・藤野糺「メチル水銀中毒症による体性感覚障害の臨床的特徴」日本神経学会学術大会：東京．2022.

［240］Korogi, Y., et al., Representation of the visual field in the striate cortex: comparison of MR findings with visual field deficits in organic mercury poisoning (Minamata disease). *American Journal of Neuroradiology*, 1997. 18(6): 1127-1130.

［241］Korogi, Y., et al., MR findings of Minamata disease：organic mercury poisoning. *Journal of Magnetic Resonance Imaging*, 1998. 8(2): 308-316.

［242］Korogi, Y., et al., MR findings in seven patients with organic mercury poisoning (Minamata disease). *American Journal of Neuroradiology*, 1994. 15(8): 1575-1578.

［243］Korogi, Y., et al., MR imaging of minamata disease: qualitative and quantitative analysis. *Radiation Medicine*, 1994. 12(5): 249-253.

［244］池田理ほか「MRIによる水俣病の小脳萎縮の検討：脊髄小脳変性症との比較」『日本医学放射線学会雑誌』1997. 57(3): 99-103.

［245］西郷雅彦ほか「第14準備書面（ノーモア・ミナマタ第２次訴訟，熊本地裁）」2016.

［246］西郷雅彦ほか「第３準備書面（ノーモア・ミナマタ第２次訴訟，熊本地裁）」2014.

［247］「水俣病被害者の救済及び水俣病問題の解決に関する特別措置法」2009.

[248] 水戸部六美「水俣病『客観的な』診断手法　健康調査採用へ見極め」『朝日新聞』2020年９月12日.
[249] 横澤宏一「脳磁計（MEG）の50年」『生体医工学』2019. 57(4-5): 113-118.
[250] 中村政明「脳磁計とMRIを用いた水俣病の臨床研究」水俣病情報センター，2020.
[251] 中村政明「脳磁計とMRIを用いた水俣病の臨床研究」水俣病情報センター，2021.
[252] 原口晋也・野上隆生「隠された水俣病　住民健康調査の実施」『朝日新聞』2009年７月17日.
[253] 日野行介『福島原発事故県民健康管理調査の闇』岩波書店，2013.

著者
高岡　滋（たかおか　しげる）
1961年，山口県岩国市生まれ。1985年，山口大学医学部医学科卒業。1991〜93年，順天堂大学脳神経内科にて神経内科研修。1993年，水俣協立病院院長。2002年，神経内科リハビリテーション協立クリニック院長。専門は，一般内科，神経内科，リハビリテーション科，精神科。日本内科学会総合内科専門医，日本神経学会神経内科専門医，日本リハビリテーション医学会リハビリテーション科専門医，日本医師会産業医，臨床心理士。ノーモア・ミナマタ国賠訴訟など各地の水俣病訴訟での原告患者側証人。

装丁　鈴木衛（東京図鑑）

水俣病と医学の責任
——隠されてきたメチル水銀中毒症の真実

2022年12月15日　第1刷発行

定価はカバーに表示してあります

著　者　高　岡　　滋
発行者　中　川　　進

〒113-0033　東京都文京区本郷2-27-16

発行所　株式会社　大　月　書　店

印刷　三晃印刷
製本　ブロケード

電話（代表）03-3813-4651　FAX03-3813-4656／振替 00130-7-16387
http://www.otsukishoten.co.jp/

ISBN978-4-272-36099-4　C0047　Printed in Japan